AF330254

SYPHILIDES

PAR LES DOCTEURS

TOUSSAINT BARTHELEMY & F. BALZER

EXTRAIT

DU

NOUVEAU DICTIONNAIRE DE MÉDECINE ET DE CHIRURGIE PRATIQUES

PARIS

LIBRAIRIE J. B. BAILLIÈRE ET FILS

Rue Hautefeuille, 19, près le boulevard Saint-Germain

1883

SYPHILIDES. — Définition. — On donne le nom de *Syphilides* aux affections variées, mais plus spécialement aux éruptions qui se développent sur les surfaces tégumentaires et qui sont sous la dépendance de la *vérole* ou *Syphilis*. En effet, bien qu'elles soient caractérisée par les lésions élémentaires qui appartiennent aux éruptions simples elles se présentent avec une physionomie si particulière et avec un cachet si spécial, qu'un œil exercé peut reconnaître à l'instant une syphilide au milieu d'un groupe de dermatoses différentes et qu'elles ne laissent pas de doute, dans les cas types, sur la cause qui les a produites. Leurs diverses variétés se succèdent dans le laps de temps qui s'étend depuis la guérison du chancre jusqu'à l'apparition des gommes ; car, bien qu'ayant été désignées sous le nom de syphilides gommeuses, les gommes ne seront pas étudiées ici (*Voy.* Syphilis). Nous verrons d'ailleurs que cette démarcation est loin d'être aussi tranchée dans la nature. Quant à la *Syphilis*, c'est une maladie spécifique qui se transmet par contact et par hérédité ou par conception, et qui, contrairement aux autres affections vénériennes, lesquelles ne sont pas non plus héréditaires, devient constitutionnelle.

Étymologie. — Le mot « *Syphilis* » a été créé par Fracastor (1530). Mais ce ne fut guère que deux siècles environ après que la terrible épidémie eut été chantée dans une œuvre fameuse que la vérole échangea son nom primitif contre celui dont l'avait baptisée le poëte-médecin. Ce n'est même qu'à partir de notre siècle que le terme nouveau devint d'un usage habituel dans le langage scientifique.

Dans son livre sur les maladies contagieuses (1546), Fracastor dit bien que c'est lui qui a trouvé le nom de syphilis : *nos syphilidem in nostris lusibus appellavimus*, mais, comme en même temps il n'en indique pas l'étymologie, on est réduit à l'hypothèse pour fixer l'origine de ce mot élégant.

L'interprétation la plus vraisemblable est, à notre avis, celle qu'a récemment proposée Turner. Cet érudit, très-autorisé en la matière, défend la version suivante :

Σῦς, cochon, et φιλέω, j'aime, σῦς étant synonyme de χοῖρος, porcus, *petit cochon* et *parties sexuelles de la femme* : par conséquent *Syphilus* signifiera *amator porci*, id est, cunni. Jusqu'à présent on avait pensé que *syphilis* voulait dire *Amour sale*.

Dès lors le mot « *Syphilide* » s'explique de lui-même ; il est fourni directement par la déclinaison du mot latin *syphilis*. Toutefois, il faut bien reconnaître que cette appellation heureuse ne s'est pas immédiatement présentée à l'esprit des auteurs. Depuis le xve et le xvie siècle jusqu'à une époque très-rapprochée de nous, les syphilides, confondues dans la foule des maladies de la peau, sont presque partout désignées sous le nom général et vague de *Pustules*. Le mot *pustulæ* était la traduction latine du mot grec ἐζάνθηματα qui, dans l'esprit des anciens médecins, semblait s'appliquer à des formes éruptives aiguës, plus ou moins généralisées. Aussi le besoin d'un qualificatif s'était-il imposé : la pustule était rouge, plate, élevée, humide, sèche, etc.

Gaspard Torella, médecin des Borgia, frappé de la fréquence des pustules sur les organes génitaux, les décrivit sous le nom de *pudendagra*. Mais ce terme, très-vague encore, ne pouvait s'appliquer qu'à un nombre restreint de cas : aussi quand, en 1806, Alibert proposa le mot *syphilide*, cette dénomination fut-elle immédiatement adoptée. D'ailleurs, comme le dit Legendre, « là se borna, en grande partie, le mérite du néologiste, qui continua à désigner sous le nom générique de *pustules* les formes diverses des syphilides. Biett, qui avait naturalisé en France la méthode de Willan, en appliqua les bases à l'étude des éruptions vénériennes, tout en leur conservant le nom créé par Alibert. C'est depuis lors que les syphilides furent classées d'après leurs lésions élémentaires et d'après leurs caractères anatomiques, et qu'elles purent être étudiées d'une manière rationnelle. »

Aujourd'hui, on s'accorde pour désigner sous le nom de *syphilides* les manifestations multiples de la vérole sur les surfaces tégumentaires. L'expression s'entend donc, non-seulement de la syphilodermie des Allemands et des Anglais, mais de l'ensemble des éruptions syphilitiques et des diverses altérations spécifiques de la *peau* et des *muqueuses*.

La terminaison « *ide* » s'est depuis lors généralisée en dermatologie ; elle est aujourd'hui consacrée par l'usage pour désigner diverses lésions des téguments : *scrofulide, arthritide, syphilide;* de même pourrait-on dire alcoolide, psoriaside, etc.

Le sens du mot *Syphilide* est donc bien défini. Il est limité aux manifestations tégumentaires de la vérole, à l'exclusion des alopécies, des périostites, des adénopathies, des iritis et des divers autres accidents, soit généraux, soit locaux, de la syphilis, mais il s'étend à toutes les manifestations tégumentaires de la vérole, y compris la syphilide pigmentaire. Le mot *syphilodermie* qui, à proprement parler, signifie lésions, non de la peau, mais du derme seulement, a donc un sens beaucoup plus restreint.

Pathogénie. — On peut dire que, même ainsi comprises, *les syphilides sont de tous les symptômes de la vérole les plus constants, les plus tranchés, les plus caractéristiques.*

Très-dissemblables les unes des autres, les syphilides sont nécessairement et toujours des accidents *consécutifs*. Elles sont toujours et exclusivement *symptomatiques de la syphilis*. De quelque façon, à quelque âge et sur quelque siége que celle-ci ait été contractée, elle est la *seule cause* des syphilides.

De nos jours, de pareilles propositions peuvent paraître déplacées ou enfantines, tant il est vrai que les vérités, une fois conquises par la science, pénètrent si vivement et si profondément dans les esprits qu'elles semblent avoir été démontrées de tout temps.

Et pourtant, il ne faut pas remonter bien haut, à trente ou quarante ans au plus, pour voir des hommes instruits soutenir avec acharnement et avec preuves à l'appui — du moins le croyaient-ils —, par exemple, que la blennorrhagie et les végétations, voire la teigne (Rosen), étaient des accidents spécifiques! ou bien qu'il y avait des syphilides d'emblée! ou bien que les syphilides récidivantes étaient le fait d'autant de maladies isolées!

On peut mesurer par ces quelques mots les services que l'esprit net et sagace de Ricord a rendus à la syphiligraphie.

Apparition des syphilides. — Puisque aucune syphilide n'est préexistante au chancre et s'il est vrai qu'aucune n'apparaisse d'emblée et primitivement, dans quelles circonstances se montrent-elles? Leurs conditions de développement sont exactement déterminées par les *lois de l'évolution de la syphilis* que nous allons rappeler.

L'évolution est méthodique. Fournier l'a comparée à « une sorte de *drame* qui se divise en une série d'*actes* et d'*entractes* successifs :

1er *acte*. — *Contamination*. Le virus trouve une porte d'entrée pour pénétrer dans l'organisme. Cette porte d'entrée est indispensable.

1er *entr'acte*. — *Incubation*. Ce repos apparent de l'organisme, variant entre quinze et soixante-dix jours, est en moyenne de vingt-cinq à trente-cinq jours.

2e *acte*. — Production au point où a pénétré le virus, en ce point et non ailleurs, d'une *lésion* dite *primitive*, laquelle constitue à ce moment l'expression unique de la maladie. Il y a toujours autant de lésions primitives que de portes d'entrée. La lésion primitive n'est ordinairement unique que parce que la plupart du temps il n'y a qu'une seule porte d'entrée.

2e *entr'acte*. — *Seconde incubation*. Le nouveau repos apparent de l'organisme dure quarante-cinq jours en moyenne, pendant lesquels le chancre et le bubon, son fidèle satellite, continuent à être les seules manifestations de la syphilis.

3e *acte*. — *Explosion de symptômes multiples et disséminés en dehors du siége où s'est exercée la contagion* (symptômes dits consécutifs ou constitutionnels). Période de généralisation apparente de la maladie. » C'est là que commencent à apparaître les syphilides.

On peut encore dire avec Ricord que la *période primitive* se ferme et que la *période secondaire* s'ouvre avec l'*apparition des syphilides*.

Les syphilides sont donc, comme nous le disions tout à l'heure, des *symptômes consécutifs* ; il faut ajouter qu'elles ne constituent pas *tous* les symptômes secondaires ou tertiaires. Ceux-ci en effet peuvent être fournis par la peau, les membranes muqueuses, le tissu fibreux, le tissu osseux, etc., sans que l'on puisse établir pourquoi tel tissu, tel organe est plutôt malade que tel autre, sans que l'on puisse saisir la moindre relation entre eux et telle forme ou tel siége des symptômes primitifs.

Qu'il nous soit permis de placer ici une observation. On a coutume de dire, ou plutôt on trouve dans un certain nombre de livres que la syphilide est à la syphilis ce que la vaccine est au vaccin. Or, c'est là une erreur ; on pourra s'en rendre facilement compte en appliquant à la vaccine les stades correspondants de l'évolution de la syphilis. On verra ainsi que la pustule vaccinale est en pathologie générale l'équivalent de la lésion primitive et que par conséquent elle est une sorte de chancre, le chancre vaccinal. La vaccine donne rarement lieu à des lésions équivalentes aux syphilides ; cependant le fait se présente quelquefois, par exemple, dans les cas de pullulation vaccinale secondaire. La preuve en est que cette pullulation apparaît en tout autre lieu qu'au point d'inoculation. De plus, l'éruption généralisée ne se montre qu'après une seconde incubation. Quoi qu'en pensent certains médecins, nous croyons que la vaccine secondaire n'est pas due alors au transport direct de point en point de la matière virulente et à des inoculations multiples et successives, mais bien qu'elle est le fait d'un processus de sortie, et non d'entrée, du virus, d'un processus d'élimination et non de pénétration.

Les syphilides ne se montrent donc que bien longtemps après que l'action morbide du virus a envahi l'économie tout entière. On verra la place importante qu'occupent en syphilis les lésions tégumentaires. Toutefois, il faut bien se garder de croire qu'elles sont toute la syphilis ; il faut savoir suivre la syphilis au delà de la peau et ne pas hésiter, en face de certaines lésions viscérales, à rendre à la vérole, comme à César, tout ce qui lui appartient.

Telles sont les notions contemporaines sur la valeur nosologique des syphilides ; voyons ce qu'étaient jadis ces mêmes syphilides.

Historique des syphilides en général. — Leur description ou même leur connaissance n'est pas de date ancienne. Il n'en est peut-être pas de même de leur existence.

En effet, s'il est en pathologie un fait remarquable, c'est bien l'espèce de stérilité qui semble avoir frappé pendant si longtemps l'étude des affections cutanées. — Si les pères de la médecine, si Hippocrate et Galien les ont signalées, ils ne les ont jamais considérées que comme des incidents *critiques* destinés à opérer ou même seulement à signaler la solution favorable des affections internes.

A cette sorte d'indifférence s'associa ou succéda une confusion extrême. Les dénominations adoptées en dermatologie ne furent pas toujours appliquées à des affections identiques ; d'autre part, les mêmes maladies eurent cent dénominations différentes. Essayait-on de rechercher l'identité des maladies en se guidant sur les synonymies dans les langues hébraïque, grecque ou latine, on arrivait à des résultats toujours contradictoires. Chaque médecin fut dès lors abandonné à ses propres forces, privé de toute tradition scientifique. Or l'étude des affections cutanées exige une observation approfondie. La plupart d'entre elles passèrent inaperçues ou indéterminées ; personne ne s'attacha à préciser leurs caractères et à les distinguer les unes des autres. A plus forte raison, la syphilis, si tant est qu'elle exista, échappa-t-elle, non pas tant dans ses poussées isolées, rapportées à autant de maladies différentes, que dans le lien commun à tant de lésions tégumentaires.

Plus tard toutes les dermatoses, pourvu qu'elles fussent graves, furent invariablement attribuées à la *ladrerie* et surtout à la *lèpre*.

Il est certain que les léproseries renfermaient toutes les espèces des affections cutanées ; il est probable même qu'une des plus rares devait précisément être la lèpre.

Comment expliquerait-on autrement ce fait de coïncidence si singulière, à savoir, la disparition de la lèpre en Europe et l'apparition de la syphilis (Cazenave)?

Au xv⁰ siècle, la syphilis prend ou semble prendre tout à coup une effroyable gravité. Par une exaspération soudaine, elle jette l'effroi partout. Elle s'impose violemment à l'attention des médecins.

Les observations, faites avec une attention si impérieusement commandée par les événements, ont précisément pour objectifs des phénomènes qui sont *étudiés* pour la première fois, mais au travers de verres grossissants, pour ainsi dire, amplifiés qu'ils sont par le génie de l'épidémie terrible.

Dès lors la syphilis fut découverte ou plutôt distinguée de la foule des autres dermatoses et ses manifestations multiples, notamment les *pustules*, c'est-à-dire les *syphilides*, devinrent l'objet de nombreux travaux.

Certes, les premières descriptions précises des syphilides ne sont pas antérieures au xv⁰ siècle : mais est-ce là une raison de croire que les syphilides se produisirent alors pour la première fois? L'électricité n'est connue que depuis le commencement de ce siècle : dira-t-on qu'elle n'existait pas auparavant?

D'ailleurs, si l'on n'a pas de *preuves* de la connaissance antique de la vérole en Europe, il n'en est pas de même pour l'Asie. En effet, les traductions de Dabry (Paris, 1863) font foi que les Chinois connaissaient le chancre et les éruptions consécutives, au moins 2637 ans avant Jésus-Christ. Dès cette époque, Hoang-ty préconisa même le traitement par le mercure contre les *plaies envenimées de la bouche et de la gorge* (Keou-yay-tou) consécutives à des accidents vénériens.

Quoi qu'il en soit, en Europe, ce n'est pas d'emblée que les observateurs du xv⁰ siècle après Jésus-Christ surent rapporter toutes les éruptions secondaires à leur seule et véritable cause, la syphilis.

Ce n'est que par une observation minutieuse et souvent répétée que cette pathogénie put être mise hors de doute. *Il fallut longtemps* pour bien saisir la valeur séméiologique de ces éruptions, pour bien se rendre compte de leurs divers caractères, coloration et disposition spéciales, simultanéité ou spontanéité, évolution identique à elle-même, apparition ayant lieu toujours après et peu de temps après le chancre, et enfin pour constater leur impressionnabilité aux médicaments spécifiques.

Les symptômes secondaires ou consécutifs de la syphilis constituent à cette maladie un caractère particulier qui la distingue de la plupart des autres maladies virulentes.

La variole, une fois qu'elle a évolué, perd toute influence *positive* sur l'économie. Pour la syphilis, il n'en est pas de même; l'empoisonne ment persiste et se manifeste par des lésions plus ou moins profondes et seulement souvent après un temps fort long. Rappelons-nous, à titre d'exemple, le cas où Fournier constata que le « sommeil du virus » avait duré cinquante-cinq ans entre les accidents secondaires et les gommes !

Il en est de même d'ailleurs dans certains autres tempéraments congénitaux, dans la scrofule, par exemple.

C'est qu'en effet, de par la syphilis, il y a production d'un tempérament anormal qui, pour être acquis, finit cependant par avoir ses allures et ses expressions morbides tout comme un tempérament congénital. C'est un état général permanent, c'est une manière d'être différente, un tempérament nouveau, acquis, dont rien, absolument rien d'ailleurs, ne révèle l'existence, jusqu'à ce qu'un jour, avec ou sans cause accidentelle, il se traduise par des phénomènes spéciaux.

Par les accidents secondaires, le virus proclame sa prise de possession de l'économie tout entière. Mais, à partir de cet instant, il perd l'immuabilité de son processus et cesse de donner lieu à des phénomènes *constants, inévitables, égaux* ou *identiques pour tous.*

On a vu la régularité générale et constante de sa marche *initiale* permettre de fixer les *lois* de son évolution. A partir de l'apparition des phénomènes secondaires, il est soumis aux réactions de l'individualité et influencé par tel ou tel organisme qui se défend plus ou moins vigoureusement contre lui.

Aussi voit-on devenir chaque jour plus variables selon les malades les formes morbides qu'il détermine par la suite. C'est *de temps en temps chez l'un,* c'est *d'une façon presque continue chez l'autre,* que le poison exercera sur les tissus vivants l'irritation qui lui est propre et qui donne lieu à une inflammation caractérisée çà et là par une prolifération des cellules embryonnaires. De là une étonnante diversité dans l'apparition des syphilides.

Comme le dit Diday, ce n'est pas toutefois que les symptômes prennent un aspect différent chez chaque individu. Non, les altérations essentiellement constitutives de la syphilis sont toujours identiques de forme et de nature chez tous les malades..... Mais ce qui varie, selon les cas, c'est le nombre, la durée, le groupement de ces altérations, l'ordre qui préside à leurs réapparitions successives, l'intervalle plus ou moins long qui sépare ces réapparitions, enfin et surtout la décroissance graduelle de la maladie ou au contraire sa tendance à progresser.

La grande loi qui domine toute la pathologie trouve ici une application de plus et l'on peut dire aussi que : « Chacun mène sa vérole à sa manière. »

Tels sont les points capitaux qui ont absolument échappé aux anciens syphiligraphes.

Sans doute les syphilides eurent leur place dans les descriptions des contemporains de la fameuse épidémie. Mais le type morbide engendré par l'infection fracastorienne ne fut pas tout d'abord compris dans son ensemble et ne fut pas d'emblée dégagé du chaos inextricable de symptômes en face desquels les premiers observateurs des syphilides se trouvèrent placés.

Mais ce ne fut pas seulement doctrinalement, ce fut encore objectivement que la confusion régna longtemps. Toutefois il ne faudrait pas trop s'en étonner. Qu'on veuille bien se souvenir des difficultés, parfois excessives même pour un œil exercé, qui tiennent le diagnostic indécis, *encore de nos jours*, entre tel type relevant de la syphilis et tel autre type étranger à la diathèse, par exemple, entre une syphilide et une éruption psoriasique, ou bien entre une syphilide et un lupus, etc. Ce n'est d'ailleurs que tout récemment que l'on est arrivé à distinguer d'une manière certaine des syphilides un certain nombre de dermatoses, telles que le pityriasis rosé, l'ecthyma infantile simple et surtout le lichen plan.

Il y a donc lieu de se montrer indulgent tant pour les anciens syphiligraphes que pour les arabistes, lesquels ont été les premiers à tenter de soulever le voile qui recouvrait la symptomatologie des dermatoses.

Il faut leur rendre cette justice d'autant plus qu'on leur doit sur les syphilides un certain nombre de *notions exactes* que nous allons maintenant passer en revue.

Historique des syphilides en particulier. — Sébastien dell' Aquila est un des premiers frappé de la *couleur spéciale* des syphilides, mais n'arrive pas à la définir (1506).

Les *syphilides tuberculeuses végétantes* auraient été signalées par Jean de Vigo (1514).

Jean Manard (1521-1530) signale la tendance qu'ont certaines syphilides à *serpenter* (forme serpigineuse).

Nicolas Massa (1532) décrit les *symptômes précurseurs* des éruptions syphilitiques.

Ant. Lecoq (1542) distingue plusieurs sortes de syphilides et insiste notamment sur la forme *arrondie*.

A Fallope (1567) est due la comparaison restée classique de la couleur *chair de jambon*.

Nicolas de Blégny (1652) remarque aussi la prédilection des syphilides pour la disposition *circulaire ou cerclée*.

Astruc (1684-1768) étudie les *pustules crustacées*, fait remarquer la *résistance cornée* de certaines croûtes spécifiques (syphilides cornées), décrit la *forme tuberculeuse*.et fait connaître la *corona Veneris*.

Swédiaur décrit (1748) la *coloration rouge cuivrée foncée*.

Nisbeth (1759) insiste également sur la *couleur cuivrée* de la plupart des syphilides.

Quoi qu'il en soit de l'exactitude de ces observations, ce n'étaient là que des faits qui restaient isolés et sans lien.

Cullerier l'ancien (1758-1827) tente un des premiers de mettre de l'ordre dans les « pustules » et de les classer d'après leurs principaux caractères.

Alibert (1766-1837) se complaît surtout à faire des descriptions saisissantes et des tableaux cliniques.

Biett (1781-1840) applique la précision et la netteté qui lui étaient particulières à l'étude des lésions élémentaires des syphilides et à leur diagnostic différentiel, mais il attache une importance exclusive, bien imméritée, à la desquamation périphérique, à la *fameuse collerette épidermique*, dite depuis cette époque collerette de Biett.

Cazenave et Schedel reconnaissent la valeur symptomatologique de l'absence de *prurit*.

Enfin, nous examinerons plus loin quelle part revient à Rayer, à Gibert, à Ricord, à Bassereau, à Fournier, à Rollet, et autres auteurs contemporains, dans la connaissance des syphilides. Maintenant disons seulement que, pour tous les auteurs de notre époque, les dermatoses dites spécifiques, bien que distinctes objectivement, sont reconnues identiques de nature et considérées comme les effets d'une même cause et les expressions d'une seule intoxication. Déjà même Astruc avait dit qu'elles n'étaient différentes les unes des autres que parce qu'elles avaient un siége différent. Nous verrons ailleurs ce qu'il y a de vrai dans cette proposition.

C'est ainsi que fut édifiée pièce à pièce l'histoire des syphilides.

Ce n'est pas ici le lieu d'exposer le détail (V. SYPHILIS) des hypothèses, des classifications, des propositions hasardées et même des expériences auxquelles cette partie de la syphiligraphie a donné jadis lieu. Ici, il nous est impossible de suivre la fluctuation des opinions diverses qui se sont tour à tour englouties dans l'oubli. Un coup d'œil sur les travaux d'Alibert, de Biett, de Gibert, de Cazenave, de Cullerier et même de Rayer, suffira à montrer combien, à cette époque encore si voisine de la nôtre, on était loin d'être fixé sur les points les plus importants de cette partie de la science médicale.

Les syphilides avaient été longtemps méconnues, longtemps confondues avec d'autres dermatoses. L'excès opposé ne fut pas évité. Que de dermatoses qui n'avaient rien de spécifique dans leur origine furent rattachées à la vérole ! C'est de nos jours seulement que ces questions purent être élucidées et nettement précisées. On peut compter ces résultats parmi les plus heureux dont la médecine moderne, et notamment *la médecine française*, puisse s'honorer.

Caractères généraux des syphilides. — Les syphilides consti-

tuent une partie intime et nécessaire du type morbide dû à la syphilis.
A ce titre, ont-elles des caractères spéciaux?

Un fait important qu'il faut tout d'abord signaler, c'est que les affections spécifiques ne s'accompagnent pas de *lésions spéciales* de la peau
et qu'elles donnent lieu à des *éruptions simples*.

Ce fait d'abord surprenant s'explique aisément, si l'on réfléchit que,
quelle que soit leur causalité, les éruptions ont toujours le même ter-
ritoire pour lieu d'évolution, et que la forme d'un élément éruptif quelconque dépend principalement, sinon exclusivement, du siége anatomique de l'éruption. Cazenave disait qu'il y a, chez un syphilitique,
exanthème ou vésicule, papule ou pustule, selon que tel ou tel organe
constitutif de la peau est affecté. Toutefois, une pareille proposition est
trop exclusive pour être absolument vraie : en effet, le microscope ne
semble pas avoir encore complétement confirmé la manière de voir par
laquelle on cherchait jadis à expliquer comment la syphilis, cause
unique, pouvait donner lieu à des effets si différents les uns des autres.
C'est cette *diversité objective* des syphilides qui faisait dire à Cullerier :
ce mal extraordinaire engendre des « *pustules* » présentant des formes
tellement distinctes qu'elles ont été prises longtemps pour autant de maladies différentes. Mais, allant d'un extrême dans un autre, cet auteur vou-
lut rapporter les différentes espèces d'effets produits par une seule et
même cause aux modifications d'une seule et même lésion élémentaire,
la *papule*. C'est ainsi qu'à une observation très-juste il imposa une conclusion démentie par les faits.

Cette *variabilité* que l'on constate pour la *forme* s'observe encore pour la
marche des syphilides.

Tantôt fugitives, tantôt presque constamment récidivantes, elles abandonnent définitivement une région, ou bien elles y reviennent, et cela
souvent avec une étonnante persistance.

Nous rappellerons à ce propos un fait que nous observions encore
tout récemment dans le service de Fournier, à l'hôpital Saint-Louis. Une
jeune cuisinière, syphilitique depuis quatre ans, était atteinte d'une syphilide ulcéreuse du pied gauche. La lésion, très-remarquable par les
festons accentués et réguliers des bords, formait une vaste ulcération arrondie occupant le gros orteil et les parties plantaires voisines. Soumise
à l'iodure de potassium, au taffetas de Vigo et au repos, la malade ne tarda
pas à guérir. Un mois après, elle revenait pour une ulcération de même
nature et de même forme, développée au-dessous des orteils, restés indemnes cette fois, et s'étendant au tiers antérieur de la région plantaire.
Le traitement en eut encore bientôt raison ; mais une nouvelle récidive ne
se fit pas longtemps attendre vers la région moyenne de la plante du pied.
Bref, la malade dut faire un *sixième* séjour à Saint-Louis, dans l'espace de quinze mois, pour une syphilide serpigineuse, à forme récidivante,
qui parcourut successivement toute la région plantaire, du gros orteil
au talon. Notons que la syphilis n'avait nulle part ailleurs sur cette
malade d'autres manifestations.

D'autre part, un grand nombre de syphilides ne se manifestent que long-temps après le chancre et dans des circonstances où elles constituent le seul ordre de symptôme propre à révéler la spécificité du processus qui préside à leur développement. Il a donc fallu bien des observations pour arriver à se rendre compte de l'action suivie d'une cause spéciale capable d'engendrer des effets à des échéances très-éloignées du début de l'infection et de déterminer une série de récidives après des intervalles plus ou moins longs de santé parfaite.

Ces trêves de la vérole, ces sommeils du virus, ces entr'actes, comme dit Fournier, sont des faits aujourd'hui bien connus et appartenant, comme nous le verrons plus loin, en propre et incontestablement à la syphilis. Toutefois, il faut bien reconnaître qu'on n'en a pas encore donné d'explication satisfaisante.

Combien ne fallut-il pas, pour se sentir en droit de rapporter à leur seule et véritable cause des effets si tardifs et si divers, accumuler d'observations prises avec le soin et l'exactitude qui sont indispensables en dermatologie? Qu'on mesure combien ce simple fait, de reconnaître la nature spécifique d'une syphilide qui survient vingt-cinq ou trente ans après un chancre passé parfois inaperçu et de relier un chaînon qui semble brisé depuis si longtemps, représente de recherches, de comparaisons et de travail. Avec quelle sagacité ne fallut-il pas mettre à profit les cas où certaines formes, habituellement tardives, se rencontrèrent exceptionnellement avec d'autres plus précoces et par conséquent déjà mieux connues ou plus faciles à étiqueter? On dut remarquer et se souvenir que, dans certaines véroles d'intensité exceptionnelle, les syphilides sont plus accentuées, plus nombreuses, plus rapides d'évolution; en précipitant ainsi leur apparition les manifestations spécifiques font leur propre synthèse et viennent démontrer d'elles-mêmes la nature de certaines tumeurs, de certaines ulcérations, de certaines croûtes.

Le fait, en effet, se rencontre dans les syphilis graves ou anormales. Ces cas heureusement sont rares de nos jours; quelques-uns se montrent de temps en temps pour nous rappeler ce qu'étaient ceux dont fut composée la fameuse épidémie du quinzième siècle, ou bien ceux qui ont fait dire à Alibert (*Monogr. des dermat.*, p. 551) que « la constitution humaine s'est saturée complétement de ce levain funeste et incompréhensible. »

La successibilité même des accidents était bien faite pour épaissir les voiles : n'est-il pas rare en effet que les poussées spécifiques — gommes exceptées — se fassent sous une même forme? Comment alors ne pas croire chaque fois à des maladies différentes, nouvelles, isolées?

Pourtant on a fini par trouver la bonne piste et par comprendre qu'il y avait une suite à cette force dont l'action semblait depuis si longtemps épuisée, que le processus morbide était, non pas éteint, mais interrompu, et l'on a su considérer les manifestations successives comme unies par des liens intimes et comme formant les périodes, pour ainsi dire nécessaires, d'une seule et même évolution pathologique.

« On n'entasse point vérole sur vérole, avait proclamé la grande voix de Ricord, c'est assez et déjà trop d'une ! »

Ainsi donc, *préexistence nécessaire d'un chancre, absence de lésions élémentaires spéciales, extrême diversité d'éléments éruptifs, variabilité dans la marche des éruptions, grande irrégularité dans leurs allures, insidiosité, caprices inexplicables dans leurs apparitions ou dans leurs récidives,* telle est l'énumération sommaire des caractères généraux les plus importants, aujourd'hui bien connus, des syphilides.

Ces considérations étaient nécessaires pour donner une idée des difficultés qu'eurent à vaincre ceux qui ont fait les précieux travaux grâce auxquels tout nous paraît clair aujourd'hui, et grâce auxquels on peut enregistrer maintenant avec certitude les divers caractères propres aux syphilides.

Causes des syphilides. — I. Cause efficiente. — Si l'on parcourt les annales de la science, on voit que, si les auteurs ont toujours été d'accord sur ce point que la *contamination spécifique était la cause première, unique et nécessaire, de tous les accidents consécutifs,* tégumentaires ou autres, ils étaient loin de s'entendre sur les manifestations primitives de l'infection. On trouvera tous les détails de ces intéressants débats à l'article Syphilis. Qu'il nous suffise de dire ici que c'est à Ricord, que revient l'honneur d'avoir montré que tous ces accidents devaient être rapportés nécessairement, à l'exclusion absolue de la blennorrhagie et de toute autre affection, à un chancre, remarqué ou non (*Voy.* Syphilis ignorée), ayant siégé ou non (*Voy.* Chancre extragénital, si fréquent depuis qu'on sait bien le reconnaître, Chancre professionnel, etc.), sur les organes génitaux (*Voy.* Chancre céphalique) ou même dans l'intérieur des divers organes (*Voy.* Chancre uréthral, Chancre vaginal, Chancre amygdalien, etc.). A cette loi il n'y a que *deux exceptions,* — et encore ne sait-on pas si, même dans ces cas, un chancre n'a pas existé. — c'est lorsque la syphilis est acquise par la conception ou bien lorsqu'elle est transmise par l'hérédité.

II. Causes occasionnelles. — A part l'infection par le virus syphilitique, il n'est pas d'autre cause efficiente pour les syphilides. Quelle que soit la diversité des syphilides, leur cause est toujours identique à elle-même. Toutes les autres causes sont des *causes banales* ou des *causes occasionnelles.* Nous verrons plus loin qu'elles influencent peu les syphilides et qu'en tout cas elles influencent *tout autant* les éruptions non spécifiques.

Ces causes occasionnelles n'agissent nullement sur la production initiale des syphilides. En effet, les manifestations de la première période de la syphilis, celles de la période aiguë, pour ainsi dire, se montrent par le fait seul de l'infection, et en dépit de l'absence même de toutes causes occasionnelles. Celles-ci jouent peut-être un certain rôle, mais toujours secondaire et très-variable selon les sujets, dans la précocité et l'intensité et surtout dans les récidives ou dans la persistance des accidents ultérieurs, expressions du tempérament syphilitique définitivement constitué.

Apparition des syphilides. — Souvent les érosions chan-creuses ont disparu quand les syphilides se montrent, mais on trouve encore presque toujours la cicatrice et l'induration spécifiques et surtout l'adénopathie correspondante. D'autres fois, soit que les syphilides soient précoces, soit que le chancre ait une durée anormale, la cicatrice n'est pas faite quand l'érythème et même les papules commencent à apparaître. La période *moyenne*, après laquelle se montre la syphilide érythéma-teuse, c'est-à-dire celle qui se montre habituellement la première, est de 45 jours. On compte à partir du *début* du chancre.

Ordre d'apparition des syphilides. — Toutefois il est bon de mé-diter la très-juste réflexion de Cazenave : « De même qu'il n'y a pas pro-gression successive du virus à travers l'économie, mais *envahissement d'emblée* de tout l'organisme par suite du contact infectieux, *il n'y a pas non plus d'ordre nécessaire et fatal* dans l'apparition des divers symp-tômes secondaires, mais manifestation de la syphilis consécutive selon certaines circonstances particulières à l'individu. » La syphilis secondaire peut se traduire par telle ou telle éruption (syph. érythémateuse, ou gra-nuleuse, ou papuleuse, ou acnéiforme, etc.), ou par une syphilide ulcé-reuse, ou même par une affection du périoste, sans lésion intermédiaire. Il est donc impossible — il faut le répéter — d'établir pratiquement aucune succession, absolue et constante, entre les divers symptômes consécutifs.

Il y avait autrefois une telle confusion dans l'interprétation des acci-dents vénériens qu'il n'y a pas à tenir compte de la plupart des faits rapportés par les anciens auteurs. Gaspard Torella a vu une syphilide se développer 16 jours (?) après le début d'un chancre. Hunter, Gibert et d'autres citent également des exemples de cette apparition hâtive des syphilides ; jamais cependant ils n'en ont observé avant le commencement de la troisième semaine qui suivait le *début* des phénomènes primitifs. De même faut-il faire des réserves sur les cas où Martin et Cazenave observèrent l'apparition de *syphilides*, non de gommes, après des pé-riodes de 30 et 40 années, sans qu'il se soit passé entre leur apparition et les *symptômes primitifs* rien qui ait trahi l'existence du tempéra-ment syphilitique.

Nous avons vu quelle était la durée moyenne de la seconde incuba-tion. D'une manière générale, on peut dire que les syphilides apparais-sent tôt ou bien qu'elles se montrent tardivement, selon les sujets et d'a-près certaines circonstances dont nous déterminerons plus tard l'im-portance, à savoir l'alcoolisme, la grossesse, le défaut d'hygiène, l'insuffisance du traitement spécifique, etc. C'est ainsi que, chez un malade *alcoolique* du service de Fournier, le chancre n'était pas encore guéri qu'il y avait déjà sur le tronc des syphilides écthymateuses et sur les jambes des syphilides ulcéreuses. Dans un autre cas, au contraire, la syphilide érythémateuse n'apparut que 91 jours après la *terminaison* de l'accident primitif.

Agents modificateurs des syphilides. — Au commencement

de ce siècle (1814-1818) Carmichaël chercha à établir un rapport
intime et nécessaire entre la forme même de l'éruption et la durée de l'intervalle qui la sépare de l'accident primitif, ou bien, d'une part, entre
l'apparition de telle ou telle syphilide ou entre un degré plus ou moins
prononcé de l'intensité éruptive, et d'autre part telle ou telle forme de
l'accident primitif. Fournier, Broadlbent et d'autres, ont démontré l'ina-
nité de la prétention de vouloir pronostiquer l'avenir d'un syphilitique
d'après la gravité ou la bénignité des accidents passés ou présents. Le
faire, c'est se préparer, comme à plaisir, des déceptions et des dé-
mentis.

L'*âge des individus* n'a aucune influence sur le *développement* des
syphilides. Comme l'a montré Fournier, si les syphilides sont plus
fréquentes de 18 à 30 ans, par exemple, cela tient tout simplement à ce
que ce sont les années pendant lesquelles l'infection syphilitique est le
plus commune. Au contraire, l'*âge de la syphilis* doit être pris en grande
considération ; c'est évidemment pendant les premières années de l'infection que les syphilides sont le plus fréquentes : aussi peut-on dire que
la période de 30 à 50 ans est le règne des syphilides gommeuses.

D'autre part, l'âge des malades joue un certain rôle sur la *forme* et sur
la *marche* des syphilides : en effet la syphilis sénile et la syphilis infantile
doivent être décrites presque comme des types morbides à part. Les *syphilides des vieillards* sont composées d'éléments plus nombreux et plus développés, c'est-à-dire plus saillants dans la forme papuleuse et tuberculeuse et plus creux dans les variétés ecthymateuses ; elles passent plus
rapidement à la période humide, ont une tendance marquée à devenir ulcéreuses, résistent longtemps au traitement et récidivent souvent et à de
courts intervalles. Bref, les syphilides se montrent alors telles qu'on
les rencontre dans les cas de syphilis graves ; mais elles ne sont plus
accentuées que parce que la syphilis, dont elles sont l'expression, est
grave.

Les *syphilides infantiles* au contraire sont relativement atténuées :
elles sont moins développées, moins tenaces, moins durables, et évoluent
rapidement, passant plus promptement d'un type à un autre.

Quant aux *syphilides héréditaires*, elles seront étudiées plus loin dans
un chapitre spécial.

Le *sexe* n'a pas d'autre influence sur les syphilides que celle que
peuvent avoir la grossesse, la puerpéralité et toute cause débilitante. Il
en est de même des *professions* dont l'action sur les syphilides peut
être presque exactement mesurée par le degré d'alcoolisme habituel à telle
ou telle corporation. Toutefois nous devons dire que les syphilides palmaires sont souvent plus développées, plus tenaces et plus récidivantes à
droite qu'à gauche.

Quant aux *climats* et aux *saisons*, leur influence est tellement incer-
taine qu'elle est jugée tout à fait contradictoirement par les divers auteurs
qui ont tenté de la déterminer. C'est ainsi que les uns affirment que le
froid provoque le développement des syphilides ; pour les autres, c'est la

chaleur ; pour ceux-ci, c'est le mois de décembre, pour ceux là. c'est le mois de juin qui fait naître le plus de syphilides. Les grands froids seraient surtout à incriminer ; ensuite viendraient les grandes chaleurs.

Pour nous, nous croyons que la syphilis et les syphilides sont aussi indépendantes de ces divers agents que de l'influence des astres auxquels on les croyait si soumises autrefois (voir les ouvrages des premiers syphiligraphes, traduits par A. Fournier).

Quant à l'influence de la race, nous la croyons également sans action sur les syphilides[1]. Pour s'en rendre compte, il suffit de se rappeler, par exemple, les descriptions qu'Alibert a faites des syphilides observées en Asie ou en Afrique, etc., de lire les mémoires plus récents que les voyageurs ont publiés. Nous avouons que notre conviction n'est pas ébranlée par ces faits, trop peu nombreux, constatés à la hâte, peut-être sans expérience comparative suffisante, sans que les malades aient été suivis pendant de longues années, sans que l'on ait noté leurs habitudes, leur hygiène et une foule d'autres causes bien plus actives que la race ou le climat sur le développement des syphilides, à savoir la débilitation plus ou moins grande de l'organisme par une nourriture mauvaise, et surtout l'insuffisance formelle ou même l'absence, habituelle dans ces cas, de tout traitement spécifique. Pour notre part, nous avons publié dans les *Annales de dermatologie* un cas de syphilide observé dans le service de Fournier à l'hôpital Saint-Louis sur une jeune négresse. Chez cette femme, la syphilis, contractée à Paris et traitée d'après le traitement en vigueur à Paris, s'est pendant les deux premières années comportée d'une manière bénigne et identique à ce que nous observons sur les malades de race caucasique. La race n'a guère d'importance que pour le diagnostic, comme on le verra plus loin, à cause de la couleur de la peau. Sans doute, on pourra citer des cas terribles de syphilis asiatique ou africaine, mais nous ferons observer qu'on ne manque pas de faits semblables en Europe.

L'alimentation, la misère, l'hygiène insuffisante, l'absence de propreté, la grossesse, les convalescences, les maladies chroniques, le surmenage sous toutes ses formes et surtout l'*alcoolisme*, ont une influence aggravante beaucoup plus marquée et d'ailleurs incontestée ; ces phénomènes seront étudiés plus loin dans un chapitre spécial. Qu'il nous suffise de signaler ici la réalité *de cas observés à Paris aussi graves et probablement aussi fréquemment graves* que la syphilis a jamais pu en causer en quelque lieu et en quelque temps que ce soit.

Siége. — Parmi les caractères généraux des syphilides, il ne faut pas omettre de signaler leur *prédilection pour certains siéges*.

En première ligne, il faut inscrire la *tête*, d'abord la *face* (le front, les tempes (*Corona Veneris*) et surtout le pourtour de la bouche), puis le *cuir chevelu*; cette dernière région est très-recherchée, surtout, mais non exclusivement, par les manifestations d'une syphilis déjà ancienne,

---

1. Jadis bien des protestations n'eussent pas manqué de s'élever contre cette proposition.

par exemple, par les syphilides tuberculeuses soit sèches, soit ulcéreuses.

Martins et Legendre ont vu la tête affectée 50 fois sur 93 cas de syphilides ; de même Cazenave 66 fois sur 172 cas.

Considérées d'une manière absolue sous le rapport de la fréquence du
siége, les syphilides se sont montrées à Ricord dans l'ordre suivant : le
tronc et les membres, le cuir chevelu, les environs des organes génitaux
et de l'anus, la face, la plante des pieds et la paume des mains.

Cependant les syphilides siégent assez souvent à la tête pour que, étant
donné une lésion de cette région, ce soit à la syphilis que l'on doive
tout d'abord songer à l'attribuer.

Marche. — Les éruptions syphilitiques ont une *marche* qui peut servir aussi à les caractériser dans une certaine mesure.

Cette marche est essentiellement chronique ; tandis que, comme nous
l'avons déjà signalé pour l'époque de leur apparition et pour le développement de leurs diverses variétés, ainsi que pour leur mode éruptif, les
syphilides sont extrêmement variables, elles se font *presque* constamment
remarquer par l'absence d'un état et de phénomènes franchement aigus.

La fièvre n'est pas nécessaire ; elle ne prend part qu'exceptionnellement
au processus. Quand elle existe, bien que plus ou moins vive, elle n'a
pas les caractères d'acuïté que l'on observe dans d'autres maladies ; la
peau est chaude, mais moite ; l'œil est éteint plutôt que brillant ; la soif
n'est relativement pas très-vive ; même pour les boissons, le malade est
anorexique ; la céphalée et la lassitude remplacent l'agitation ; et même
parfois le froid, le frisson et l'algidité, existent subjectivement au lieu du
malaise hyperthermique. Nous signalerons, en temps et lieu, les exceptions à cette règle qui sont, d'après Fournier, de 4 à 5 pour 100.

En tout cas, les syphilides, même les plus aiguës d'entre elles, se développent lentement, sans réaction inflammatoire de la peau, sans chaleur,
sans douleur ; ce dernier signe est important, comme nous le verrons plus
loin.

Ricord a été l'un des premiers à insister sur l'importance caractéristique de la marche des syphilides et à s'efforcer de déterminer la *filia-
tion* des symptômes antérieurs pour apprécier exactement la valeur des
accidents actuels.

Car si, comme nous l'avons dit, il n'y a pas de *loi*, on peut du moins
admettre qu'il existe une *règle* dans le développement des syphilides.
Cette règle est celle-ci : En général, la vérole ne revient pas sur ses pas.

Les éruptions qui se développent dans les premiers temps d'une syphilis
sont *superficielles*. Celles qui viennent plus tard sont *profondes*. En
d'autres termes, une syphilide profonde peut se montrer d'emblée sans
avoir été précédée d'une forme superficielle, mais d'ordinaire (car il y a
des exceptions) une syphilide superficielle ne succédera pas à une syphilide profonde.

Toutefois, une syphilide superficielle pouvant être suivie à bref délai
d'une syphilide profonde, les deux formes pourront exister simultané-

ment et le malade se trouvera atteint d'une éruption spécifique, dite *poly-morphe*, qui se rencontre surtout dans les premiers mois de l'infection. De plus les éruptions jeunes sont généralisées, jetées au hasard, sans disposition spéciale, et disséminées sur tout le corps, tandis que les éruptions d'un âge plus avancé sont locales, régionales, astreintes à une forme déterminée, et comme *disciplinées*, suivant l'expression de Fournier.

Quoi qu'il en soit, tous ces phénomènes se constituent presque *sans réaction*, et par conséquent sans éveiller l'attention du malade. Aussi très-souvent est-ce le médecin qui montre au malade qu'il est couvert de taches et de boutons ; ou bien, si le malade sait qu'il a des boutons et s'il vient consulter le médecin à leur sujet, du moins raconte-t-il que ce n'est pas par douleur, mais bien par hasard et parce qu'il a regardé, qu'il s'est aperçu de son éruption.

Il faut donc noter que la *marche* des syphilides est lente, sourde, torpide, insidieuse, mais pourtant progressive.

Ainsi, au début, les lésions cutanées sont à peine marquées ; ce sont de simples taches (*syphilides érythémateuses*) ; plus tard, elles forment un néoplasme (*syphilides papuleuses*) ; plus tard encore, celui-ci est encore mieux constitué, et l'on a alors affaire aux *syphilides papuleuses, papulo-hypertrophiques*, et aux *syphilides tuberculeuses*.

On voit ensuite les syphilides se ramollir dans une petite portion de leur centre et devenir *pustulo* ou *tuberculo-ulcéreuses*. La zone ramollie s'étend de plus en plus, envahit toute la surface, mais ne gagne pas en profondeur : ainsi est réalisé l'*ecthyma superficiel*. Au contraire, si le fond se creuse et s'excave, on se trouve en face de l'*ecthyma profond*. Ces dernières lésions doivent être considérées comme de véritables *gommes de la peau* ; c'est à elles que revient exactement le nom de *syphilides gommeuses* ; elles forment la transition entre la *syphilodermie proprement dite* et les tumeurs gommeuses sous-cutanées ou *gommes du tissu cellulaire* ou *de l'hypoderme*, celles-ci pouvant se présenter à l'état de gommes crues, ramollies ou évacuées.

Nous avons déjà indiqué ce caractère commun aux syphilides de n'apparaître qu'un certain temps après le chancre. C'est la *deuxième incubation*. Cette période n'est bien déterminée que pour les premiers accidents. Au delà, plus de règle fixe ; en effet, il existe, pour la syphilis comme pour toute maladie, une évolution *généralement*, mais non constamment suivie ; l'influence propre de l'organisme atteint reprend ses droits, l'individualisme ne tarde pas à se faire jour et à imprimer à son tour son cachet propre à cette infection chronique : dès lors, les syphilides apparaissent après des laps de temps plus ou moins éloignés, mais qu'il est tout à fait impossible de déterminer à l'avance.

D'ailleurs, au point de vue pratique, l'incubation n'a d'importance que dans les premiers temps. Elle est, avons-nous dit, de 45 jours, qui séparent le moment où le chancre a paru du jour où doivent se montrer les premières syphilides ; elle serait plus longue de nos jours qu'au xve et qu'au xvie siècle. Or, quand on n'a pas assisté aux accidents primitifs, ou quand ceux-ci ont été soumis à des traitements irritants capables de donner le change, ou quand enfin, comme il arrive encore souvent de par les caprices de la clinique, le diagnostic a dû rester en suspens, c'est alors que les jours sont impatiemment comptés et que, lorsque la *période connue* est écoulée, on interroge anxieusement les flancs et l'abdomen pour savoir s'il y a lieu ou non de commencer le traitement spécifique.

Quelques auteurs se sont attachés à fixer l'intervalle qui sépare chaque espèce de syphilides du symptôme primitif. Voici, d'après le Compendium de médecine, p. 41, les résultats obtenus :

	MARTINS.	LEGENDRE.	CAZENAVE.
Syphilide papuleuse..........	21 mois.	6 mois.	16 mois.
— pustuleuse..........	7 mois.	4 ans.	5 ans.
— tuberculeuse..........	5 ans.		
— tuberculo-ulcéreuse...	8 ans 6 mois.	7 ans 6 mois.	6 ans 9 mois.
— ulcéreuse..........	8 ans.		
— exanthématique.......			23 mois.
— vésiculeuse..........			30 mois.
— squameuse..........			4 ans 4 mois.

Les auteurs du Compendium ajoutent : Ainsi, les syphilides exanthématique et papuleuse sont celles qui suivent le plus tôt le symptôme primitif; vient ensuite la syphilide vésiculeuse; en troisième lieu, les syphilides pustuleuse et squameuse, et enfin les syphilides tuberculeuse et ulcéreuse.

Sans doute ce tableau n'est pas dépourvu d'intérêt, et il représente assez exactement la marche habituelle des syphilides, mais il ne peut inspirer une confiance absolue, si on se souvient qu'il a été fait en 1841 et par des auteurs qui considéraient encore les chancres simples, la blennorrhagie et les autres accidents vénériens, comme des accidents primitifs de la syphilis.

Dans un travail comme celui-ci, où les questions pratiques doivent primer les questions théoriques, nous ne pouvons pas nous étendre plus longuement sur les généralités relatives aux syphilides. Mentionnons seulement la théorie de Carmichaël, qui croyait à un rapport nécessaire entre la forme du symptôme primitif et celle de l'éruption consécutive. Cet auteur pensait que la syphilide papuleuse était produite par le chancre ordinaire, la syphilide ulcéreuse par le chancre phagédénique, etc. Biett, Rayer, Martins, Cazenave, ont contribué à renverser cette singulière manière de voir, mais l'ont remplacée par une autre non moins fausse, puisqu'ils admettaient plusieurs espèces de symptômes primitifs. Une seule de leurs affirmations mérite d'être prise en considération : ils ont raison de dire qu'il n'est pas encore possible de déterminer pourquoi, étant donné une syphilis, telle éruption se développe plutôt que telle autre.

De même nous ne pouvons guère ici que noter un des caractères les plus importants des syphilides : nous voulons parler de la *transmissibilité des syphilides*, dont l'histoire sera faite à l'article SYPHILIS. La contagion est un des attributs les plus terribles des syphilides ; c'est elle qui leur donne cette facilité déplorable de transmission, c'est elle qui, comme l'a dit Fournier, est *certainement* la source la plus puissante de la persistance et de la propagation de la vérole dans la société moderne ; car le chancre est unique, peu nombreux en tous cas, il a une durée limitée et ne survient qu'une seule fois. Les syphilides, au contraire, sont multiples, occupent des siéges variés, surviennent insidieusement, durent plus ou moins longtemps et enfin récidivent fréquemment. Or chacune de ces conditions réalise la possibilité d'une contagion et en multiplie les occasions.

Aussi est-ce bien plutôt aux syphilides qu'au chancre qu'est dû le danger d'une cohabitation, même attentive, avec un sujet affecté d'une syphilis récente. Ce sont elles qui créent les accidents si malheureusement fréquents de la vie médicale ; c'est par elles que syphiligraphes, accoucheurs, dentistes et autres, contractent le chancre dit *professionel*.

Cette terrible propriété de transmission contagieuse ne semble pas s'atténuer en passant à travers un nouvel organisme. En effet, l'atténuation spontanée du virus n'a pas lieu dans ces conditions qui sont au contraire celles de la transmission indéfinie. On peut voir trop souvent avec quelle facilité un nourrisson, affecté de syphilis héréditaire, transmet la syphilis à sa nourrice, et celle-ci à ceux qui l'entourent et à ses propres enfants. Or cette dernière syphilis, de 4e ou 5e génération, n'est pas moins redoutable que celles qui l'ont précédée. Il est vrai que dans ce cas il n'y a ni culture ni atténuation progressive du virus.

La contagiosité de la syphilis a été remarquée et redoutée par les anciens syphiligraphes. Mais elle a été longtemps très-mal connue. Il nous a paru intéressant de rapporter ici ce qu'en pensait Schönlein, ce grand médecin que ses contemporains surnommaient le Pinel de l'Allemagne : « Dans le principe, dit-il, le virus se montra sous forme volatile et gazeuse, car l'air servait de conducteur à la contagion. De là les terribles épidémies de cette maladie contagieuse. Vers l'année 1550, le principe volatile et gazeux se changea en principe fixe qui ne peut se communiquer que par le contact immédiat. »

Schönlein, qui écrivait de 1829 à 1839, n'avait pas vu de syphilis transmise par l'air. Par respect pour les observations de ses devanciers, il en admettait la possibilité, tout en constatant qu'il n'en était plus de même à l'époque où il observait lui-même. Il est d'ailleurs plus que probable qu'il en avait toujours été ainsi et que les premiers observateurs avaient commis une erreur. Sans doute il faut tenir compte des travaux des Anciens et ne pas rejeter de parti-pris tout ce qui a été fait autrefois, par la raison que les modernes disposent d'instruments plus précis et profitent pour leurs observations des progrès faits dans toutes les parties de la science. Cependant, il ne faut pas tomber dans l'excès contraire. Galilée, découvrant la rotation de la terre, n'a pas dit : « Autrefois le soleil tournait autour de la terre ; maintenant c'est le contraire. »

Quoi qu'il en soit, la contagion de la syphilis fut longtemps très-mal définie, puis on crut que le chancre, l'accident primitif seul, était contagieux. Enfin, et seulement de nos jours (1858-61), la *loi de la transmission des accidents secondaires* fut découverte.

Grâce à la rigueur de ses observations et à la sagacité de son esprit, grâce à la magnifique méthode des *inoculations*, Ricord arriva à donner à la syphiligraphie la netteté et la simplicité que chacun lui connaît aujourd'hui et à la sortir de l'extrême confusion qui régnait jusqu'alors. Mais, respectueux de la santé d'autrui, il ne fit pas, comme tant d'autres, des inoculations regrettables, il se borna volontairement et de parti-pris à des *auto-inoculations*. Or, comme il l'avait démontré, le tubercule muqueux, la pustule plate, ou la plaque muqueuse, comme on disait autrefois, la syphilide papulo-érosive, comme on dit aujourd'hui, ne s'*inocule pas au porteur*. Ricord en avait conclu que les syphilides n'étaient pas contagieuses et ne transmettaient pas la vérole. Sans doute l'erreur était importante, mais elle lui fut reprochée avec un acharnement qui surprend encore aujourd'hui des gens partiaux, intéressés et jaloux de faire oublier les grands, les immenses services rendus. D'ailleurs, quand il en fut lui-même bien convaincu, Ricord s'empressa de répudier son erreur et de proclamer publiquement que, si les syphilides ne sont pas auto-inoculables, elles sont éminemment contagieuses pour les organismes encore vierges de contamination spécifique. Mais, chose remarquable, *elles ne sont pas transmissibles dans leur propre forme*. En effet, toute lésion venue à la suite de l'inoculation, soit accidentelle, soit expérimentale, du produit d'une syphilide, aboutit à un chancre, qui est l'accident nécessairement primitif, le point de départ obligé de toute syphilis.

Nous devons dire d'ailleurs que la question de la contagiosité syphilitique est encore loin d'être complétement élucidée. En effet, on ne sait pas encore aujourd'hui où s'arrête exactement ce fatal pouvoir de transmission : s'il est probable que les syphilides ulcéreuses secondo-tertiaires sont encore redoutables, on ne sait pas de façon certaine si les gommes sont capables d'infecter ; en tout cas, il n'existe pas d'observation de syphilis contractée par le liquide ou le bourbillon gommeux.

Un dernier caractère général des syphilides consiste dans leur *sensibilité aux préparations mercurielles*. Ce fait absolument incontestable et prouvé par des milliers d'observations est un excellent argument en faveur de la nature parasitaire du virus syphilitique.

Nous réservant, dans le chapitre où le traitement des syphilides sera exposé, de rechercher quelle est la durée des syphilides abandonnées à elles-mêmes, nous dirons seulement ici, comme Ricord l'avait déjà signalé dans ses annotations, que « les mercuriaux employés dans la curation des symptômes primitifs ne sont pas prophylactiques des symptômes secondaires. » Le mercure guérit les syphilides existantes, mais il n'en prévient pas toujours les récidives.

Tels sont les considérations générales et les préliminaires que récla·
mait l'étude des syphilides.

Ce sont les syphilides qui sont, on le voit, les symptômes par excellence de la syphilis. Elles la constituent véritablement en ce sens qu'elles
en sont les principaux agents propagateurs ; en ce sens aussi que souvent
elles constituent les premiers symptômes remarqués sur les malades,
surtout sur les malades femmes, et que ce sont elles qui donnent l'éveil.

Nous allons maintenant étudier les *symptômes des syphilides*. Nous
les distinguerons en *symptômes communs*, appartenant à plusieurs
formes de syphilides, en *symptômes spéciaux* ou *élémentaires* et en
symptômes concomitants.

I. Symptômes communs. — Les symptômes communs des syphilides servent à distinguer ces éruptions de *leurs analogues non spécifiques*. Ils sont au nombre de sept et sont constitués par le *siége* des
éruptions, leur *forme*, leur *couleur*, *l'absence de prurit* et *de toute
phlegmasie*, par les *caractères des ulcérations*, *des croûtes* et *des
cicatrices*.

Chacun d'eux a une certaine importance ; mais, comme nous le verrons quand nous traiterons du diagnostic, c'est de leur coexistence et
de leur réunion que vient surtout leur valeur.

A. Nous avons été amenés, dans le chapitre précédent, à traiter du
siége des syphilides ; nous n'y reviendrons pas.

B. La *forme* est un symptôme qui mérite qu'on s'y arrête. Au début
de la syphilis, les éruptions sont disséminées sur tout le corps et jetées
sans ordre, comme au hasard. Chaque élément se présente sous l'aspect
de taches ou de papules ordinairement arrondies ou ovalaires, mais
chez lesquelles la forme est un caractère tout à fait secondaire.

Vers le milieu et surtout vers la fin de là période secondaire, il n'en
est plus de même. La vérole se *discipline*, comme dit Fournier, en vieillissant ; et, en effet, elle s'astreint dès lors à certaines formes qui, par
leur régularité et leur constance, acquièrent une grande valeur diagnostique.

Bientôt, en effet, on voit les éléments éruptifs devenir moins nombreux sur certains points et plus abondants au contraire sur certains
autres. En même temps, les intervalles de peau saine qui les séparent
deviennent plus étendus. Bref, leur distribution cesse d'être généralisée.
On a affaire alors aux *syphilides groupées*. Puis, les éléments se rapprochent de plus en plus, se fusionnent sur leurs bords (syphilides
circinées) et, par leur disposition, forment quelques ébauches figurées,
quelques fragments de dessin, des segments de cercle, des disques, des
demi-lunes, des croissants ; plus tard, ceux-ci, en se réunissant, donnent
à la lésion des bords *festonnés* et une apparence *serpentine* caractéristique ; d'autres fois le cercle est complet et même la circularité peut être
à ce point parfaite que des traits tracés au compas ne feraient pas mieux.
Toutefois, comme l'enseigne Fournier, c'est encore plutôt la forme *hémicerclée* que la forme *cerclée* qu'affectionne la syphilis (forme en *pavillon*

d'oreille). A cette période, les éruptions ne sont plus généralisées, elles sont devenues partielles; ce sont des *syphilides régionales*, localisées à certains siéges de prédilection, tels que la portion supérieure du tronc, le cuir chevelu ou les membres.

Résumons-nous : au début *éruption générale* d'abord disséminée au hasard; — plus tard, éruption *groupée en îlots* multiples et composée d'éléments présentant une certaine tendance à la circularité, mais ne la réalisant pas complétement; — à un âge plus avancé de la vérole, *éruption régionale*, affectant la *forme hémicerclée* ou réalisant parfois d'une manière absolument exacte la *disposition circonférentielle*.

D'ailleurs, la forme arrondie d'une lésion appartient en propre à sa nature syphilitique; et, en effet, on retrouve la tendance à l'orbicularité aussi bien sur le chancre que sur les ulcères consécutifs aux gommes.

C. Il est certain que dans la plupart des cas les syphilides ont une *teinte propre*; mais cette teinte, comme la forme, varie avec la variété de syphilides et avec l'âge de la diathèse; elle varie aussi avec le siége de l'éruption, son ancienneté, sa forme, l'âge et même le tempérament du malade. La couleur varie du *rouge cuivré* (Nisbeth, Swédiaur) et du *rouge orangé* (de Blégny) au gris-brunâtre; entre ces deux termes, elle présente une teinte rose-gris, grisâtre, terne ou même obscure. selon qu'il y a, en même temps que l'éruption spécifique, un degré plus ou moins avancé d'inflammation simple de la peau ; Cazenave considère cette coloration comme si spéciale, si indéfinissable, qu'il se refuse à la nommer autrement que *teinte syphilitique*.

« La teinte syphilitique, ajoute-t-il (*Traité des syph.*, p. 217), dans la plupart des éruptions vénériennes, est assez évidente pour constituer à elle seule le diagnostic, et souvent c'est le seul symptôme par lequel celui-ci puisse être établi (p. 214).

La coloration des syphilides présente deux nuances spéciales : 1° la coloration cuivrée; 2° la coloration jambonnée (Fallope).

1° *De la coloration cuivrée*. — Voici ce qu'en dit Legendre, à la page 12 de sa thèse (*Nouvelles recherches sur les syphilides*) : « L'analogie qu'on a cherché à établir entre la coloration des syphilides et celle du *cuivre rouge* est, certes, la plus exacte qu'on pouvait rencontrer ; sous la pression du doigt, la couleur pâlit, devient jaunâtre, fauve, mais ne disparaît pas complétement, circonstance qui prouve qu'il y a plus que de l'injection. »

Nous croyons en effet, pour notre part, que la coloration cuivrée ou jambonnée des syphilides tient à ce qu'il y a, en même temps qu'une congestion vive de la peau, une pigmentation plus ou moins considérable; c'est du mélange de ces deux phénomènes anormaux que résulte le cachet tout à fait spécial que les syphilides empruntent à leur coloration.

Mais il faut bien savoir que cette *coloration est variable avec les sujets. les tempéraments, l'âge des malades, avec leur race, avec leur état de santé ou de cachexie.*

Chez les sujets jeunes, sanguins, à peau fine et blanche, la couleur est d'un rouge plus vif que dans les cas ordinaires, surtout au début; ceci est la conséquence de la congestion plus ou moins vive de la peau, comme on peut s'en rendre compte en la supprimant momentanément par la pression du doigt. Chez les vieillards, la coloration est plus terne, d'un rouge violacé; chez les sujets bilieux, à peau brune, elle est d'un gris plus foncé, comme brunâtre; chez les nègres, on observe des taches encore plus foncées que le reste de la peau; chez les sujets cachectiques, et surtout chez les alcooliques, les syphilides sont livides. A mesure que la maladie marche, elle prend successivement une nuance de rouge cuivré, puis de gris.

La *coloration varie* aussi avec l'âge des lésions. — Quand les syphilides sont en voie de résolution, leur guérison s'annonce par leur décoloration progressive; elles passent alors du rouge au jaune, comme dans les ecchymoses et les infiltrations sanguines de la peau (Lagneau, *Traité pratique des maladies syphilitiques*, t. I, p. 338). Fournier insiste de même sur la teinte *rose de pêcher* des syphilides érythémateuses au début et sur la nuance sombre, triste, *tristis color*, qu'elles revêtent au bout d'un certain temps. Bref, on peut dire que la coloration cuivrée se caractérise d'autant plus que l'état aigu diminue.

Enfin cette coloration varie *avec le siége des lésions*. — Legendre fait remarquer que, sur les membres inférieurs, la couleur cuivrée est souvent remplacée par une coloration violacée, en rapport, dit-il, avec la stase du sang et l'éloignement du centre circulatoire.

2° *De la coloration jambonnée*. — Tandis que la coloration cuivrée est surtout le fait des syphilides superficielles, la couleur « *maigre de jambon* » est marquée surtout sur les syphilides néoplasiques. C'est ainsi que certaines papules, dures, saillantes, sont si caractéristiques par leur coloration violacée, *jambonnée* (due au néoplasme lui-même), et par leur aspect brillant, luisant et *vernissé* (dû à l'épiderme, tantôt lisse, tantôt ridé, mais toujours modifié, qui recouvre le néoplasme), qu'une seule de ces papules peut suffire pour *imposer* le diagnostic. De même la remarque-t-on surtout sur les syphilides tuberculeuses, dans les infiltrats syphilitiques, dans les gommes en nappe, etc.

Cette coloration varie comme la précédente avec les sujets, leur état de santé ou de maladie, avec les lésions, leur apparition récente ou leur ancienneté, avec leur siége, etc. Cette coloration est vraiment pathognomonique; elle est beaucoup plus significative que la nuance *rouge cuivré* qui tantôt manque dans les syphilides et tantôt se montre dans des éruptions non spécifiques. « C'est elle qu'un œil exercé ne peut plus ni oublier, ni méconnaître » (Dict. en 30 vol., t. XXIX, p. 143). C'est un bon signe quand elle existe, mais elle n'existe pas toujours.

Elle a une persistance très-longue et dure encore longtemps après que les syphilides se sont affaissées et ont disparu. Ce fait montre bien que ce n'est pas l'inflammation seule qui la crée. Elle siége dans les couches les plus profondes de l'épiderme; elle est en rapport, dit Cazenave, avec une sécrétion viciée de l'appareil chromatogène. La pigmentation est encore plus accentuée ici que dans la teinte cuivrée. L'hyperpigmentation, indépendante de toute congestion et inflammation de la peau, est surtout remarquable sur les membres inférieurs ; c'est là qu'il faut toujours rechercher soit les taches brunes, soit les cicatrices pigmentées qui succèdent à des lésions ayant été en activité pendant de longues années parfois auparavant ; ce sont ces traces qui sont parfois si utiles pour indiquer aux médecins la nature de certains accidents non-seulement ulcéreux, cutanés ou muqueux, mais encore viscéraux.

Cette hyperpigmentation est en rapport avec certaines formes de syphilides ulcéreuses profondes qui, on peut le dire à l'avance, laisseront à coup sûr, et pour longtemps, des taches fortement colorées en violet ou en noir. Elle est en rapport aussi avec l'état de résistance ou de débilitation dans laquelle se trouve le malade. Ce fait est bien encore une preuve que l'état du sang joue un rôle important dans cette coloration spéciale. Sous l'influence de la dénutrition dans laquelle le malade se trouve, soit par le fait de l'infection, soit pour toute autre cause, les fonctions hématopoétiques sont troublées ; l'hémoglobine perd son adhérence normale aux globules et ceux-ci laissent constamment échapper des particules de leur matière colorante qui vont se fixer dans les mailles du tissu conjonctif.

La grossesse, l'alcoolisme, l'impaludisme et, en un mot, tout ce qui peut conduire à la misère physiologique, viennent encore augmenter le pouvoir pigmentaire que la syphilis possède à un degré étonnamment accentué.

Certes, on peut dire que la vérole est une cause de mélanodermie aussi puissante que les diverses cachexies soit tuberculeuse, soit paludéenne, etc. Toutefois, le plus souvent, la mélanodermie d'origine syphilitique est très-limitée, très-localisée, contrairement aux autres diathèses qui donnent lieu à des mélanodermies généralisées et diffuses. La coloration est permanente et disparaît par la pression.

Nous ne ferons ici que signaler la coloration tantôt brunâtre, tantôt verdâtre (vert du *bronze florentin*), des croûtes qui recouvrent les ulcérations syphilitiques.

Si la couleur a une valeur incontestable dans le diagnostic des syphilides, si le symptôme tiré de la coloration est fréquemment utile, il faut faire pour lui les mêmes réserves que pour tous les autres symptômes communs, à savoir qu'il n'est pas constant et que des lésions peuvent être d'origine syphilitique sans présenter de coloration spéciale.

Plusieurs auteurs ont dû combattre l'idée exclusive, qui avait quelque tendance à s'établir, qu'il n'y a pas de syphilides sans coloration cuivrée ou jambonnée. C'est ainsi que Baumès fit remarquer que la teinte caractéristique n'existe pas dans les syphilides vésiculeuses, pustuleuses et squameuses.

De même, Ricord, P. Boyer, n'accordent qu'une valeur diagnostique fort mince à la teinte cuivrée, ainsi qu'on peut le voir dans les Annotations de Ricord, p. 568. Toutefois ce dernier auteur ne la nie pas absolument dans les syphilides squameuses, papuleuses et même tuberculeuses. Mac-Carthy fait remarquer qu'elle est souvent remplacée par une rougeur aussi intense que celle des éruptions inflammatoires les plus franches.

Dans le service de Fournier à Saint-Louis, nous avons vu le symptôme de la coloration nous échapper complétement dans un cas, mais pour une autre cause toute spéciale. Il s'agissait d'une jeune femme qui fut atteinte de roséole et de syphilides papulo-squameuses, ainsi que de syphilides papulo-érosives périvulvaires, remarquablement blanches et diphthéroïdes (on peut en voir le moulage au musée de l'hôpital Saint-Louis, pièce n° 368). Mais la malade était *négresse* et les taches apparaissaient luisantes, brunâtres, plus foncées même que les téguments ; au contraire, si l'on venait à les débarrasser de tout revêtement épidermique, les papules apparaissaient avec une couleur rose d'autant plus vive que le cadre environnant était plus noir. Sans parler des nègres, on peut dire d'une manière générale que les peaux très-brunes et certaines races sont peu aptes à faire ressortir la coloration cuivrée d'une éruption.

D'autre part, il faut se rappeler que le lichen plan, qui est tout à fait étranger à la syphilis, détermine aussi une hyperchromie, parfois extrême, des points de la peau où il s'est développé ; mais il ne produit pas de cicatrices.

Le *prurit* est très-rare dans les éruptions syphilitiques. C'est là un très-bon signe presque caractéristique sur lequel ont surtout insisté Cazenave et Schedel. Il faut excepter les cas où le fait est observé chez des hystériques ou chez des gens atteints d'hyperesthésie cutanée pour toute autre cause. Ces réserves faites, l'absence de prurit constitue un élément de diagnostic plus fréquent encore et non moins sûr que les précédents. L'indolence existe même dans les formes des syphilides qui se composent d'éléments analogues à ceux des éruptions les plus prurigineuses, voire le lichen. D'autre part, le prurit accompagne si fréquemment les éruptions non spécifiques, parasitaires ou non, que son absence devient un signe précieux de la nature du mal.

Sur 17 malades, Legendre en trouva 13 qui n'eurent pas le moindre prurit ; 3 qui n'en éprouvèrent qu'un assez léger et très-court, et 1 qui eut au début de l'éruption tuberculeuse quelques démangeaisons passagères.

La présence du prurit mettra donc en garde contre la nature syphilitique d'une éruption et devra faire penser à la coexistence si fréquente d'une dermatose parasitaire ; au contraire, son absence attirera l'attention sur la part qui pourrait revenir à la syphilis dans la production de l'éruption.

— part quelques démangeaisons qui marquent le début des éruptions généralisées de la syphilis jeune, il n'y a de syphilides prurigineuses que lorsqu'elles surviennent soit à la suite de violents excès de boisson, soit chez des sujets voués à un alcoolisme chronique et atteints d'hyperesthésie cutanée. Fournier fait une réserve pour certaines syphilides des parties velues, aisselles, région sternale, face antérieure des jambes, etc. Il est positif que certaines syphilides de forme *papuleuse* ou *lichénoïde* se présentent quelquefois avec un caractère prurigineux. C'est là un fait particulier, ajoute le professeur, dont il faut tenir un compte sérieux pour le diagnostic.

Néanmoins, l'absence de prurit fait partie de cette *absence de réaction*, de chaleur et de douleur, que nous avons déjà signalée comme étant *en général* le fait des syphilides.

D'autre part, il faut noter que, si habituellement le développement des accidents cutanés de la syphilis n'est pas brusque et manque d'acuïté, leur durée est ordinairement aussi plus longue que celle des éruptions aiguës.

E. Les lésions dues à la syphilis, et surtout à la syphilis ancienne, ont une *tendance assez marquée à détruire les tissus*. Le fait est si vrai que, si l'on observe des *ulcérations sur la peau*, l'une des premières idées qui se présentent à l'esprit est d'incriminer la syphilis. Le fait est si vrai que (malheureusement trop souvent encore aujourd'hui) les méfaits de la syphilis sont sciemment méconnus par une certaine classe de médicastres et exploités ensuite comme des guérisons de cas d'une autre diathèse qui a aussi une grande tendance à la destruction, nous voulons parler de la diathèse cancéreuse. Les faits à l'appui de cette allégation sont extrêmement nombreux.

Certes on peut dire que la marche des syphilides est chronique ; comparativement à celles de la variole, par exemple, les éruptions de la syphilis se font lentement. On peut faire la même observation à propos des ulcérations : la suppuration s'établit presque péniblement, la destruction des tissus est lente, puis, malgré leur tendance à la destruction, les ulcérations ne s'élargissent plus, restent stationnaires, incapables, pour ainsi dire, de produire des bourgeons charnus, incapables de réparer les pertes de substance ; enfin, elles commencent une cicatrisation laborieuse, mais sans chaleur, sans réaction, sans molimen inflammatoire. Du moins, telle est la règle, car nous verrons qu'il y a bien des exceptions.

Et pourtant cette lenteur d'évolution et de destruction n'est que relative, car elle n'existe plus, si on compare la syphilis au lupus ou à l'épithélioma. On sait en effet qu'un des bons signes du diagnostic différentiel de ces affections se trouve précisément dans ce fait que la syphilis marche beaucoup plus rapidement, mettant, par exemple, quelques mois seulement à détruire un organe qui aurait résisté pendant des années aux processus ulcératifs d'autre nature.

Quoi qu'il en soit, un grand nombre de syphilides, à part toutes les éruptions exanthématiques, papuleuses et squameuses, et certaines éruptions tuberculeuses superficielles, aboutissent à la destruction des tissus sur lesquels elles se sont développées.

Les squames n'ont rien de spécial ; quand elles tombent, elles donnent lieu sur leur contour à la *collerette épidermique* (dite de Biett) dont on a beaucoup exagéré la valeur, ainsi que nous le verrons plus loin.

F. Au contraire, les *ulcérations* ont un certain nombre de caractères qui seront étudiés en détail au chapitre des syphilides ulcéreuses, mais que nous allons déjà signaler ici, puisque leur physionomie générale permet souvent de les rapporter d'emblée à leur véritable cause, la syphilis, sans qu'il soit nécessaire de s'appuyer sur les antécédents, et souvent en dépit des antécédents et en dépit même des allégations du malade.

Les ulcérations syphilitiques peuvent succéder à divers processus.

C'est ainsi qu'on peut observer sur une région quelconque du corps un certain nombre de *pustules groupées en îlots*, assez rapprochées, mais tout à fait indépendantes les unes des autres, d'une largeur qui varie de celle d'une lentille à celle d'un gros pois. Si on enlève la croûte, on trouve des ulcérations arrondies ou ovalaires assez profondes, creuses, entaillées, à fond jaunâtre ou plutôt grisâtre, qui n'a généralement que peu de tendance à s'agrandir. Après être restées plus ou moins longtemps stationnaires, ces ulcérations se comblent peu à peu, mais elles laissent toujours des cicatrices.

Dans un autre cas, les syphilides sont plus larges dès le début, *ecthymateuses*; de plus, elles sont extensives et ne tardent pas à se fusionner et à se recouvrir de croûtes épaisses : de là la *forme pustulo-crustacée*, qui tenait une si grande place dans les diagnostics des anciens syphiligraphes. Pourtant le signe tiré de l'apparence croûteuse est infidèle, puisque les croûtes sont *passagères*, et qu'elles ne font que recouvrir et *cacher* des symptômes *permanents*, les ulcérations. En effet, si comme précédemment on fait tomber les croûtes, on trouve soit des ulcérations isolées et rondes, comme plus haut, mais plus larges, soit une plaie ulcéreuse, unique, mais vaste, formellement circinée ou hémicerclée.

D'autres fois la forme habituelle n'est pas conservée; la plaie, plus ou moins étendue et irrégulière, est seulement limitée par des bords festonnés; mais, comme le fait remarquer Legendre, avec un peu d'attention on voit que cette infraction au type normal n'est qu'apparente; elle trouve son explication dans la réunion de plusieurs ulcérations voisines; les bords festonnés sont la trace du nombre et de la forme des ulcérations primitives.

Enfin, les ulcérations peuvent succéder à des *tubercules syphilitiques* qui se sont ramollis et ouverts. L'histologie a démontré que ces tubercules n'étaient pas autre chose que des *gommes de la peau:* il n'est donc pas étonnant que le ramollissement et l'ulcération en soient les terminaisons; ce sont les syphilides *tuberculo-ulcéreuses*.

Les tubercules peuvent s'agrandir suivant une disposition ou bien spiroïde et centrifuge, ou bien à la fois linéaire et tortueuse, et, dans ce dernier cas, donner lieu à la syphilide tuberculo-ulcéreuse de *forme serpigineuse*. Cette expression caractérise excellemment cette variété, soit qu'on la compare au serpent enroulé et formant une spirale sur lui-même (1re forme), soit qu'on le suppose déroulé et comme en progression (2e forme).

G. Après avoir duré un temps plus ou moins long en rapport avec la variété à laquelle elle appartient et avec beaucoup d'autres raisons, après avoir montré une tendance incessante à s'accroître, puis après être restée stationnaire, la surface ulcéreuse entre en voie de réparation. C'est en effet un attribut à noter parmi les caractères des ulcérations syphilitiques que leur *tendance naturelle à la cicatrisation;* c'est là un point sur lequel s'accordent les observateurs. Même sans traitement spécifique, les ulcérations syphilitiques, après être restées stationnaires pendant un temps plus ou moins long, se rétrécissent graduellement et se cicatrisent. Mais bientôt une nouvelle plaie se montre dans le voisinage de la cicatrice et subit une évolution analogue, et ainsi de suite, soit en ligne sinueuse (forme serpigineuse), soit en disposition excentrique (forme circinée). Dans le premier cas, on voit l'une des extrémités de la lésion occupée par des cicatrices qui représentent les points primitivement ulcérés et l'autre par des ulcérations qui n'ont encore aucune tendance à la séparation. Dans le deuxième cas, on trouve une portion centrale cicatrisée depuis longtemps limitée par une série d'ulcérations périphériques qui seront d'autant plus éloignées du centre que les lésions auront été plus longtemps abandonnées à elles-mêmes. Quand une fois la cicatrice est partout formée, ce qui n'arrive *spontanément* qu'après un temps fort long, il faudrait se garder de croire, comme le fait avec beaucoup de sens remarquer Legendre, que toute la surface a été ulcérée en même temps. Notons en passant qu'il en est bien autrement dans les surfaces lupeuses où les cicatrices et les tubercules sont confondus sans disposition méthodique. Sans doute, *quand aucun traitement spécifique n'est fait,* les syphilides ulcéreuses se cicatrisent lentement, difficilement — bien qu'elles finissent toujours par le faire, — mais, si la plaie mutile les tissus pendant longtemps dans ce cas, c'est bien plutôt à l'apparition de nouvelles ulcérations qu'à la persistance des premières venues qu'il faut attribuer cette durée prolongée.

H. Dans certains cas, le processus est assez torpide pour permettre la formation de *croûtes,* ainsi qu'on le voit dans les syphilides *pustulo-crustacées* et *tuberculo-croûteuses.* Ces croûtes, formées comme toutes les croûtes possibles par des cellules embryonnaires, par des cellules épithéliales, des leucocytes et des globules rouges, en autres termes par du pus, du sang et des exsudats divers, ne diffèrent ni chimiquement ni microscopiquement des premières croûtes venues. Il n'a pas été fait, depuis Berzelius, d'analyse chimique de la composition des croûtes syphilitiques. Ce chimiste a démontré que le pus virulent qui les compose essentiellement ne présente aucune différence chimique avec le pus non contagieux (Schœnlein). Il n'en est pas de même au point de vue clinique, et il n'est pas rare de pouvoir reconnaître la nature spécifique de certaines lésions, rien que par l'examen des croûtes qui les recouvrent.

Certes, le signe n'est pas absolu, et parfois des lésions réellement spécifiques portent des croûtes insignifiantes, tandis que, d'autres fois, telles ou telles croûtes donnent l'aspect de syphilides pustulo-crustacées à des ulcérations qui sont de nature tout autre que syphilitique.

Il faut donc prendre le symptôme fourni par l'aspect des croûtes tel qu'il est, vaille que vaille, et sans exiger qu'il soit absolu ni constant.

D'ailleurs, il n'a de réelle valeur que s'il coexiste avec les précédents.

Ces réserves faites, il faut reconnaître que bien souvent le diagnostic sera utilement influencé par l'examen des croûtes. Quels en sont donc les caractères?

Comme ils seront étudiés plus loin en détail, il nous suffira ici de les énumérer : les croûtes syphilitiques sont ovalaires ou arrondies, dures, épaisses, adhérentes, lourdes, brunâtres ou verdâtres. Elles sont plus saillantes au centre que sur les bords; elles sont souvent formées de couches stratifiées, accumulées successivement du fond à la superficie, et disposées concentriquement; elles ont alors été très-justement comparées à des *écailles d'huîtres*.

C'est la couleur surtout qu'il faut bien noter; la coloration verdâtre des croûtes syphilitiques a été comparée à celle du *bronze florentin*. La pression exercée sur les croûtes peut faire sourdre de leurs interstices quelques gouttelettes de pus épais et jaunâtre, ce qui est une preuve de leur formation récente.

Legendre fait une remarque très-juste, c'est que les caractères précédents ne se retrouvent que sur les croûtes *jeunes*. Quand les croûtes sont anciennes, elles gardent encore quelque chose de spécial dans leur coloration ; mais les teintes sont moins prononcées et prennent une certaine tendance à devenir sinon jaunâtres, du moins grisâtres. De plus, les croûtes perdent en vieillissant leur poids, leur adhérence; elles deviennent plus légères et plus sèches, et, si on vient à les percuter, elles rendent un son clair bien différent du son mat qu'on obtient de croûtes jeunes, dures et adhérentes.

C'est là en effet un indice de leur chute prochaine et de la cicatrisation presque complète des plaies sous-jacentes (réparation sous-crustacée).

A ce moment, on peut parfois les enlever facilement, tout d'une pièce, par une simple traction de l'ongle. On dirait alors d'une sorte de couvercle bombé, écailleux et arrondi, qu'on soulève ou qu'on détache. Dans cet état, on peut les conserver longtemps, si on a soin de les mettre à l'abri de l'air ou au moins sous un verre. Au contraire, si on les abandonne à l'air libre et humide, on les voit bientôt se couvrir de champignons, de moisissures, et se détruire.

I. *Cicatrices*. — Dans la syphilis, les cicatrices elles-mêmes se font remarquer par des caractères spéciaux. Ces caractères ne sont pas toujours réunis, ils ne sont même pas constants; mais, quand ils existent, ils sont assez tranchés pour permettre de tirer des lésions passées de précieux éclaircissements sur la nature d'accidents nouveaux. Aussi, dans les cas douteux, recherche-t-on minutieusement une marque cicatricielle sur tous les points du corps et surtout sur les membres, car une seule cicatrice, pourvue de ses caractères propres, suffit pour dissiper l'incertitude diagnostique. On verra même que, par leur localisation et leur disposition, les cicatrices peuvent aider à résoudre l'importante question de savoir si la syphilis est héréditaire ou acquise. Quand on est ainsi à la recherche des antécédents syphilitiques par des cicatrices, on ne saurait donner trop de soins aux investigations. Dans un cas de ce genre, Fournier, se trouvant en face de phénomènes cérébraux, pensait devoir les rapporter à la vérole, mais, pour confirmer son diagnostic, il ne trouvait pas d'antécédents, pas la moindre pigmentation, pas de cicatrice ni sur le tronc, ni sur les membres. Ce n'est que plus tard que, revenant à la charge, Fournier découvrit, à la région sacrée, la cicatrice dénonciatrice, munie de tous ses attributs : or, dans le premier examen, le malade assis sur son lit l'avait rendue inaccessible aux regards.

Les cicatrices syphilitiques seront étudiées en temps et lieu dans leurs détails ; toutefois il y a lieu d'esquisser ici leurs principaux caractères.

Si les cicatrices ont succédé à un îlot spécifique où les tubercules sont groupés les uns près des autres tout en restant indépendants, les cicatrices rappelleront cette disposition presque pathognomonique et se présenteront sous forme de petites surfaces de tissu inodulaire, ovalaires, égales entre elles, serrées les unes contre les autres sans jamais se confondre, blanches, gaufrées, souvent tuméfiées et pointillées comme des cicatrices vaccinales, enfin criblant une région à l'exclusion du reste du corps.

Si elles succèdent à des syphilides ulcéreuses isolées, elles sont, comme celles-ci, ovalaires ou arrondies ; ou bien, quand les ulcérations se sont confondues et qu'elles ont donné lieu à une vaste surface cicatricielle, celle-ci est limitée par des bords festonnés ou par une série d'arcades significatives, analogues à la disposition de certaines espèces de feuilles (cicatrices bi, tri, quatrifoliées, etc.).

Ces cicatrices sont toujours *déprimées*. La dépression varie avec la profondeur de la perte de substance subie par le derme. Pourtant on est généralement surpris de voir combien cette dépression reste peu sensible relativement à l'intensité de la lésion à laquelle elle a succédé. La dépression varie, avons-nous dit, mais elle existe toujours, affectant, comme l'ulcération qui l'a précédée, une forme qui est parfois merveilleusement circulaire, limitée par des bords nettement marqués et par la légère saillie de la peau saine environnante. Le passage du tissu cicatriciel au tissu sain se fait brusquement et comme si la lésion avait été déterminée par un emporte-pièce.

Analogues à certains lupus érythémateux, diverses syphilides donnent lieu à des cicatrices *sans avoir donné lieu à des ulcérations* (*syphilodermie atrophiante*). Dans ce cas, les cicatrices sont remarquablement superficielles ; parfois même elles sont légèrement, mais irrégulièrement bombées, comme boursouflées.

En général, le tissu inodulaire est remarquable par sa finesse et par son homogénéité ; il est manifeste qu'à son niveau la peau est réduite au rôle de tégument protecteur et limitant et que, si on trouve encore dans le derme quelques papilles et quelques vaisseaux atrophiés, elle ne possède plus aucune espèce de glandes et de fonctions. Sa surface est absolument lisse et unie, douce au toucher, sans saillie, sans rugosité, sans bride fibreuse. Si on vient à en rapprocher les bords, on voit la surface centrale se plisser d'une quantité de petites rides, fines, égales, obliques par rapport à l'aire cicatricielle, mais parallèles entre elles, disparaissant d'ailleurs immédiatement avec la cause, tout artificielle, qui les provoque.

Mais c'est surtout la coloration des cicatrices syphilitiques qui est caractéristique. On sait que la syphilis est une des maladies qui troublent le plus profondément les fonctions chromatogènes et qui occasionnent les dyschromies les plus fréquentes et les hyperpigmentations les plus prononcées. Toutefois la distribution du pigment et la disposition des zones colorées varient avec l'âge des lésions plus encore qu'avec l'âge et la gravité de la diathèse.

Les *cicatrices récentes* offrent une surface uniformément rosée et légèrement tuméfiée; elles restent d'un rose livide pendant un temps plus ou moins long; plus tard, la portion centrale pâlit, devient d'un blanc bleuâtre, puis tout à fait blanche, tandis que la périphérie garde sa coloration et prend même une teinte plus foncée. La cicatrice est alors limitée par une auréole brunâtre, ou bien jaunâtre, ayant quelquefois des reflets cuivrés d'une intensité décroissante et se fondant peu à peu avec la coloration de la peau environnante.

Quelquefois la coloration blanche de la cicatrice, soit totale, soit seulement centrale, est si rapide à se produire, que l'on pourrait croire, si l'on n'avait pas fait un examen attentif, qu'elle a été blanche d'emblée.

D'autres fois la pigmentation persiste presque indéfiniment et constitue un indice indélébile.

Ou bien la cicatrice est tout entière et uniformément brune, ou bien les bords sont très-pigmentés, presque noirs, alors que la portion centrale est carminée, violacée ou même bleuâtre.

Cette dernière coloration est même parfois extraordinairement prononcée, comme nous l'avons observé récemment encore dans le service de Fournier à l'hôpital Saint-Louis. Il s'agissait d'une jeune femme qui resta quinze mois sans traitement régulier. Des syphilides ulcéreuses larges et tenaces se montrèrent en assez grand nombre à la tête et sur les membres. Une d'elles laissa une cicatrice de la largeur de la main. Or on sait que les cicatrices sont toujours d'un diamètre inférieur à celui de la lésion. Cette vaste cicatrice était d'une coloration bleue et violette, extrêmement marquée, à peu près uniformément répandue sur toute la surface. Sur ce fond se détachaient un certain nombre de petits filets tortueux plus vivement colorés encore et ayant aussi de légers reflets rougeâtres : c'étaient des arborisations vasculaires qu'on eût dites injectées d'un mélange de carmin et de bleu de Prusse. On voyait en outre plusieurs zones concentriques marquées d'une teinte véritablement bleue, plus accentuée que les portions voisines, bronzée par places, presque noirâtre ailleurs, ressemblant aux diverses raies convergentes dont est striée la coupe d'un arbre et qui indiquaient les degrés de l'extension et les limites successives de la lésion.

En effet, toutes les cicatrices spécifiques sont bordées par une hyperchromie moins prononcée au centre qu'à la périphérie, où existe un liséré brun ou fauve ayant plusieurs millimètres de largeur.

Le liséré qui occupe le pourtour des cicatrices toutes récentes se distingue peu de l'hyperpigmentation centrale. Mais au fur et à mesure que la cicatrice vieillit, le centre se décolore et le liséré circonférentiel se teinte davantage tout en diminuant de largeur, ce qui le rend encore plus apparent.

Enfin les cicatrices anciennes sont tout à fait décolorées et brillantes, blanches, nacrées, presque argentées, avec quelques reflets bleuâtres ou jaunâtres.

En résumé, une portion centrale qui est d'un blanc mat, une portion moyenne qui est blanche et luisante, enfin une mince bordure plus ou moins hyperchromiée, tels sont les attributs chromatiques d'une cicatrice spécifique ancienne.

La coloration est d'autant plus prononcée que les cicatrices succèdent à une lésion plus ancienne et qu'elles siègent sur un point plus déclive.

Sur les membres, la dyschromie des cicatrices syphilitiques peut rappeler l'hyperchromie des macules non cicatricielles du lichen plan ou celle de certains placards de sclérodermie. La dermatosclérose est plus simulée encore lorsque certaines cicatrices spécifiques subissent — ce qui est possible, mais rare — la transformation kéloïdienne (*Voy*. art. KÉLOÏDE).

Par ce qui précède, on peut imaginer à quel degré de pigmentation prononcée pourra atteindre une *lésion ancienne*, agissant comme toute irritation prolongée de la peau, développée *sous l'influence de la syphilis*, et d'une syphilis grave et *dénutritive*, et qui siégerait sur les *membres inférieurs*. Pour peu que le sujet soit une femme et que cette malade ait des varices, qu'elle soit blanchisseuse et alcoolique, toutes les conditions pouvant créer ou favoriser l'hyperpigmentation se trouveront réunies, ainsi qu'il nous a été donné de l'observer plusieurs fois, et l'on sera étonné souvent de l'intensité des colorations pathologiques.

Toutefois, l'hyperchromie seule ne suffit pas à imprimer le cachet de la syphilis à une cicatrice. Il faut savoir que certains eczémas chroniques, l'ancien lichen lividus et certains ulcères variqueux laissent des taches autant hyperpigmentées que pourraient l'être des syphilides.

Tels sont les symptômes communs des éruptions syphilitiques. Isolé, aucun n'est pathognomonique; et pourtant chacun d'eux possède une valeur intrinsèque indiscutable. Réunis, ils réalisent un type clinique qui n'échappera jamais à un œil exercé. De leur coexistence résulte en effet la physionomie toute spéciale des syphilides.

On peut facilement juger par ce que nous venons de dire combien est importante dans la syphilis l'étude des lésions tégumentaires. C'est qu'en effet, de tous les organes, les téguments sont ceux qui sont le plus fréquemment intéressés par la vérole dont les syphilides constituent les symptômes les plus constants, mais aussi les plus variés. On peut dire en effet que, s'il y a des syphilis sans lésions viscérales, il n'en est point sans

lésions tégumentaires. Mais on va voir de combien de manières différentes la syphilis intéresse les téguments.

Nous allons maintenant entrer dans l'étude des détails et des symptômes
particuliers de ces manifestations tégumentaires de la syphilis.

II. Symptômes particuliers. — I. *Syphilides de la peau*.
— Dans l'exposé des diverses variétés de syphilides, nous suivrons,
autant que possible, l'ordre chronologique. Toutefois, il serait impossible
de faire ainsi une description complète, ou même exacte, des syphilides.
En effet, s'il est vrai que dans la plupart des cas la syphilis ne *revienne
pas sur ses pas*, si elle est méthodique et presque hiérarchique dans
ses manifestations, d'abord superficielles, ensuite profondes, il n'est pas
moins vrai que tel syphilitique aura certaines variétés éruptives alors
que tel autre, quoique arrivé à la même période de l'infection, en aura
de différentes ; ou bien, *comme chaque vérolé conduit sa vérole à sa
manière*, tel syphilitique aura une même variété de syphilide à une
époque beaucoup plus éloignée des accidents primitifs que tel autre ; à
peine pourrait-on dire que les manifestations sont retardées dans le premier cas et précoces dans le deuxième. Il est vrai généralement — car
nous verrons qu'il y a des exceptions — qu'une syphilide superficielle ne succède pas à une syphilide profonde. Mais, chez un malade,
une syphilide profonde pourra se montrer sans avoir été précédée d'une
lésion superficielle (*Compend. de méd.*, p. 33). Ou bien, chez un autre,
une syphilide superficielle ayant été suivie de très près par une syphilide
plus profonde, deux variétés de dermatoses spécifiques pourront coexister ;
ce fait est exact, en dépit de l'assertion de Diday. Ou enfin, plusieurs variétés de syphilides, ordinairement successives, pourront se montrer contemporaines et, par leur évolution simultanée, donner lieu à de nouvelles
formes toutes spéciales : telles sont les *syphilides* dites *polymorphes*.

S'il en est ainsi, nous devrons, dans cette description, nous conformer,
en même temps qu'à une chronologie relative, à la classification de
Willan et de Bateman. Les règles d'après lesquelles ces observateurs ont
rangé les diverses modalités éruptives non spéciales ont été, avec raison
et non sans bonheur, appliquées aux éruptions spécifiques par Biett.

On s'étonnera peut-être que nous ayons jusqu'ici négligé de parler de
la fameuse division des syphilides en *secondaires* et en *tertiaires*. Or,
c'est de propos délibéré que nous avons commis cette omission.

On sait que les *syphilides secondaires* se distinguent par leur superficialité relative et par conséquent par l'absence de cicatrices, ou par l'état
lisse et la finesse de leurs cicatrices, par le polymorphisme des éléments
éruptifs qui les composent, et par leur généralisation.

Les *syphilides tertiaires* sont plus profondes, moins généralisées, plus
régionales pour ainsi dire, plus fidèles à la variété morphologique et à
la localisation qu'elles affectent ; enfin, elles sont plus destructives.
par conséquent plus graves, et laissent des cicatrices plus creuses, plus
irrégulières que les autres.

Cette division semble donc avoir une certaine raison d'être. Mais, en réalité, elle n'est utile qu'au point de vue théorique, en ce qu'en rétrécissant ou en circonscrivant l'horizon elle permet de se mouvoir plus librement au milieu de tant de descriptions isolées. Cependant, dans la pratique, cette distinction reçoit tant de contradictions, tant d'accidents sont à cheval, pour ainsi dire, sur l'une et l'autre période, si souvent on est contraint de recourir à la dénomination de *secondo-tertiaire*, que nous ne tiendrons compte de l'ancienne division que comme d'un procédé artificiel capable de classer et d'éclairer la syphilodermographie.

Nous pourrions citer de très-nombreux exemples à l'appui de notre proposition. Nous n'en prendrons pour preuves que ces cas si fréquents où la syphilis est chronologiquement secondaire et où elle est tertiaire par les accidents profonds, ulcéreux, humides et purulents, qu'elle détermine. Ce sont les cas que Dubuc a rangés dans les *syphilis malignes précoces* et qu'il est préférable d'attribuer, avec Besnier et Martineau, à des *syphilis anormales....* par la précocité des accidents syphilodermiques sérieux.

D'autres fois on verra, douze ou quinze ans après le chancre, se développer des éruptions croûteuses, plates, sèches, peu profondes, non suintantes, qui sont de vrais accidents secondaires développés alors que la période tertiaire doit chronologiquement être ouverte depuis longtemps.

Enfin d'autres accidents sont encore plus difficiles à classer. Ce sont ceux qui ne sont ni très-secs ni très-humides, ni très-profonds ni vraiment superficiels ; ceux enfin auxquels s'applique aussi bien la dénomination de *secondaires* que celle de *tertiaires*. D'ailleurs, nous le demandons, supposons que l'observateur se soit enfin décidé pour une qualification plutôt que pour l'autre, en quoi alors le problème médical sera-t-il éclairé ? En quoi la question aura-t-elle été avancée, et quelle déduction, soit pronostique, soit thérapeutique, le médecin sera-t-il en droit de tirer? Nous ne savons même pas si c'est à cette période que cesse la terrible contagiosité des accidents ! Il y a donc lieu, à notre avis, de renoncer à une formule aussi vague que peu utile, aussi vide d'indications que peu précise, en dépit de ces malades si nombreux qui s'informent anxieusement, avant toute chose et comme si c'était capital pour eux, si leur accident est secondaire ou tertiaire. Tels sont désolés d'apprendre qu'ils ont une syphilide tertiaire qui resteraient presque insouciants, si le médecin ne rapportait leur syphilide tuberculeuse plate, par exemple, qu'à la période secondaire.

A un intérêt théorique ou seulement à une application limitée se réduit donc pour nous l'utilité de l'ancienne et classique division. Nous n'attacherons pas plus d'importance à celle qui répartit les syphilides en *précoces*, *intermédiaires* et *tardives*, à cause aussi du défaut de précision et des variabilités extrêmes qu'elle comporte. Mais, dans un article comme celui-ci, il serait déplacé d'entrer dans tous les détails des diverses modifications que le progrès des observations a peu à peu imprimées aux classifications primitives. Nous croyons que nous ne saurions mieux faire que de mettre, sans plus tarder, à contribution les travaux toujours si méthodiques, si clairs et si scrupuleusement faits, de Fournier. Ce maître est d'ailleurs un des derniers auteurs qui aient traité la question. En prenant pour guides ses leçons, aujourd'hui classiques, *sur la syphilis étudiée plus particulièrement chez la femme*, nous profiterons donc d'emblée des progrès les plus récemment réalisés dans l'étude des syphilides, et d'un bond nous franchirons toutes les étapes.

Souvenons-nous donc avec Fournier que l'on peut dire, d'une façon non pas absolue, mais généralement vraie, que les manifestations tégumentaires les plus *superficielles* coïncident avec les premiers temps de la maladie et les plus *profondes* avec les plus anciennes, tandis que celles qui sont chronologiquement *intermédiaires* le sont également comme forme et comme gravité.

Voici la classification proposée par Fournier comme répondant le mieux à ce qu'on rencontre dans la pratique :

HUIT GROUPES

I. *Syphilides érythémateuses.*

Trois espèces :
{ Roséole.
{ Roséole ortiée.
{ Roséole circinée.

II. *Syphilides papuleuses.*

Quatre espèces :
{ Syp. papuleuse.
{ » papulo-squameuse.
{ » papulo-croûteuse.
{ » papulo-érosive.

III. *Syphilides squameuses.*

Très-rares, ajoute Fournier. Pour notre part, nous n'avons jamais vu d'*eczéma syphilitique* ni de *syphilide eczémateuse*. Quelquefois des syphilides à papules larges et plates recouvertes de squames exceptionnellement étendues et abondantes, ou bien des syphilides papulo-érosives *confluentes, étalées en nappe*, situées dans les plis axillaires ou cruraux ou bien sur le scrotum, étant humides et *suintantes*, se sont montrées *passagèrement eczématiformes*, mais jamais elles n'ont été véritablement eczémateuses.

IV. *Syphilides vésiculeuses.*

Un seul type important : Syphilide herpétiforme.

V. *Syphilides pustulo-crustacées.*

Trois espèces :
{ Syph. acnéiforme.
{ » impétigineuse.
{ » ecthymateuse.

VI. *Syphilides bulleuses.*

Deux espèces :
{ Pemphigus (?)
{ Rupia (?)

Après le mot *pemphigus*, Fournier met un point d'interrogation fort significatif. Quant à nous nous n'avons jamais vu de syphilides bulleuses chez l'adulte. Nous en avons vu de *phlycténoïdes*, mais le soulèvement épidermique est alors un épiphénomène tout accidentel, irrégulier de forme, et d'apparition, qui n'a aucun des caractères du pemphigus. Chez l'enfant, et surtout le nouveauné, il y a des bulles incontestables, mais cette disposition tient plutôt au terrain et à la peau sur lesquels la lésion s'est développée qu'à la forme et à la variété de l'éruption.

Pour ce qui est du *rupia*, nous ne l'avons pas observé sous la forme méthodiquement bulleuse. Tout ce qui pouvait être considéré comme rupia était généralement constitué par des croûtes, que leur épaisseur et leur largeur rendaient remarquables. Au-dessous de ces croûtes étaient des syphilides ulcéreuses circinées comme celles que nous décrirons plus loin. Le groupe des syphilides méthodiquement bulleuses nous semble donc problématique.

Nous pensons qu'il vaudrait mieux attacher moins d'importance aux syphilides bulleuses et admettre le groupe des *syphilides tuberculeuses*, bien qu'elles soient évidemment voisines des syphilides pustulo-crustacées.

VII. *Syphilides maculeuses.*

Ce groupe devrait, ce nous semble, être placé le troisième, à cause de la chronologie habituelle des *syphilides pigmentaires* par lesquelles il est exclusivement constitué. On ne saurait en effet songer à y ajouter les cicatrices ou les taches plus ou moins pigmentées, suivant les sujets, qui succèdent aux diverses variétés de syphilides.

VIII. *Syphilides gommeuses.*

Ce dernier groupe seul appartient aux syphilides *profondes* et franchement *tertiaires*. Les syphilides *tuberculeuses, phlycténoïdes* et *pustulo-crustacées*, peuvent être considérées comme des syphilides *intermédiaires*. Les autres sont des syphilides *superficielles*.

PREMIER GROUPE. — **Syphilides érythémateuses.**

Le mot *érythème* (ἐρυθρός, ἐρύθημα) signifie simplement *rougeur*, sans qu'il soit nullement précisé si cette rougeur à la peau est étendue uniformément sur une large surface, ou bien si elle est disposée en îlots ou en petites taches. C'est l'avantage qu'ont les mots *roséole syphilitique* sur l'expression *syphilide érythémateuse*. En effet, qui dit roséole dit *éruption*, ou mieux encore *efflorescence* (puisqu'il n'y a ni squame, ni soulèvement, ni aucune effraction épidermique) *composée de taches rouges*.

Le qualificatif *syphilitique* est ici indispensable, puisqu'on sait qu'il y a un certain nombre d'autres roséoles, telles que les roséoles œstivale, squameuse, et plus encore d'érythèmes symptomatiques d'intoxications médicamenteuses (copahu, morphine, sulfate de quinine, etc.) et d'infections miasmatiques (variole, choléra, ictère grave, etc.).

Le groupe des roséoles syphilitiques comprend plusieurs espèces de syphilides « qu'il n'est pas sans intérêt pratique de distinguer » (Fournier).

1ʳᵉ Espèce : *Roséole vraie.* — La *roséole syphilitique* est la plus superficielle, la plus légère et la plus précoce des syphilides. Quoi qu'en ait dit Cazenave, elle est si fréquente qu'à peine dix malades sur cent (Bassereau) y échappent. On la voit toutefois moins communément que d'autres syphilides, les syphilides érosives, par exemple ; mais ce fait est dû à la durée assez longue et aux récidives fréquentes de celles-ci, ainsi qu'à la courte durée et à l'apparition habituellement unique de la roséole, bien plus qu'à la fréquence absolue des syphilides érosives.

La connaissance de la roséole n'est pas de date récente. Torella la signalait déjà en 1497 : « 30 jours après que la verge eut été infectée, tel malade eut le corps couvert de taches étendues, rouges, sans pustules, etc. » La roséole fut ensuite étudiée par Cullerier, Hunter, Alibert, Biett, etc.

Avec les petites croûtelles noirâtres, dures et sèches, acnéiformes, qui sont semées sur le cuir chevelu, ce sont les taches roséoliques « qui, pour ainsi dire, inaugurent la période secondaire, de la sixième à la huitième semaine *après le début* du chancre » (Fournier).

Un élève de Ricord, Mac-Carthy (1844), l'a vue apparaître au plus tôt deux semaines, au plus tard treize semaines, en moyenne sept semaines après le début du chancre.

Pillon (1857) ne l'a observée qu'à partir de la troisième semaine.

Rappelons la statistique de Bassereau (*Affections de la peau symptomatiques de la syphilis*, p. 176), qui a constaté l'apparition de la roséole dans 107 cas de syphylis traitées par le mercure :

Du 20 au 30ᵉ jour.	14 fois		Du 90 — 120ᵉ jour.	3 foi
30 — 60ᵉ	66		Dans le cours du 5ᵉ mois. . . .	1
60 — 90ᵉ	23			

Habituellement, la *roséole fait son apparition vers le 45ᵉ jour à partir du jour où s'est produit l'accident primitif.* Ce n'est là qu'une moyenne, car la roséole a pu se montrer à une époque quelconque de la première année, dans le cours de la deuxième année ou même au delà, lorsqu'un traitement mercuriel en a retardé l'apparition ou lorsqu'elle récidive (Fournier).

Bassereau insiste sur le retard évident que produit dans l'apparition de la roséole l'influence d'un traitement hydrargyrique intercurrent.

Dans un article récent où il étudie la marche des accidents de la *première période* de la syphilis contre lesquels on n'a pas dirigé de traitement mercuriel (*Ann. de dermat.*, 1882), Diday consigne les résultats suivants :

1° Roséole apparue 75 jours après le chancre.   6° Roséole apparue 22 jours après le chancre.
2° »   » 48 » »   »   7° »   » 46 » »   »
3° »   » 38 » »   »   8° »   » 31 » »   »
4° »   » 53 » »   »   9° »   » 55 » »   »
5° »   » 53 » »   »

Dans le 8ᵉ cas la durée fut de 42 jours; dans le 9ᵉ, de 68 jours.

Dans un cas que nous avons observé, la roséole n'apparut que 80 jours après le chancre. Le traitement spécifique n'avait pas été institué.

On le voit, tous ces résultats ne modifient pas les propositions précédemment émises sur l'apparition de la roséole. Le mercure aurait donc peu d'influence contre cette manifestation spécifique; — ou bien, ce qui est peut-être plus juste, la roséole est si souvent déjà venue quand le malade vient consulter, que la plupart du temps on se trouve vis-à-vis d'une syphilis encore vierge de mercure ayant donné librement lieu à sa manifestation érythémateuse.

Dans les cas ordinaires, la roséole consiste essentiellement en une éruption *modérément abondante* de taches érythémateuses.

Ces taches ne présentent ni *saillie*, ni *desquamation*; à leur niveau, la peau ne diffère de la peau saine que par la coloration.

Leur *étendue* varie de celle d'une grosse lentille à celle d'une pièce de 20 ou de 50 centimes. Quelques-unes sont de dimensions différentes, mais le plus grand nombre offre une surface à peu près égale.

De même leur *forme* est assez généralement identique, arrondie ou ovalaire; sans doute, il est des taches qui sont elliptiques, irrégulièrement allongées, déchiquetées, etc., mais la forme régulièrement ovalaire prédomine notablement.

Ordinairement l'ovale est bien complétement dessinée, parce que les taches sont séparées les unes des autres par un petit intervalle de peau saine; en effet, la confluence, la *coalescence*, sont, non pas impossibles, mais exceptionnelles, dans l'exanthème spécifique.

Leur *coloration* varie selon les périodes de leur développement. Au

début, la teinte est d'un rose tendre, d'un rose *fleur de pêcher* (Fournier);
à la période d'état, la couleur devient plus foncée, plus sombre; le rose
subit un certain mélange de carmin et la teinte générale devient vineuse.
Pillon a observé un cas de roséole sur une femme dont l'abdomen était
strié de larges bandes de vitiligo. Sur les points décolorés, les taches
étaient franchement carminées; au contraire, sur les autres points, elles
étaient ocrées par le pigment normal de la peau. Quand elles tendent à
se flétrir, elles « prennent un ton d'un rose jaunâtre, fauve, et deviennent
comme maculeuses. »

Cette succession de teintes variables avec l'âge explique pourquoi les auteurs ne peuvent s'accorder à fixer la coloration des taches roséoliques. Il
en est de même pour l'effet produit sur elles par la pression du doigt.

Pillon nous dit : « La pression du doigt ne fait jamais disparaître complétement une macule roséolique même au début, même lorsqu'elle dure
depuis peu ; la tache ne disparaît jamais aussi complétement que le ferait
une tache de rougeole ou de scarlatine, et de bons yeux, qui voient rapidement, peuvent toujours saisir l'existence d'une traînée relativement
obscure, qui atteste que la matière colorante du sang s'est infiltrée là, et
combinée avec la couche superficielle du derme sur laquelle elle se des-
sine. Mais, si ce caractère est vrai déjà pour la tache récente, il l'est bien
plus encore pour celle qui dure depuis longtemps, comme j'aurai occasion de le démontrer ailleurs pour l'exanthème syphilitique tardif, où il
est tellement accusé que la pression du doigt ne modifie plus les taches
en aucune façon. »

Fournier enseigne ceci : « Les taches pâlissent et disparaissent absolument sous la pression du doigt, au début ; — plus tard, elles ne
s'effacent qu'incomplétement; — plus tard encore, elles ne s'effacent
plus du tout. » Ce sont là les caractères que nous avons constatés.

Nous avons observé sur des *inviteuses*, c'est-à-dire sur des femmes
alcooliques, des syphilides fortement érythémateuses composées de plaques
irrégulières, mais beaucoup plus larges que de coutume, diffuses et sans
limite bien arrêtée, de façon que la peau semblait comme barbouillée de
jus de raisin. D'une manière générale, on peut dire que la teinte vineuse, et les reflets violacés et livides des taches roséoliques, sont des
signes de la ténacité de l'éruption et de l'alcoolisme du sujet.

Fournier considère comme semées au hasard les taches de roséole ;
d'après lui, elles ne se groupent d'une façon quelconque que par suite de
la confluence des *taches*, qui deviennent des *plaques* auxquelles le hasard
peut donner la forme de segments de cercle, « mais la roséole est une des
syphilides qui affectent le moins de tendance à la configuration cerclée. »

La roséole a *des siéges* de prédilection ; en général, elle fait sa première apparition sur les flancs et sur les parties latérales du thorax ;
c'est là que dans les cas d'incertitude il faut la rechercher de préférence ;
viennent ensuite l'abdomen, la poitrine, le dos, la face interne de la
racine des membres, et sur lesquels on ne les trouve guère que dans le
sens de la flexion où elles deviennent de moins en moins nombreuses;

dans les cas ordinaires, la roséole reste limitée au tronc où ses taches sont en quantité modérée. Ce n'est que dans les cas exceptionnels que les extrémités des membres, le dos des pieds et des mains, sont envahis ; ce n'est aussi que dans des cas rares et remarquablement intenses que la tête est envahie. Alors même, le cou, la nuque exceptée, reste indemne (Bassereau).

Dans les formes excessives toutes les portions de la face peuvent être couvertes de taches roséoliques ; mais c'est surtout le front et la frontière du cuir chevelu qui en sont criblés. La totalité de la surface tégumentaire est atteinte.

En général, l'abondance des taches et l'intensité de leur coloration s'observent en même temps que cette généralisation du développement.

Nous en avons observé un cas encore tout récemment dans le service de Fournier. La roséole, extrêmement abondante, criblait le tronc, les membres et la face ; les taches étaient livides, presque violacées, et même elles formaient, sur le front notamment, des saillies visibles quand l'œil regardait obliquement, mais imperceptibles de face et au toucher. L'éruption était accompagnée de fièvre et d'asthénie : la syphilis, affectant la forme galopante, fut rapidement grave, non pas en tant que syphilodermie, mais à cause d'une paralysie de l'épaule droite (trapèze et deltoïde) qui survint à une période précoce et malgré le traitement, à la suite d'une névrite spécifique des plexus cervical et brachial.

Chez un autre malade, la roséole se montra également très-intense comme couleur en même temps qu'elle criblait le corps, les membres et la tête, au point de jeter d'abord une certaine incertitude sur le diagnostic.

L'alcoolisme est une des causes qui produisent le plus souvent l'exagération des symptômes cutanés. L'absence de tout traitement spécifique peut expliquer aussi pourquoi les teintes des taches syphilitiques sont d'une intensité si variable, quoique la cause qui les détermine et le mécanisme qui y préside restent les mêmes. Une émotion vive, un excès alcoolique, une marche rapide, un bain un peu chaud, des frictions sèches et rudes, des flagellations à l'eau froide, enfin tout ce qui est capable d'augmenter la congestion de la peau, contribuent à rendre les taches plus vives et plus apparentes.

A côté des formes excessives, il y a les *formes atténuées* où les taches sont roses et à peine colorées. Mais alors, chose singulière, ce n'est quelquefois pas en augmentant l'éclairage des régions suspectes qu'on arrive à percevoir les taches le plus nettement. Il vaut mieux parfois regarder obliquement, ou bien à contre-jour, en faisant varier la lumière. Plusieurs fois Legroux nous a fait voir nettement dans un miroir des taches à peine visibles directement.

D'autres fois non-seulement la roséole est presque avortée, mais encore, au lieu d'occuper les régions que nous y avons signalées et d'y produire un nombre plus au moins considérable de taches, elle est limitée à certaines localisations. C'est ainsi que Bassereau a vu la roséole syphilitique n'exister qu'aux jambes, à la paume des mains, etc. Pillon considère ces faits comme très-exceptionnels, et reconnaît avec Bassereau qu'un traitement mercuriel peut avoir, dans ces cas, empêché l'évolution d'être complète.

Fournier ne cite pas de cas analogues ; pour nous, nous n'en trouvons aucun dans nos souvenirs.

Quoi qu'il en soit, les formes possibles de roséole atténuée expliquent comment cette éruption a pu parfois échapper au médecin.

De même l'indolence parfaite et l'absence de troubles fonctionnels font que la roséole reste très-souvent ignorée du malade qui la porte. Ici se fait remarquer l'absence de prurit que nous avons vu caractériser les syphilides ; en effet, l'éruption de roséole syphilitique se développe et évolue sans provoquer de phénomène ni de chaleur, ni de démangeaison, ni la moindre sensation, même « fugace », comme l'a prétendu à tort Diday (*Gaz. hebd.* 1855). Il n'existe un léger prurit, et le fait est encore exceptionnel, que lorsque l'éruption apparaît sur une peau alcoolisée.

Fournier a vu très-exceptionnellement l'éruption donner lieu « à un certain malaise » tout à fait passager.

On peut dire que ce fait d'apparaître d'un façon inappréciable a une grande *valeur diagnostique.* Quand l'éruption est constituée, elle est facile à distinguer des dermatoses similaires, qui sont la *roséole simple,* la *roséole squameuse* ou pityriasis rosé, la *roséole médicamenteuse* et surtout la roséole résineuse ou copahique, la roséole par intoxication (moules, fraises, etc.), les *roséoles* infectieuses ou *symptomatiques* (rougeole, rash varioleux ou variété érythémateuse de l'*efflorescence pré-éruptive,* érythèmes de la diphthérie, de la période ultime du choléra, de l'intoxication puerpérale, de l'infection purulente, de l'ictère grave, etc.).

La plupart de ces affections seront éliminées d'emblée par la connaissance des antécédents (roséole médicamenteuse, quinique, morphinique) ; par l'intensité des phénomènes généraux concomitants, de la dépression, du frisson, de la fièvre (roséoles infectieuses) ; par la présence des symptômes particuliers à chaque intoxication (vomissements et céphalée pour le rash variolique, catarrhe oculaire et nasal pour la rougeole, diarrhée, crampes, algidité pour le choléra, etc. etc.), par la sensation plus ou moins prononcée, mais constante, de prurit, par la courte durée, enfin par la disposition des taches, qui, au point de vue objectif, sont tout à fait différentes :

Dans la *roséole syphilitique,* les taches sont ovalaires, le plus souvent égales entre elles, séparées par des intervalles de peau saine ; elles sont d'un rose tendre ou d'un rose carminé, puis sombre.

Dans les *roséoles infectieuses,* les taches occupent une vaste surface, elles sont distribuées en *plaques* très-inégales, très-irrégulières, mais toujours larges, variant de l'étendue du creux de la main à celle des deux mains et davantage ; d'une coloration très-vive, très-animée (rash), ou bien d'une teinte violacée, livide et cyanique (choléra) ; d'une durée tout à fait éphémère (rash).

Dans la *roséole squameuse* (Fournier) ou pityriaris rosé (Gibert), les taches apparaissent par poussées successives, *d'abord sur la poitrine*, puis sur le reste du tronc, puis sur les membres supérieurs, puis les inférieurs, mais elles ne dépassent généralement pas les genoux, les coudes ni le cou. Elles sont essentiellement coalescentes, disposées en croissants (pityriasis circinata de Bazin), en segments de cercle, en formes tout à fait irrégulières ; elles sont très-promptement saillantes et squameuses ; puis la portion centrale devient brunâtre, jaunâtre ou ver-dâtre, tandis que la bordure reste rosée (pityriasis maculata de Bazin) — enfin la tache desquame complétement et l'épiderme, par sa couche cornée, forme à sa couche profonde mise à nu une collerette den-telée.

On voit par combien de caractères distinctifs la roséole squameuse de Fournier est séparée de la roséole syphilitique. Les deux affections sont très-différentes. Toutefois, nous avons cru devoir insister sur le diagnostic différentiel à cause de la quantité relativement grande de malades atteints de pityriasis rosé qui arrivent à l'hôpital Saint-Louis après avoir été soumis en ville au traitement spécifique.

La *roséole simple* ou *saisonnière* est souvent accompagnée de symp-tômes généraux quelquefois assez intenses, quoique passagers. Son appa-rition ne se fait pas d'une manière latente. Après s'être ainsi annoncée avec quelque tapage, elle n'a qu'une étendue limitée et qu'une très-courte durée. Elle est d'ailleurs franchement rosée, disparaissant toujours sous le doigt, habituellement accompagnée de sensations de chaleur et même de prurit, léger, il est vrai, mais à peu près constant, et indiscutable ; enfin (sauf coïncidence) elle n'est accompagnée ni précedée ni suivie de phé-nomènes spécifiques. Elle manque toujours sur les membres inférieurs et ne disparaît guère sans desquamer.

Quant à la *roséole copahique*, elle a des antécédents tout différents, elle est légèrement et même parfois assez fortement prurigineuse ; elle est com-posée de taches moins larges, plus saillantes, plus rouges que celles de la syphilis ; ces taches, souvent papuleuses, sont coalescentes sur tout le corps, mais forment de plus larges *placards confluents* ou *nœuds érup-tifs* au niveau des jointures *du côté de l'extension* (Bazin, Fournier), tels que les genoux, les coudes, les poignets, la face dorsale du pied et de la main. Enfin, elle disparaît aussitôt que la cause est supprimée et même parfois sans qu'il ait été besoin de cesser les balsamiques, et se termine souvent par desquamation partielle, beaucoup moins abondante et moins régulière que dans le pityriasis rosé.

Nous avons vu un malade arriver à Saint-Louis avec les deux roséoles, syphilitique et copahique, développées simultanément. Nous n'avions d'abord diagnostiqué que la seconde, qui, en disparaissant, nous a laissé bientôt reconnaître la première.

Les macules du *pityriasis versicolore* sont quelquefois rosées, rouges ou d'un brun jaunâtre ; elles sont quelquefois petites, disséminées et nom-breuses, et peuvent en imposer pour un érythème spécifique sur le déclin.

Mais la présence de squames, les lambeaux enlevés par le coup d'ongle et l'examen microscopique, feront cesser tous les doutes.

Est-il besoin de décrire ici l'éruption aiguë de la *Rougeole*, qui est beaucoup plus généralisée, plus vive, plus rosée, qui se termine par desquamation au bout de quelques jours, etc.?

Il y a au musée de l'hôpital Saint-Louis une pièce (moulage n° 156) qui représente un cas de cancer de la peau. Certes il y a des tumeurs disséminées çà et là qui ne laissent aucun doute sur sa nature : mais, entre ces tumeurs, relativement rares, existe un nombre beaucoup plus considérable de taches d'un rouge sombre, légèrement carminé, sans saillie ni squames, qui seraient objectivement bien difficiles à distinguer de la roséole syphilitique, si l'on ne pouvait pas examiner le sujet tout entier.

Enfin nous avons déjà signalé un cas dans lequel il était impossible pour le diagnostic de la roséole syphilitique de se servir des données habituelles. Il s'agissait d'une éruption développée chez une jeune négresse et caractérisée par des taches non squameuses, mais assez foncées de couleur pour paraître noires sur la peau pigmentée de la malade. Le diagnostic a été fait par les phénomènes concomitants, par les antécédents, et aussi par l'erythéme diffus de la gorge : l'affection des muqueuses était la même dans ce cas que celle qu'on a coutume d'observer sur les malades blanches.

En effet, comme nous le verrons plus loin en étudiant les syphilides des téguments muqueux, la syphilis détermine souvent, sinon sur toutes les muqueuses, du moins sur celle de la gorge, un érythème qui, bien que disposé non par taches, mais en plaques continues, est analogue à celui qu'on trouve sur la peau (*Voy.* les notes de Ricord à Hunter sur la rougeur de l'isthme du gosier accompagnant la roséole).

La *marche* est bien différente de celle des exanthèmes fébriles (rougeole, scarlatine), car l'exanthème syphilitique ne se constitue pas en un petit nombre d'heures. Pillon rapporte bien quelques cas où la roséole se serait effectuée en quarante à soixante heures, mais il dit lui-même que le fait est exceptionnel. Fournier n'en signale pas ; nous n'en avons pas observé non plus d'analogue.

La règle est que l'éruption s'établisse lentement, par des poussées successives, par des taches nouvelles qui viennent chaque jour s'ajouter aux anciennes primitivement très-peu abondantes. Le nombre des taches varie d'ailleurs considérablement d'un sujet à un autre. D'une manière générale, on peut dire que la roséole n'est pas une éruption à taches très-nombreuses. Au bout d'un septenaire au moins (Fournier) — au bout de deux semaines au moins (Pillon), la roséole est devenue ce qu'elle doit être.

La roséole a été lente à se constituer ; de même elle est longue à disparaître ; sa durée n'a rien de fixe, d'exact, de constant ; elle varie avec les sujets entre deux et sept semaines, et même jusqu'à dix. Nous ne l'avons jamais vue disparaître brusquement.

La décroissance de l'éruption se fait toujours avec une grande lenteur, même sous l'influence d'un traitement bien ordonné ; elle succède à un état stationnaire, après lequel la tache perd de son caractère et aboutit à une teinte sale, de plus en plus foncée, comme maculeuse, qui donne à la peau l'aspect d'une *surface mal lavée* (Pillon).

Traitée, elle se fane et disparaît plus rapidement.

Fournier signale un fait intéressant au point de vue dermatologique : « Parfois la tache de roséole, surtout lorsqu'elle a duré assez longtemps, présente une certaine inégalité de surface. Elle est alors semée de très-petites saillies miliaires traversées par un poil et vraisemblablement constituées par des follicules pileux hypertrophiés » (sorte de périfolliculite spécifique). « On compte sur la tache de cinq à dix de ces saillies en moyenne, quelquefois davantage. C'est à cette forme légèrement modifiée de roséole qu'on donne le nom de *roséole piquetée* ou de *roséole granuleuse.* »

Parfois même, la tache proprement dite fait défaut ; les petites saillies, au lieu de s'élever sur un fond érythémateux, partent de la peau saine. Besnier dit avoir vu un certain nombre de fois cette éruption remplacer complétement la roséole. C'est là le type parfait de la roséole granuleuse ou miliaire, qu'on peut appeler encore *peau ansérine (cutis anserina) syphilitique*, à cause de l'analogie des petites saillies périfolliculeuses avec la peau d'une oie plumée.

La roséole disparaît toujours sans laisser la moindre trace sur la peau.

Parfois, surtout quand elle n'a pas été traitée ou bien dans les cas graves, quand la syphilis évolue rapidement, la roséole persiste encore alors que se montrent déjà les manifestations spécifiques subséquentes ; c'est alors le début de la *syphilide polymorphe* secondaire que nous étudierons plus loin et qui présente aussi quelques points érythémateux.

Tous les auteurs signalent des *récidives*, pouvant se montrer dans des circonstances variées et principalement à la suite d'un traitement incomplet. Dans ce cas la récidive se fait à bref délai, affectant une disposition analogue à celle de l'éruption primordiale, mais avec une coloration et une intensité très-atténuées.

Il est possible de voir se produire plusieurs récidives. Toutefois nous n'admettrons qu'avec la plus grande réserve les cas de récidives multiples et périodiques rapportés par Cullerier et Pillon.

Dans d'autres cas, la récidive ne se fait qu'après une période assez longue ; elle constitue une des formes des syphilides érythémateuses, dites *tardives* par opposition à la roséole classique ou syphilide érythémateuse *précoce*. Cette variété a été appelée *roséole de retour* par Fournier, qui en a étudié avec soin les caractères différentiels : les taches, peu abondantes (une douzaine, même une demi-douzaine), sont disséminées çà et là ; elles sont plus larges et plus pâles que celles de la roséole commune. Cette variété ne se produit guère avant les six ou dix premiers mois et souvent dans la deuxième année de l'infection. Quelques auteurs l'ont considérée comme une *roséole modifiée par le mercure*. Et en effet, au dire même de Fournier, cette roséole ne s'observe que sur des malades mercurialisés ; elle est alors l'expression d'une diathèse déjà ancienne, mais atténuée par le traitement dans la forme et dans la gravité de ses symptômes. Car, à une époque tardive, la syphilis *non traitée* ne s'en tient pas aux formes érythémateuses superficielles, bénignes.

Nous avons déjà dit que les roséoles disparaissent sans laisser de trace, à part les formes tardives diffuses, développées sur des alcooliques, qui sont suivies de macules livides ou brunâtres très-tenaces. Au point de vue dermatologique, le pronostic n'a donc aucune gravité. Mais en tant que signe d'infection généralisée la roséole a une grande valeur : son existence bien établie peut donner la certitude que la diathèse s'est emparée du sujet et qu'un traitement spécifique est de toute urgence.

2e **Espèce** : *Roséole ortiée.* — Tout ce qui précède doit être appliqué à cette variété, qui ne diffère de la roséole commune que par l'élevure des taches. Quoique léger, ce relief est appréciable au doigt et à l'œil et rappelle celui des saillies de l'urticaire ou des piqûres d'ortie : de là le nom de *roséole ortiée* que lui a donné Fournier, de préférence à celui de *roséole papuleuse* proposé par certains auteurs ; et en effet il n'existe pas dans cette forme de *papule* proprement dite, sans quoi cette forme cesserait par cela même d'être une syphilide simplement érythémateuse. D'ailleurs la roséole ortiée se distingue de l'urticaire par la coloration beaucoup moins rose et moins animée, par l'absence de décoloration centrale, par une évolution beaucoup moins soudaine, et enfin par l'absence de prurit. Ce dernier point est important à noter, puisqu'il prouve qu'il peut y avoir congestion vive et œdème intra-cutané sans qu'il y ait pour cela de démangeaisons. Telle est la *roséole ortiée précoce.*

Cette variété présente aussi une forme tardive. L'éruption est alors moins disséminée, moins généralisée, elle se concentre sur quelques îlots de la surface tégumentaire. Les taches, peu abondantes, sont larges, agminées, et présentent parfois une tendance plus ou moins marquée à la circination. On assiste là à une ébauche de disposition méthodique : or, Fournier a signalé ce fait comme un des caractères d'une syphilis déjà ancienne. On peut en voir deux beaux types à l'hôpital Saint-Louis (moulage de musée n° 467 et pièce n° 171 de la collection particulière de Fournier).

3° **Espèce** : *Roséole circinée.* — Dans la syphilide érythémateuse vulgaire, la forme circinée ne se rencontre pas ; dans la roséole ortiée, la tendance à la circination est exceptionnelle. Dans cette 3° variété d'érythème syphilitique, la disposition en cercle est la règle ; le fait seul indique que l'on n'a pas affaire ici à une manifestation précoce. Et en effet, on ne voit pas la roséole circinée avant la fin de la première année ; le plus souvent c'est dans le cours de la seconde, mais ce peut être pendant la troisième année et quelquefois même au delà. Il est bien évident qu'il ne peut en être ainsi que sur des sujets qui ont été bien traités et chez lesquels le mercure a déjà notablement atténué la syphilis, car, au bout de trois ans, une syphilis non traitée donne lieu à des ulcérations et non à des érythèmes. C'est la forme aussi atténuée que possible des syphilides méthodiques. Les taches sont rosées, d'un rose sombre, de teinte foncée tirant un peu sur le gris d'ardoise, saillantes et arrondies. Le cercle peut être complet ou brisé en segments plus ou moins étendus. Ces arcs de cercle, disposés sans régularité, peuvent se croiser, se toucher, se combiner de façon à former des dessins de toutes sortes. La tache peut être rouge dans toute sa surface ou seulement à la périphérie; dans ce cas le centre reste sain. Il est assez peu dans les mœurs de la syphilis de donner lieu à une lésion limitée d'emblée à une circonférence circonscrivant une surface de peau restée normale. On peut supposer que le centre primitivement érythémateux s'est assez rapidement décoloré et que le processus s'est ensuite développé à la périphérie. Toutefois, contrairement à certaines syphilides, la lésion ici n'est pas indéfiniment extensible; en effet, les taches de la roséole ne dépassent guère la largeur d'une pièce de deux francs. Fournier en cite de tout à fait exceptionnelles ayant eu l'étendue d'une pièce de cinq francs et une, unique à sa connaissance, ayant eu la largeur de la paume de la main.

Abandonnée à elles-mêmes, ces syphilides érythémateuses durent assez longtemps. Leur durée est moins longue quand le mercure est administré. Mais le traitement n'empêche pas les récidives, et, pour les faire définitivement disparaître, une médication prolongée et par conséquent répétée est nécessaire.

Les formes annulaire, semi-annulaire, ovalaire, elliptique, sont les plus fréquentes; la forme annulaire est pathognomonique de la syphilis (Fournier); c'est l'*érythème annulaire syphilitique* ou *syphilide érythémateuse cerclée* ou *roséole circinée*, c'est-à-dire que cette lésion arrondie est constituée par une simple tache congestive sur laquelle on ne découvre ni papule, ni vésicule ni parasite d'aucune sorte. Le microscope est indispensable pour déterminer cette dernière particularité : en effet, le diagnostic objectif est parfois délicat, comme on peut le voir par une pièce que Besnier a fait mouler (n° 695), entre la roséole syphilitique circinée et l'*érythème tricoplytique* (*Voy.* encore à titre d'exemple le moulage n° 750). Si le microscope démontre l'absence de tout parasite et que l'examen clinique constate de la rougeur sans squame ni vésicule, le diagnostic ne devra plus se débattre qu'entre la syphilide annulaire et l'*érythème annulaire simple*, ou *circiné*, ou *marginé*, l'une des variétés de l'érythème multiforme de Hébra; la syphilide s'en distinguera par les caractères suivants : sa couleur est d'un rouge moins vif, elle est d'une teinte moins vive et plus foncée. Dans celle de l'érythème simple le carmin est souvent mélangé de nuances bleues, parfois très-accentuées, et l'on y trouve quelques ébauches de cocardes. L'apparition de la syphilide est beaucoup moins rapide et sa durée beaucoup plus longue. Quant à son siége, il est tout différent, puisque l'érythème simple ou arthritique est symétrique et occupe l'extrémité dorsale des extrémités et le cou, tandis que la roséole affectionne particulièrement le tronc. On peut voir deux moulages de roséole circinée, à l'hôpital Saint-Louis, dans la collection particulière de Fournier, pièces n° 75 et n° 185.

Le n° 716 de la collection du musée de l'hôpital contient une pièce portant le diagnostic de *roséole diffuse* ou de *syphilide érythémateuse diffuse* ou en nappe. Ce n'est pas là une variété spéciale, une quatrième variété d'érythème syphilitique, c'est une *roséole tardive* formée de placards très-larges, très-nombreux, devenus confluents, d'une couleur rouge carmin et lie-de-vin, d'ailleurs sans squame ni saillie. La peau apparaît comme *mâchurée*, comme barbouillée de rouge. Il s'agit d'une syphilide érythémateuse intense survenue dans la troisième année d'une syphilis mercurialisée, mais plus fortement encore alcoolisée. Cette affection laissa des macules livides et pigmentées extrêmement résistantes.

Les syphilides *érythémateuses circinées bicolores* ou en *cocarde* seront étudiées plus loin. Le musée en renferme quelques exemples : n°s 75, 162, 178, 557. L'érythème ici n'est qu'apparent. Le centre est pigmenté et la périphérie est constituée par une syphilide papulo-circinée en voie de disparition et d'affaissement. C'est une syphilide de ce genre qui est simulée par l'érythème marginé simple que Lailler a fait représenter (*Voy.* moule n° 835).

PREMIER GROUPE.

Syphilides érythémateuses.

	R. précoce	pouvant manquer, mais manquant rarement.
1° Roséole ou érythème syphilitique commun.	R. tardive ou de retour, ou symptomatique, d'une syphilis déjà atténuée par le mercure. . . .	manquant souvent.

2° Roséole ortiée.
3° Roséole circinée ou disciplinée, unique ou passagère et récidivante.

En résumé, le premier groupe des syphilides est caractérisé par un érythème *sans squames;* on va voir que le second consiste au contraire en un érythème en squames et en une *production néoplasique spéciale*.

Nous n'avons donc pas à discuter le diagnostic avec le groupe déjà considérable des dermatoses parasitaires, à savoir le pityriasis versicolor, l'érythrasma, la tricophytie circinée, le pityriasis marginé de Vidal, qui toutes sont constituées par un érythème et par des squames d'une part, ou bien par un érythème, par des squames, mais sans infiltrat particulier, d'autre part.

Second groupe. — **Syphilides papuleuses.**

Ces lésions cutanées caractérisent par excellence la période secondaire de la syphilis. En effet, ce sont les plus fréquentes des syphilides cutanées; ce sont aussi les plus variées dans leurs modalités éruptives. D'après Fournier, elles seraient plus communes encore chez la femme que chez l'homme.

Toutes dérivent d'un élément commun originel et primordial : cet élément commun, c'est la *papule* (Fournier) ou néoplasie circonscrite sèche dermo-épidermique. Willan disait que « la papule est une petite élevure de la peau, solide et résistante, ne renfermant pas de liquide, susceptible parfois de s'éroder à son sommet, mais se terminant presque toujours par résolution ou par desquamation. »

Si la papule reste papule, l'éruption sera naturellement et exclusivement *papuleuse ;* si la papule se couvre de squames, la syphilide sera *papulo-squameuse ;* si elle s'excorie à son sommet, elle s'appellera *papulo-érosive ;* si elle se couvre de croûtes, elle deviendra *papulocroûteuse.*

1re et 2e Espèces : *Syphilide papuleuse* et *syphilide papulo-squameuse.* — La première et la seconde espèce ne diffèrent que par la présence ou par l'absence de quelques squames, et elles sont le plus souvent associées sur le même sujet, car la papule et la papulosquame ne sont que des phases successives de la même lésion.

Certes, il y a un moment où l'éruption peut n'être formée que de papules parfaites, lisses, luisantes, vernissées, dépourvues de toute exfoliation épidermique ; c'est au début. Mais, après quelques jours, les squames apparaissent. De nouvelles papules, jeunes et intactes, se montrent ; les anciennes desquament d'autant plus qu'elles vieillissent davantage, et ainsi se trouvent réunies, associées, les deux modalités éruptives.

Fournier décrit au type papulo-squameux *trois sous-espèces,* qu'à son exemple nous allons passer en revue :

1° · *Syphilide papulo-granuleuse.* — Cette première forme est composée de papules petites, fines, égales, nombreuses, disséminées, sans ordre le plus souvent, en îlots tourbillonnants exceptionnellement. Fournier l'appelle *syphilide papulo-granuleuse ;* d'autres auteurs la nomment *papuleuse miliaire, papuleuse conique, lichénoïde,* ou *lichen syphilitique.* Duhring décrit aussi les *petites papules syphilodermiques ;* d'autres la désignent sous le nom de *peau ansérine syphilitique, cutis anserina, chair de poule spécifique.* Les pièces 309 et 474 du musée, le moulage n° 107 de la collection de Fournier, en offrent de beaux exemples.

Ces papules ont le volume d'une tête d'épingle ou d'un grain de millet ; elles sont nettement saillantes, fermes, solides, granuleuses, et donnent au doigt la « sensation d'un petit corps dur et arrondi, d'un grain de millet, par exemple, enchâssé dans le derme » (Fournier). La plupart sont rondes ; un certain nombre sont acuminées ; quelques-unes portent à leur sommet un petit point pustuleux, surtout quand elles sont traversées par un poil. L'éruption est rarement composée exclusivement de papules miliaires ; le plus souvent il existe, disséminées au hasard au milieu des syphilides granuleuses, un certain nombre de larges papules. De cette multiplicité de lésions élémentaires résulte un phénomène qui caractérise la syphilis jeune : c'est le *polymorphisme.* La diversité d'aspect provenant de l'inégalité de volume est encore augmentée par les différents degrés de développement des éléments éruptifs. Ceux-ci en effet apparaissent *par poussées successives*, de sorte que les uns sont déjà vieux quand d'autres en sont encore à naître.

Au début, les papules sont rosées, mais elles prennent assez rapidement une teinte rouge vif, puis rouge sombre et tirant sur le brun, rappelant assez souvent le *maigre de jambon*. Exceptionnellement on observe le reflet cuivré. A la période d'état, elles sont luisantes, vernissées, à la manière de la coque d'*un marron d'Inde*. Plus tard, l'épiderme se fendille au sommet, qui se charge de squames fines et blanchâtres. Parfois la desquamation est assez active pour dénuder la papule, qui apparaît, lisse et rouge, entourée seulement d'une *collerette* dentelée.

Cette collerette, qui n'est pas autre chose que la bordure limitant la brisure de la couche cornée, est surtout marquée autour des larges papules syphilodermiques. Nous avons déjà vu que cette collerette ne devait nullement être considérée comme pathognomonique d'une syphilide (Voy. *Pityriasis rosé*, moulage n° 218, etc.).

Ces papules sont des manifestations précoces de la syphilis et se forment généralement du quatrième au sixième mois. Quelquefois elles ont pu se montrer à la fin de la première année. D'autres fois, elles se sont développées dès le deuxième mois, mais ce retard et cette précocité sont exceptionnels. Elles ont une évolution lente et une assez grande résistance au traitement. L'action du mercure toutefois n'est pas contestable, puisque la durée de ces syphilides *traitées* se compte par des semaines et, dans le cas inverse, par des mois.

Les papules disparaissent par résorption progressive et lente et passent à l'état de *macules*. Ces taches, fortement pigmentées en brun foncé, sont un peu plus larges que les éléments qui leur ont donné lieu ; elles peuvent persister longtemps, huit ou dix mois, après que le néoplasme a disparu, pâlissent peu à peu, perdent la netteté de leurs bords, qui deviennent étoilés, et enfin disparaissent.

La *syphilide papuleuse ponctuée* de Fournier mérite surtout la qualification de *cutis anserina*, de chair de poule, la forme ordinaire étant plus particulièrement désignée par les dénominations de *syphilide granuleuse* ou *lichénoïde* ou de *lichen spécifique*. Elle est formée par de petites saillies grenues dues à des papules, sinon rudimentaires, du moins très-atténuées dans leurs dimensions, le plus souvent squameuses et blanchâtres à leur sommet, d'une abondance excessive, étonnante, criblant la peau : on dirait, dit Fournier, que l'éruption cherche à regagner par le nombre des éléments ce que leur ténuité lui fait perdre. Elle a certains siéges de prédilection : le dos, les flancs, les lombes, les membres. Au contraire, elle évite la face où coexistent des papules lenticulaires.

C'est surtout autour des poils, autour des follets, qu'elle se développe. Il n'est donc pas étonnant que la papule ponctuée ait été signalée par certains auteurs comme traversée au centre par un poil. Et, en effet, on pourrait la considérer comme une folliculite et surtout comme une péri-

folliculite spécifique, parce que la papule, au lieu de se former au hasard, en pleine peau, se développe systématiquement autour de la glande
pilo-sébacée. Aussi, comme ces papules sont disséminées en grand
nombre sur le tronc et sur les extrémités, mais sur celles-ci moins que
sur le tronc, on pourrait les confondre avec les lésions de la *kératose
pilaire*. Mais la kératose est chronique par essence ; elle existe toujours
depuis longtemps et les malades ne peuvent indiquer l'époque de son
apparition ; elle est tellement lente d'évolution que la syphilide est relativement une affection aiguë. Quand, sous une influence quelconque, la
kératose subit une exaspération, la poussée éruptive est beaucoup moins
étendue, plus squameuse, plus prurigineuse et moins néoplasique que
la syphilide. Enfin, la couleur de l'éruption peut servir à en indiquer la
nature. Le diagnostic ne devient vraiment difficile, comme le fait remarquer Duhring, que sur les sujets de race colorée.

La syphilide granuleuse ou syphilide ponctuée pourrait encore être
confondue avec le *lichen scrophulosorum*, le *psoriaris punctata* et quelquefois même avec l'*éczéma sec papuleux*. Nous avons vu une erreur de
ce genre : l'absence de prurit, la coloration spéciale, la netteté, malgré la
petitesse, du néoplasme, et la résistance à toutes les médications habituelles de l'eczéma, eussent dû faire éviter la confusion. L'affection durait
depuis un an ; soumise au traitement spécifique, elle guérit en deux
mois ; la plupart des macules disparurent aussi après un laps de temps
relativement court. Il n'y avait pas d'autres phénomènes spécifiques concomitants.

Le *lichen scrofulosorum* est une affection chronique qui dure pendant des années, qui occupe la face, qui n'a pas de couleur spéciale, dont
les éléments sont inégaux, etc.

Le *psoriasis punctata* se distingue toujours par sa coloration rose mêlée
de jaune, par l'apparence micacée que lui donne le grattage, par le pointillé sanglant que fait naître l'excoriation, par une localisation spéciale,
par son évolution chronique et par ses récidives.

2° *Syphilide papuleuse lenticulaire* ou *nummulaire*. — Comme les
précédentes, les papules sont arrondies ou ovalaires, le plus souvent
exactement circulaires, paraissant tracées au compas et très-nettement
délimitées ; situées dans l'épaisseur de la peau, elles s'élèvent quelque
peu au-dessus du niveau des téguments sains avec lesquels elles se continuent brusquement, sans transition ; elles sont rénitentes au toucher, à
la fois dures et élastiques ; lisses et rouges au début, elles deviennent
ensuite squameuses. C'est sur elles que la *teinte de jambon fumé* atteint
son degré le plus prononcé. La consistance et l'aspect vernissé des papules sont parfois tellement caractéristiques, qu'un seul de ces éléments éruptifs aperçus sur un point quelconque du corps, au front
ou à l'avant-bras, permet de diagnostiquer la vérole soit à l'insu des sujets
observés, soit en dépit de leurs dénégations. La teinte des papules est
parfois si foncée qu'on les croirait hémorrhagiques ; elles laissent dans
ce cas une tache fortement pigmentée qui persiste pendant longtemps.

L'hémorrhagie est formelle chez certains sujets débilités, comme le prouve la syphilide papuleuse hémorrhagique que Lailler a fait représenter (pièce n° 170 du musée). Nous nous souvenons d'en avoir vu un autre cas, il y a deux ans, dans le service d'Ollivier. D'autres fois, c'est la teinte *rouge cuivre* qui est le plus accentuée.

Les papules se développent sur tous les points du corps, soit sous forme d'éruption disséminée, soit sous forme d'éruption localisée ; parfois, elles se groupent pour former des placards. Le front, les régions qui entourent la bouche, la nuque, — surtout chez les femmes, — le dos, les plis de flexion, la face interne des cuisses. l'espace interfessier, sont les régions favorites. Généralement, elles sont nombreuses, mais elles le sont rarement autant que les papules miliaires. Leur période d'apparition, leur évolution, leur coexistence possible avec d'autres lésions syphilodermiques et avec les accidents divers de la période secondaire, sont les mêmes que pour l'éruption précédemment décrite ; nous n'y reviendrons pas. Leurs caractères particuliers sont d'être *larges, plates* et *discoïdes ;* elles sont aussi beaucoup plus communes que les formes granuleuses. On peut dire que la *forme lenticulaire* est celle sous laquelle se présente le plus souvent la vérole cutanée normale au début de la période secondaire : c'est elle qui tient la plus large place dans la syphilodermie. En général les papules ont la largeur d'une lentille ou l'aspect d'une moitié de gros pois. Moins fréquemment, sans toutefois qu'on puisse dire rarement, elles atteignent le volume d'une pièce de 20 centimes ou même d'une pièce de 50 centimes. Fournier donne le nom de *nummulaires* à celles, très-rares, qui atteignent les dimensions d'une pièce d'un, de deux, voire de cinq francs. Plus elles sont larges, moins elles sont nombreuses.

Jamais mieux, dit Fournier, que dans ces syphilides, ne s'accuse la tendance spéciale de la syphilodermie à la forme circinée.

Généralement l'apparition des syphilides papulo-lenticulaires suit de près l'apparition de la roséole. Dans certains cas exceptionnels où la marche de la syphilis était modifiée par l'alcoolisation de la peau et où le chancre avait une existence prolongée et les accidents consécutifs une marche précoce, nous avons pu voir les papules larges apparaître alors que le chancre et la roséole existaient encore.

Les papules se développent en général lentement, dans l'espace de quelques semaines, et restent quelque temps stationnaires ; l'éruption se continue par des poussées successives, de sorte qu'elle est bientôt composée d'éléments à tous les âges de leur développement : aussi, contrairement au psoriasis, n'est-elle jamais simultanément et universellement squameuse (Cazenave). Les dimensions des éléments éruptifs sont inégales :

« Il est très-ordinaire de voir se mêler aux éruptions granuleuses des papules lenticulaires, et il n'est pas rare de trouver à côté de celles-ci des papules presque nummulaires. Les trois formes d'éruptions peuvent même être associées » (Fournier).

Quoique pouvant être généralisées, nous avons vu que les syphilides lenticulaires affectionnent plus particulièrement certains siéges. Ce qu'il y a de remarquable, c'est que telle ou telle localisation leur fait subir des transformations qui modifient leur aspect général et leur forme au point qu'on a pu croire à l'apparition d'autres variétés éruptives. Nous avons dit et nous ne saurions trop repéter que la papule constitue l'élément capital des premières périodes de la syphilodermie. Nous la verrons se modifier selon le siége; elle se modifie également selon le sujet; chez tel malade scrofuleux, on sera surpris de voir une syphilide devenir végétante, verruqueuse, fongoïde, fongueuse même, comme nous en rapporterons plus tard des exemples; tous ces processus ne sont que des papules modifiées. Nous allons examiner quelques-unes de ces transformations selon les localisations.

Chaque fois que les papules se développent sur des points où deux surfaces cutanées sont en contact, elles deviennent plus plates, plus molles, plus humides, s'excorient et suintent; ce sont les *papules érosives* jadis appelées par Legendre *plaques de la peau.*

Chaque fois qu'elles apparaissent sur les commissures labiales, elles prennent un aspect tout différent des papules de même ordre développées dans le voisinage, sur la peau des joues, par exemple. Les papules commissurales sont en *feuillets de livre.*

Chaque fois que les papules siégent au niveau des ailes du nez, elles deviennent sèches, dures, croûteuses même, et revêtent une physionomie tellement spéciale que toute lésion *granuleuse de l'aile du nez* et surtout du sillon jugo-nasal est vraiment significative. Sur le front et sur toute l'étendue de la région temporo-frontale, et même sur les régions pariétales et occipitales, les papules peuvent former une sorte de couronne complète; on trouve ici *une des variétés de la fameuse couronne de Vénus (Corona Veneris).* En effet, sur le front, les papules sont parfois plus volumineuses, plus saillantes, plus dures, plus teintées qu'ailleurs; ou bien elles sont plus nombreuses ou du moins plus serrées et plus visibles; en tout cas les syphilides papuleuses précoces et superficielles suivent volontiers la ligne d'implantation des cheveux sur le front; c'est à la lisière du cuir chevelu qu'il faut les chercher : de là leur comparaison avec un diadème, qui est due, croyons-nous, à B. Bell. Au contraire, sur certains siéges, elles sont tellement aplaties qu'on peut à peine reconnaître leur modalité originelle : telles sont les syphilides papuleuses des régions palmaires ou plantaires.

Toutes ces variétés méritent d'ailleurs des descriptions spéciales qu'on trouvera plus loin.

Une des questions les plus intéressantes que puisse faire naître l'étude des syphilides papuleuses est celle du *diagnostic dermatologique* de la lésion. Pour la variété *papuleuse lenticulaire* qui nous occupe pour l'instant nous n'aurons à discuter que les diagnostics différentiels suivants :

1° Avec une éruption récente de *psoriasis guttata* jeune. En effet, comme il sera question plus loin du psoriasis recouvert d'épaisses couches épidermiques, nous n'avons à examiner ici que le psoriasis accompagné de squames peu abondantes, c'est-à-dire le *psoriasis lenior* ou *récent*, caractérisé par une éruption papuleuse, peu prurigineuse, à marche chronique, de coloration rouge ou rosée, etc.

. Or, les papules spécifiques sont plus rondes, plus petites, mais plus dures, plus résistantes et plus saillantes ; elles ont *plus de corps* et sont nettement sensibles au doigt. Enfin, elles font partie d'une éruption papuleuse ici, érythémateuse là, croûteuse ailleurs, en un mot, polymorphe. A titre d'exemples de syphilides à papules psoriasiformes, voir les nᵒˢ 219, 220, 727, du musée, 358 et 14 de la coll. part. de Fournier.

Les papules psoriasiques sont plus minces, plus étalées ; elles regagnent en largeur ce qu'elles perdent en épaisseur, et ne sont que peu perceptibles au toucher.

Les papules spécifiques sont d'une coloration rouge, mais d'un rouge foncé et sombre, tirant sur le brun ou sur les tons cuivrés.

Les papules psoriasiques sont d'une coloration rouge, mais plutôt rose et tirant sur le jaune. La teinte est réellement et nettement spéciale et suffit souvent seule à imposer le diagnostic.

Le psoriasis jeune, quoique peu prurigineux — excepté quand il est exaspéré par l'alcoolisme — cause toutefois plus de démangeaisons que les syphilides.

Les syphilides sont luisantes, lisses, vernissées.

Les *psoriasides* sont toujours trop squameuses — même quand elles le sont peu — pour être brillantes.

Celles-ci sont moins disséminées au hasard ; elles siègent plus spécialement aux coudes et aux genoux ; en tous cas, elles sont moins généralisées.

Les syphilides aiment les épaules, le cou, la nuque principalement et, d'une manière générale, plutôt le côté de la flexion que celui de l'extension. Elles siègent sur les organes génitaux, autour de l'anus. Les psoriasides sont non-seulement squameuses, mais elles sont sèches ; les syphilides papuleuses sont souvent érosives, humides, ainsi qu'on les voit au nombril, aux aisselles, au scrotum. Rappelons à ce propos un cas qui prouve qu'en dermatologie il faut toujours avoir l'esprit en éveil. Il s'agissait d'un homme du service de Besnier entrant pour des papules du cuir chevelu et du scrotum. Les unes, cachées sous une chevelure crasseuse et en désordre, semblaient croûteuses ; les autres, au scrotum, étaient absolument humides et suintantes. Besnier pensa d'abord avoir affaire à des syphilides. Deux jours plus tard, le malade était transformé : les cheveux avaient été coupés ras, le corps lavé dans un bain, le scrotum bien essuyé ; l'éruption se montra dès lors avec tous les caractères du psoriasis le plus net.

Ce fait est très-instructif, car, pour qu'un œil aussi exercé que celui de Besnier ait été mis momentanément en défaut, il a fallu que des conditions tout artificielles, telles que la malpropreté et la sueur, aient créé une imitation fort réussie. Il y aura donc lieu de se tenir en garde de ce côté.

Les syphilides ont des dimensions plus égales et une tendance plus constante à la *forme ronde, cette forme qu'on retrouve à chaque pas en syphilis, depuis l'érosion chancreuse jusqu'à l'ulcération gommeuse.*

Enfin, comme les syphilides papuleuses sont des manifestations précoces de la syphilis, elles sont fréquemment mélangées avec des modalités éruptives d'ordre différent. Le polymorphisme de la syphilis jeune est en effet un excellent élément de diagnostic différentiel.

Nous devons d'ailleurs dire tout de suite que nous ne venons d'exposer qu'une des faces du diagnostic différentiel des syphilides et des psoriasides. Cette discussion devra être continuée tant qu'il ne sera pas question de syphilides ulcéreuses, car il n'est pour ainsi dire pas de syphilides papuleuses ou papulo-squameuses, voire papulo-croûteuses, et à plus forte raison de lésions en nappe ou en placard, à l'occasion desquelles le diagnostic de psoriasis ne puisse être posé, sans compter les cas si fréquents où les deux affections coexistent.

2° Nous avons eu sous les yeux, dans le service de Fournier, un fait qui nous a trop frappé pour être passé sous silence.

Il s'agissait d'un malade, marinier et alcoolique, qui vint consulter pour une éruption papuleuse développée d'abord assez brusquement sur les épaules, sur les régions dorsales des mains et des avant-bras, sur la face antéro-externe des jambes, sur la face antéro-interne des cuisses et jusque sur le pubis, où plusieurs éléments éruptifs avaient même formé par leur confluence un placard large, dur, aplati. Il n'y avait ni squame, ni démangeaison ; aucune blennorrhagie, aucun rhumatisme, aucun mouvement fébrile. Les papules étaient saillantes, résistantes, d'une coloration rouge, mais d'un rouge foncé tirant à la fois sur le brun et sur le violet ; elles étaient lisses, brillantes, vernissées.

Le cas était difficile ; il fut soumis à l'examen de la plupart des médecins si experts de l'hôpital Saint-Louis. Deux diagnostics furent portés et chacun fut défendu avec ardeur, avec talent, avec de bonnes raisons : avait-on affaire à des syphilides à grosses papules, à papules presque tuberculeuses, quoique secondaires, ou bien à un *érythème papuleux arthritique* affectant une forme exceptionnelle ? Les papules étaient plus saillantes que d'habitude ; elles avaient des localisations peu communes (pubis, cuisses) ; elles étaient plus nombreuses et plus disséminées que d'ordinaire ; elles n'étaient accompagnées ni de taches d'érythème simple ni de bosses d'érythème noueux ; elles étaient d'une coloration sombre tirant sur le violet, mais sans mélange de rouge ni même de carmin. Pendant trois semaines environ l'éruption demeura stationnaire, mais le diagnostic oscilla à plusieurs reprises d'une affection à l'autre, c'est-à-dire entre deux dermatoses offrant d'ordinaire peu d'analogie ; puis l'éruption, contre laquelle d'ailleurs aucun traitement actif n'avait été dirigé, rétrograda peu à peu, pâlit, s'affaissa, aboutit à une légère desquamation, puis disparut complétement, sans même laisser de trace pigmentée : il s'était agi d'un *érythème papuleux arthritique.* Fournier nous a bien recommandé de noter les hésitations, les oppositions si instructives du diagnostic dans ce cas particulier. Il fallut, en vérité, que l'éruption fût entourée de symptômes bien exceptionnels pour tromper ainsi ou pour tenir en suspens des médecins expérimentés ! Un seul de nos maîtres pensa dès le début à l'érythème simple et, malgré tant d'obscurités, soutint ce diagnostic. Il appuyait sa conviction sur ce fait que la prétendue papule diminuait de volume et tombait même à rien quand on exerçait sur elle une pression forte et prolongée. Et en effet, si l'on venait à serrer entre les doigts et à écraser pour ainsi dire la papule, on s'apercevait bientôt que l'on avait affaire, non pas à une néoplasie, mais à une infiltration œdémateuse ou séro-sanguine du derme. La turgescence de la peau était telle qu'au début la diminution de volume était peu importante, mais plus tard l'aplatissement de la lésion devint fort net. Il y a donc lieu de retenir ce procédé d'investigation dermatologique qui est dû à Besnier.

3° Nous devons dès maintenant dire quelques mots d'une éruption sur laquelle nous aurons plusieurs fois à revenir en discutant le diagnostic des syphilides, car, si elle est papuleuse à une certaine période de son existence, elle peut devenir aussi très-remarquablement orbiculaire ou bien former des placards larges, durs et épais : nous voulons parler du *lichen plan* (lichen planus d'E. Wilson). Au début cette éruption est formée d'un grand nombre de papules typiques, mais microscopiques, plates, luisantes, scintillantes même (presque autant que les mille yeux d'un *bouillon gras*, que l'on nous permette cette comparaison un peu triviale, mais exacte); plus tard ces micropapules forment des agglomérats et de petits îlots qui rappellent les papules agminées, au point que, au dire de Fournier, les éruptions de ce genre étaient presque constamment prises autrefois pour des syphilides (pièce n° 516).

Mais les îlots papuloïdes, précisément parce qu'ils sont formés par confluence, ne constituent pas une éruption de volume uniforme; les éléments ne sont pas égaux entre eux; ils sont aussi, excepté dans la forme circinée, beaucoup moins régulièrement et moins généralement arrondis. De plus, le lichen plan est extrêmement prurigineux, et, lorsque les deux affections coexistent, ainsi que nous l'avons observé sur un malade de Fournier, les sujets savent fort bien indiquer, à cause des démangeaisons, les placards qui ressortissent à l'une ou à l'autre. D'ailleurs la coloration est différente : celle du lichen n'est pas rouge, mais violacée, bleuâtre, noirâtre même, tant la proportion de pigment l'emporte sur l'hyperémie ; sa consistance n'est pas élastique, mais dure, très-sèche, parfois absolument cornée.

3° **Syphilides papuleuses en nappe**. — Au lieu d'être dissociés et disséminés, les éléments éruptifs peuvent être non-seulement localisés et groupés, mais agminés de telle façon que les papules, serrées les unes contre les autres, se touchent et se confondent : il en résulte un placard épais, sorte de *syphilome* infiltrant la peau dans toute son épaisseur ; on trouve autour de la lésion principale un certain nombre d'éléments isolés, espèces de satellites gravitant autour du placard ca-

pital, qui en montrent la nature et expliquent le mécanisme de sa formation. De là le nom très-juste de *syphilides papuleuses en nappe* qui
leur a été donné par Fournier, et qui est infiniment préférable au mot
vague, mal déterminé et peu scientifique, de *plaque de la peau*, adopté
par quelques auteurs.

Ces *nappes papuleuses* atteignent de 1 à 5 centimètres carrés de largeur ; parfois même elles sont beaucoup plus etendues et occupent toute
une région. Tel est le cas rapporté par A. Fournier où tout le mont de
Vénus, la vulve, le périnée et une partie de la fesse gauche, étaient
envahis ; les grandes lèvres, infiltrées et tuméfiées, à la fois molles et
dures, avaient la consistance élastique du parchemin, à part la confluence.

Les *syphilides papuleuses en nappe* n'ont d'ailleurs pas d'autres caractères que ceux que nous avons reconnus aux syphilides papuleuses
simples.

On ne songera plus alors au psoriasis guttata ; c'est avec le *psoriasis
en plaques* ou *psoriasis nummulaire* que le diagnostic devra être établi
ici. Outre les caractères différentiels indiqués précédemment, il y a
lieu de signaler dans la syphilide une infiltration, un épaississement
beaucoup plus considérable ; c'est l'exagération du fait déjà signalé pour
les papules isolées qui sont perceptibles par la pulpe digitale. Ici, au
contraire, le phénomène existe sur une étendue assez considérable et il
faut, pour l'apprécier, plisser la peau et la rouler entre les doigts : on
sera frappé ainsi de la minceur notablement plus grande de l'infiltrat
psoriasique. Besnier insiste beaucoup sur ce signe parce qu'il croit que
c'est le seul qui ne puisse pas être exactement simulé par le psoriasis.
Rappelons encore que la coloration des syphilides est plus foncée, la
desquamation moins abondante et moins généralisée, le revêtement plutôt
croûteux que plâtreux, quand il est épais ; que les siéges ne sont pas les
mêmes, que les syphilides aiment les organes génitaux (*pudendagra*),
le pourtour de l'anus, les surfaces de flexion plutôt que celles d'extension,
et qu'enfin il y a généralement des éléments papuleux isolés munis des
caractères connus (pièce n° 446).

Nous avons vu quelle était l'intensité relative que prenaient ordinairement ces caractères par rapport les uns aux autres. Que l'un quelconque d'entre eux vienne à être atténué ou exagéré sans être suivi des autres, l'équilibre est rompu et la physionomie de telle ou telle syphilide
est altérée : de là un certain nombre *de variétés*.

I. *Variétés tenant aux symptômes objectifs.* — A. La *desquamation*, habituellement peu accusée, peut être abondante. Les couches squameuses sont blanches ou grisâtres et donnent à la syphilide une ressemblance parfois fort grande avec le psoriasis vulgaire. On observe même
des cas, dit Fournier, où le diagnostic de ces deux éruptions est assez
délicat pour tenir en échec les praticiens les plus experts : de là le nom
bien mérité de *syphilide psoriasiforme*, qui doit être préféré à celui de
psoriasis syphilitique.

La syphilide psoriasiforme est caractérisée par une plaque de la largeur d'une pièce de 50 centimes ou d'un franc. Cette plaque est formée par la confluence d'un certain nombre de papules très-rapprochées les unes des autres, bien plutôt que par le développement considérable d'une seule papule; ce qui le prouve, c'est qu'il n'est pas rare de trouver des placards psoriasiformes sur lesquels la forme papuleuse primordiale des éléments — qui se touchent au point de se confondre presque — reste cependant très-nettement conservée et très-manifeste; ces syphilides, psoriasiformes au premier chef, ressemblent fort à des rosaces et pourraient être qualifiées de *syphilides en rosace.* Nous avons vu, dans une forme grave de syphilis, la syphilodermie être constituée presque exclusivement par des éléments de cet ordre; ils existaient en assez grande abondance sur les genoux, au niveau et autour de la rotule, et étaient tellement psoriasiformes que, si l'on n'avait pas vu l'ensemble de l'éruption, il eût été impossible, croyons-nous, de porter avec certitude le diagnostic *objectif* de syphilides. Elles appartenaient à la variété *papulo-circinée.* Quelquefois le centre est sain; d'autres fois il est infiltré. Dans d'autres cas, et il faut bien reconnaître qu'ils ne sont pas rares, la fusion est tellement complète, et elle s'est faite parfois si rapidement, qu'il est impossible de savoir si le placard est composé ou non d'une série de papules primitivement indépendantes. Dans ces cas, le placard peut atteindre la largeur d'une pièce de cinq francs en argent, de la paume de la main et même davantage, il est moins dur et moins sec que dans le psoriasis vrai.

Quoi qu'il en soit, la syphilide psoriasiforme est d'une coloration mixte résultant du mélange des teintes « rouge maigre de jambon fumé » et « cuivre rouge ». Elle est entourée d'un liséré blanc et recouverte d'écailles blanches, dures, sèches, stratifiées. Ordinairement ces écailles sont peu larges, peu lamelleuses, et elles sont en assez grand nombre pour que le grattage n'arrive pas à les enlever toutes d'un seul coup.

Toutefois, elles sont moins fines, moins ténues, moins petitement égales, moins sèches, moins brillantes, moins micacées que celles du psoriasis simple. Le grattage fait bien apparaître l'aspect qualifié justement de *tache de bougie,* mais d'une façon moins accentuée et moins constante que pour le vrai psoriasis. Enfin, quand on a décollé entièrement l'opercule squameux, on trouve une surface uniformément dénudée, suintante ou saignante, mais non le fin pointillé sanglant caractéristique du psoriasis (signe de Hébra et de Besnier); d'une manière générale, les syphilides saignent moins que les psoriasides sous l'influence de l'abrasion artificielle. Cazenave insiste avec beaucoup de raison sur ce que, dans le cas où il existe un grand nombre de papules, l'éruption n'est jamais *aussi uniformément ni aussi constamment* squameuse dans la syphilis que dans le psoriasis. Dans la syphilis il y a toujours quelques éléments papuleux purs, rouges, lissés et vernissés, cuivreux ou jambonnés. Enfin, il est bien rare que sur le nombre de syphilides on n'en trouve pas quelques-unes croûteuses. Or le psoriasis n'est jamais spontanément croûteux. Malgré tous ces symptômes, il est parfois très-difficile, nous le répétons à dessein, de faire objectivement le diagnostic.

Plusieurs exemples de ces difficultés diagnostiques nous sont restés dans la mémoire. Dans un cas, il s'agissait d'une jeune fille blonde et robuste atteinte de syphilis depuis huit mois ; l'infection était très-accentuée, plutôt par défaut de traitement hydrargyrique que par gravité essentielle. Une éruption abondante occupait la nuque et le dos ; elle était composée de taches psoriasiformes, comme ou peut en juger par le moulage n° 219 du musée de l'hôpital Saint-Louis. Les antécédents, l'apparition récente et primitive, l'évolution rapide et pourtant l'absence de prurit, la non-généralisation et l'abondance moindre de l'éruption, ainsi que sa localisation, non pas aux coudes et aux genoux, mais à la nuque et au tronc, indiquèrent la nature de l'affection. Au contraire, l'examen limité aux seuls caractères objectifs de la dermatose n'eût guère éclairé le diagnostic pathogénique.

Un autre cas se rapportait à une malade, syphilitique depuis dix-huit mois, affectée depuis trois mois d'un petit nombre de larges placards psoriasiformes, durs, saillants, épais, rouges et squameux ; les éléments éruptifs occupaient le tronc et la région lombo-sacrée, ainsi que la face ; là, ils formaient notamment une sorte de masque étendu symétriquement et sur la ligne médiane du front à la lèvre supérieure, à l'exclusion absolue des régions latérales et du cuir chevelu. Ce furent cette disposition, un très-léger reflet vernissé et cuivré, une moindre apparence micacée par le grattage, quelques fragments de cercle disposés çà et là à la périphérie de la lésion, le caractère discret de l'éruption, en un mot, ce furent quelques nuances qui décidèrent Fournier à incriminer la syphilis ; ce diagnostic fut d'ailleurs confirmé par la marche de l'affection et notamment par sa disparition rapide sous l'influence du sirop de Gibert.

Dans un troisième cas de syphilide psoriasiforme où nous avons observé de grandes difficultés de diagnostic, car la syphilide affectait une forme rare et simulait la *psoriaside annulaire plâtreuse*, il s'agissait d'une femme atteinte de *syphilis sincèrement ignorée*. Une éruption composée de deux placards (pas plus de deux), l'un très-large, l'autre moins étendu, occupait la moitié inférieure de la région du sternum et le creux épigastrique. La dermatose est très-remarquable ; on en trouvera la reproduction au musée de l'hôpital (moulage n° 740). La nature syphilitique de la lésion fut affirmée pour les raisons suivantes :

1° La localisation, le siége topographique, le nombre des éléments éruptifs, qui ne sont pas ceux du psoriasis ;

2° La marche excentrique très-lente ; la lésion avait mis 5 à 6 mois pour se développer et elle n'avait jamais existé auparavant ni là ni ailleurs ;

3° L'existence d'une infiltration dermique certaine, bien que très-légère ; sur le bourrelet, l'existence de croûtes squammiformes plutôt que de squames vraies ;

4° L'irrégularité relative des anneaux, lesquels sont toujours beaucoup plus élégamment arrondis dans le psoriaris rubané ;

5° L'existence d'un placard latéral, plus petit, et enfin ce fait de trouver deux lésions en un point anormal et de n'en découvrir aucune autre ailleurs.

Ici encore le diagnostic fut confirmé par l'épreuve thérapeutique.

Dans d'autres circonstances il y a lieu de tenir compte des antécédents des malades, du *facies fracastorien*, comme dit si bien Fournier.

La durée des syphilides psoriasiformes est toujours assez longue ; toutefois, elle n'est pas chronique avec des répétitions analogues, comme il arrive pour le psoriasis. Cette persistance n'est souvent en rapport qu'avec une insuffisance des doses hydrargyriques. En effet, ainsi que nous l'avons constaté dans le premier des deux cas précédemment rapportés, l'éruption, longtemps stationnaire, ne disparut que quand les hautes doses de protoïodure (10 centigr.) eurent été ordonnées. Toutefois, même avec les hautes doses, la durée de cette dermatose spécifique est plus grande que celle des accidents équivalents non psoriasiformes. Cette ténacité est encore affirmée par l'hyperchromie des taches qui succèdent à l'éruption. Nous avons déjà vu que la nature syphilitique et la longue durée d'une dermite étaient les deux conditions essentielles de la production des hyperpigmentations. Celles-ci sont d'autant plus prononcées et plus tenaces elles-mêmes, que le sujet est plus débilité ou plus alcoolique.

A la période maculeuse, le diagnostic différentiel doit être posé entre syphilide et lichen plan. Dans cette dernière affection, les taches ont succédé à des lésions extrêmement prurigineuses ; elles sont plus brunes et plus foncées encore que celles des syphilides ; au loin elles ont une teinte chocolat parfois très-marquée, tandis que les taches syphilitiques ont une pigmentation vineuse ou cuivrée ; de plus, elles sont cicatricielles dans la syphilis ou gaufrées, alors même qu'il n'y a pas eu d'ulcération.

B. Nous avons déjà remarqué que les syphilides avaient une tendance marquée à *s'agrandir excentriquement*. Ce fait peut avoir lieu même pour les syphilides papuleuses, surtout pour celles qui ont une certaine étendue. Après être restées plus ou moins longtemps stationnaires, on les voit se guérir au centre, alors que, à la périphérie, de nouvelles papules apparaissent encore ou tout ou moins que les anciennes papules conservent toute leur activité. La portion centrale s'affaisse, se déprime insensiblement. Cette dépression n'est bien marquée que parce qu'elle est limitée par des bords saillants, car elle n'existe pas par rapport à la peau saine. Elle paraît d'autant plus accentuée que la circonférence est rouge et rosée et que le centre prend une teinte bistrée ou maculeuse formant une sorte d'ombre creusante. De là un aspect *bicolore* ou *en cocarde*, qui constitue un signe presque pathognomonique de la papule spécifique (coll. part., pièce n° 178, et musée, pièces n° 555, 557).

I. Soit que le processus syphilodermique continue, soit que les papules, se développant très-près les unes des autres et se fusionnant, affectent d'emblée une disposition circinée, la syphilis décrit parfois sur la peau de merveilleux *anneaux papuleux*.

C'est du 6e au 18e mois d'ordinaire que l'on observe cette variété de syphilide, désignée sous le nom de *syphilide papulo-circinée* (*Voy*. musée, n°s 438 et 755).

Le cercle ainsi décrit peut être ébauché en coup d'ongle, en demi-lune, en demi-cercle, en croissant; sous cette forme il peut être placé à côté de plusieurs autres qui se touchent et se continuent par leurs bords de façon à réaliser une série de festons ou d'arcades. D'autres fois, ces mêmes éléments sont disséminés irrégulièrement, au hasard.

D'autres fois, la papule rubanée, comme dit Fournier, se contourne sur elle-même en spirale, en hélice, en ammonite (exemples, musée, pièce n° 102, coll. part. de Fournier, pièces 173 et 222).

Ou bien le cercle peut être complet et aussi parfait que s'il eût été tracé au compas. On peut en voir dans le moulage n° 832 un magnifique exemple. Les cercles sont d'une régularité surprenante; il n'est pas de lésion annulaire qui puisse l'être plus exactement.

On peut juger de la difficulté du diagnostic en comparant cette pièce avec le cas de psoriasis circiné, n° 722. Dans la psoriaside, la couleur est plus rosée, plus claire et en même temps un peu mélangée de jaune; l'éruption est aussi plus abondante. Dans la syphilide, quelques cercles, au lieu d'être exclusivement squameux, sont légèrement croû-teux. Telles sont les nuances qui, seules parfois, permettent de distinguer la nature de la dermatose.

La fusion des éléments papuleux est le plus souvent si complète qu'on se croit en face d'un syphilome constitué d'une seule pièce. D'autres fois, la fusion est imparfaite ; les papules sont plutôt cohérentes que confluentes : elles sont alors disposées à la façon des perles d'un collier.

A moins que la syphilis ne soit déjà ancienne, les syphilides papulo-circinées n'existent pas seules ; mais, mélangées à des papules isolées, elles contribuent à créer le type polymorphe. Cette disposition est souvent très-précieuse à constater pour le diagnostic des syphilides qui nous occupent.

Le diagnostic doit être débattu entre cette forme de syphilide, d'une part, le psoriasis circiné, l'érythème hydroïque annulaire, l'érythème bulleux circiné (pseudo-pemphigus), arrivé à la période de dessiccation, les dermatoses parasitaires érythémateuses, marginées régulièrement ou non, et le lichen plan cerclé, d'autre part.

Pour le psoriasis, nous n'avons rien à ajouter à ce qui précède. Les érythèmes parasitaires sont desquamatifs, mais ils ne sont pas accompagnés d'un néoplasme papuleux ; ce n'est qu'exceptionnellement, et dans les cas où la lésion, artificiellement imitée, se complique de l'inflammation des follicules, qu'il y a apparence d'infiltration de la peau, mais alors même il n'y a que de la tuméfaction. Enfin, dans les squames, le microscope permettra de découvrir des spores caractéristiques. Pour l'hydroa, la forme arrondie est non moins parfaite que dans la syphilide, mais il n'y a pas d'autre ressemblance; l'absence de papules périphériques, de squames, la présence sur un grand nombre de points, sinon sur tous, d'une vésicule ou d'une bulle centrale, et, quand le contenu s'est échappé, le soulèvement épidermique, la coloration rouge centrale, la teinte bleue périphérique, la localisation, la marche spéciale, sont autant de caractères différentiels entre les deux éruptions. Nous n'aurions même pas discuté la question, si nous n'avions assisté, dans les cas où la vésicule centrale était avortée, à de fréquentes erreurs de diagnostic, dues à la seule orbicularité de la lésion. Et pourtant, l'importance de l'erreur n'échappera à personne. Quant au lichen plan circiné, le diagnostic est bien autrement délicat, et il faut presque avoir fait des études spéciales de dermatologie pour le porter avec certitude. La lésion est remarquablement arrondie, mais les papules qui la constituent sont anguleuses à leur base; elles sont beaucoup plus serrées, plus plates et plus petites; celles qui se sont développées autour des cercles principaux, vues à la loupe, sont ombiliquées; la marche est plus chronique, la ténacité beaucoup plus grande, la dureté et la sécheresse plus marquées, les placards moins nombreux; la couleur du lichen est plus foncée, elle a des reflets bleuâtres, vitreux et luisants. Le prurit est extrêmement prononcé.

On en verra de beaux exemples au musée, notamment les pièces n°s 629 et 772. La pièce 516 notamment est un lichen plan circiné qui fut pris pour une syphilide.

Au lieu d'être disposées en cercles, les papules peuvent être confluentes, mais rangées de façon à figurer un carré, un rectangle ou bien un losange, comme on peut en voir deux moulages dans la collection de Fournier et un au musée (Ex. de syphilide losangique, pièce n° 173).

C. Nous devons maintenant signaler une forme dont l'évolution est fort intéressante à étudier; nous voulons parler de la *syphilide en corymbe*, ainsi désignée parce que sa disposition rappelle le mode d'inflorescence de ce nom. Elle débute par une papule douée de tous les caractères des papules spécifiques; cette papule est plus large que les papules communes. Quelques jours après, deux, trois ou quatre jours au plus, autour de ce syphilome cutané, on voit apparaître une rangée de petites et fines papules, rappelant celles qui caractérisent la syphilide lichénoïde, puis les éléments de la rangée se multiplient et forment un cercle complet autour de la papule. Bientôt une nouvelle série de fins éléments papuleux se montrent autour de la première rangée et l'enveloppent comme elle avait elle-même enveloppé la grosse papule. Un nombre plus ou moins considérable de rangées analogues se développe successivement de manière à former une zone éruptive circulaire ou ovalaire, qui peut être assez étendue. Parfois les papules secondaires ne sont pas disposées exactement d'une façon concentrique, mais elles sont jetées et comme émiettées sans ordre autour de la papule principale. Quoi qu'il en soit, ce qu'il faut bien retenir, c'est l'apparition autour d'une grosse papule centrale d'un certain nombre de papules moins volumineuses et devant toujours rester petites, sortes de satellites qui gravitent dans l'orbite de l'élément primordial. Cette disposition diffère donc de celle que nous verrons plus loin caractériser les îlots de tubercules syphilitiques groupés, en ce sens que les éléments ultérieurement apparus autour d'un tubercule primitif arrivent à avoir le même volume que lui.

Ce groupement éruptif singulier a été remarqué et baptisé de vieille date ; il est caractérisé aussi par une durée assez longue et par les macules qui lui succèdent et qui permettent longtemps après de faire le diagnostic. Celui-ci, d'ailleurs, est facile, car l'absence de prurit et la disposition en corymbe sont pathognomoniques de la vérole (*Voy.* pièces n°s 191, 192).

D. L'exagération seule et la grossièreté des symptômes habituels peuvent donner une physionomie spéciale aux syphilides : de là la variété *papulo-hypertrophique* pouvant atteindre les syphilides croûteuses de la peau, aussi bien que les syphilides muqueuses et le chancre lui-même (*Voy.* la pièce 828 du musée).

II. *Variétés tenant au siège.* — Nous en avons déjà indiqué un certain nombre quand nous avons signalé les modifications que faisaient subir à l'éruption papuleuse l'humidité ou la malpropreté de certaines régions.

a. C'est ainsi que le contact prolongé de deux surfaces cutanées, comme on le voit à la vulve, au gland, à l'aisselle, au nombril, sous les seins tombants des femmes grasses, excorie les papules et peut, quand elles sont plates, nombreuses et suintantes, leur donner un aspect *eczématiforme* assez marqué (Voy. *Syphilides érosives de l'aisselle*, pièce 709).

b. De même, lorsqu'une papule se développe sur une région où la peau est normalement ou fréquemment plissée, il arrive souvent qu'elle se fendille et se creuse en sillon ou en crevasse. C'est ce qui arrive aux commissures labiales (syphilides papulo-érosives en feuillet de livre), au sillon mentonnier, à la jonction du pavillon auriculaire et de la peau, à l'aile du nez, etc.

c. Dans ce dernier point, on peut voir apparaître le long du sillon nasojugal « une série de petites élevures grenues, comme verruqueuses, » ou papilliformes, sèches, grisâtres, croûtelleuses ou squameuses. Elles semblent constituées par une hypertrophie papillaire revêtue de couches séborrhéiques ou de lamelles cornées. Ricord et Fournier l'ont décrite sous le nom de *syphilide granulée des ailes du nez* et la considèrent « comme un témoignage certain de vérole ». Au sillon mento-labial elle attire souvent l'œil par son aspect mûriforme. Fournier la signale exceptionnellement dans le sillon auriculo-temporal ; nous ne l'y avons jamais rencontrée.

d. Nous ne reviendrons pas sur la variété papuleuse de la *Corona Veneris*.

e. A la plante des pieds, et surtout à la paume des mains, et même à la face palmaire des doigts, les syphilides papuleuses et papulo-circinées prennent un aspect spécial signalé pour la première fois par P. Borgarucci (1566) ; on les désignait jadis sous les noms de *psoriasis pal-*

maire et plantaire syphilitique. Cette dénomination, détestable de tous points, tombe d'ailleurs dans un oubli mérité. Ce qu'il faut bien savoir, c'est que les surfaces palmaires ou plantaires sont susceptibles, comme toute autre région du corps, d'être atteintes par *toutes* les espèces de syphilides ; tout au plus constituent-elles un siége particulièrement affectionné par les éruptions spécifiques.

On y trouve des syphilides papuleuses, papulo-squameuses, papulo-circinées, des syphilides tuberculeuses, tuberculo-ulcéreuses, voire des gommes, de véritables gommes ulcérées. De tous ces faits on peut voir au musée des exemples remarquables (n°s 98, 225, 245).

Si l'aspect des lésions est ici différent de celui des lésions correspondantes des autres régions du corps, cela tient uniquement au siége et non pas à la nature de l'accident. Qu'on n'aille donc pas croire que le *prétendu psoriasis palmaire et plantaire* soit constitué par des éléments spéciaux. Ce sont des papules, soit isolées, soit groupées, soit fusionnées et disposées en cercle, tout comme celles que nous avons étudiées précédemment. Elles sont seulement plus plates et plus squameuses à cause de la texture anatomique du siége qu'elles occupent, de même que, si elles sont crevassées et parfois saignantes et croûteuses, c'est qu'elles subissent les petites complications que toute syphilide revêt quand elle s'est développée au niveau de plis cutanés. Nous verrons même qu'il n'en est pas autrement sur les muqueuses, notamment à la langue. Nous pouvons même dire dès maintenant que, en raison de la similitude des dispositions anatomiques, les lésions palmaires et plantaires coexistent fréquemment avec des accidents de même ordre et de même nature développés sur le dos de la langue. Ce qui prouve bien que la raison anatomique domine toute la question, c'est que le fait ne se rencontre pas seulement dans la syphilis, mais dans les affections arthritiques, l'eczéma, par exemple, et même dans des lésions d'ordre simple, comme Caspari, Unna et d'autres l'ont démontré et comme nous le dirons plus loin quand nous étudierons les syphilides des muqueuses. Nous rencontrerons encore là une variété de psoriasis syphilitique qui ne mérite pas moins que le précédent de disparaître.

Étudions maintenant les syphilides papuleuses et papulo-circinées qu'Astruc appelait les *rhagades* des surfaces palmaires et plantaires.

1° Ces *syphilides papuleuses* sont plus fréquentes aux mains qu'aux pieds : ce sont donc les premières que nous prendrons comme types. Cette affection est ordinairement *symétrique,* de telle façon que, si on l'observe sur une main, on doit la rechercher sur l'autre et sur les surfaces plantaires ou réciproquement ; toutefois elle est, pour des raisons purement mécaniques, plus fréquente, plus accentuée et plus tenace à droite qu'à gauche. Notons que l'unilatéralité est possible.

En même temps que des papules apparaissent sur tout le corps, on peut en voir sur les mains, notamment à la face palmaire, soit métacarpienne, soit digitale, et plus spécialement encore au niveau des plis articulaires. D'abord peu colorées, elles deviennent rosées, puis rougeâtres; elles sont arrondies, comme les papules du reste du corps, mais moins larges; atteignant parfois les dimensions d'une lentille, elles ont ordinairement la grosseur d'une forte tête d'épingle; probablement à cause de l'épaisseur de la couche cornée épidermique que le néoplasme refoule devant lui, les papules sont ici plus aplaties que dans les autres régions; mais leur consistance n'est pas en rapport avec leur volume ni avec leur coloration, et souvent c'est le toucher, autant que la vue, qui les fait découvrir. Parfois même leur rénitence est si fortement accusée qu'on les prendrait presque pour des *grains de plomb* ou pour des *têtes de clou* enchâssés dans la peau (Fournier). Presque aussitôt qu'elles sont formées elles se mettent à desquamer, mais, au lieu d'être finement squameuses, elles sont ici lamelleuses et écailleuses, ce qui les rend sèches et rugueuses. Les unes sont couvertes de débris épidermiques, les autres, dénudées et bordées par une collerette blanche et dentelée, apparaissent avec leur coloration rouge sombre caractéristique.

Là comme ailleurs, bien qu'en général les papules y soient relativement moins abondantes, les éléments éruptifs peuvent être confluents et former des placards dont la largeur peut atteindre celle d'une pièce de cinq francs en argent; rarement, Fournier pourtant l'admet, un élément papuleux isolé peut atteindre le diamètre d'une pièce de 20 centimes. Le plus souvent, dans les cas de plaques étendues, on a affaire à une *syphilide papuleuse en nappe*.

2° Ces plaques affectent volontiers une direction parallèle à celle des plis de la peau.

En certains cas rares, la paume de la main se présente envahie sur une très-grande étendue ou même presque *en totalité* par des plaques de ce genre.

Au lieu d'être disséminées au hasard, les papules peuvent avoir des localisations préférées: c'est ainsi que parfois on est frappé de leur apparition presque exclusive et systématique au niveau des plis articulaires des faces palmaires et digitales. C'est là surtout qu'elles deviennent promptement confluentes et forment des lésions allongées, coupant transversalement les doigts comme les plis eux-mêmes. C'est au niveau de ces plis que des crevasses et des rhagades se produisent et qu'il peut se former d'étroites ulcérations parfois profondes, presque toujours très-douloureuses, souvent recouvertes de croûtes; mais la plupart du temps la lésion reste sèche, même en ces points, et l'on voit les sillons normaux du derme s'accuser par une série de hachures parallèles d'un blanc plâtreux.

3° Comme sur le tronc, les papules peuvent, à une période où la syphilis commence à discipliner ses manifestations tégumentaires d'après un type méthodique, affecter la *forme circinée*, soit que les papules restent voisines, mais encore indépendantes, soit qu'elles se confondent au point de produire une lésion rubanée continue. Même dans ce cas, la blanche bordure périphérique due à la brisure épidermique rappelle par de petites arcades la forme des éléments primordiaux. La syphilide peut dessiner un cercle incomplet, ou une circonférence parfaite, ou une série d'arcades qui peuvent occuper la totalité de la région et même, aux pieds, la déborder latéralement en dedans. Çà et là on trouve à la périphérie de la lésion des bords festonnés nettement arrêtés qui sont les vestiges des éléments primitifs. Legendre rapporte un fait fort étonnant : Dans un cas de syphilide cornée qui occupait la face palmaire des doigts, l'affection était groupée de telle façon que, quand les doigts étaient rapprochés les uns des autres, on saisissait parfaitement la disposition demi-circulaire générale de l'éruption, qui passait d'un doigt à un autre avec la régularité d'une ligne tracée au compas.

A l'état habituel, les syphilides papuleuses groupées offrent une certaine rénitence comparée par Fournier à la sensation d'un fort parchemin. Assez fréquemment, la rénitence devient de la dureté augmentée encore par l'accumulation des couches épidermiques et par la forme essentiellement sèche de la lésion : de là le qualificatif de *cornée* attribué à cette variété. Telles sont les lésions auxquelles donnent lieu les papules développées à la paume des mains ou à la plante des pieds.

Dans cette dernière région, à peine y a-t-il quelques légères modifications à signaler :

Les lésions restent longtemps à l'état de simples taches, qu'on aperçoit ou même qu'en certains cas on devine seulement, pour ainsi dire, au travers des couches épidermiques épaissies ; c'est ce qui fait aussi qu'elles sont plus pâles que celles de la main ; elles ont souvent une teinte jaune cuivrée.

Les stratifications épidermiques sont plus abondantes qu'aux mains.

Quand les papules sont isolées, la desquamation ne tarde pas à les border d'une collerette qui peut être fort régulière quand on l'observe encore intacte sur des pieds bien entretenus.

Quand les papules sont groupées et confluentes, la lésion se montre sous deux aspects d'après la période à laquelle on l'observera : au début, avant de tomber, l'épiderme s'est épaissi au point d'être devenu dur, sec, rendant à la percussion un bruit sec comme le bois, se présentant sous l'aspect de lames épaisses, de coloration jaunâtre ou verdâtre, et l'on ne peut, au-dessous de lui, apercevoir aucune trace de néoplasme, même disposé en nappe très-mince. La lésion peut garder parfois indéfiniment cet aspect ; après s'être montrée rebelle au traitement pendant un temps souvent très-long, après avoir donné lieu çà et là, et notamment au talon, à la saillie du gros orteil, et parfois aussi aux faces latérales de divers orteils, à des plaques calleuses souvent difficiles à distinguer des callosités simples, la *kératose syphilitique* (c'est le nom par lequel on désigne cet état spécial) disparaît complétement (*Voy.* la pièce 357 du musée).

Si le traitement n'intervient pas, ou si la lésion est plus accentuée, l'épiderme se fendille, se brise, tombe en divers points et laisse alors entrevoir une surface d'un rouge sombre, épaissie, résistante, évidemment infiltrée : *c'est le néoplasme dépourvu de sa carapace.* Mais l'exfoliation de celle-ci est irrégulière et rappelle, en dépit de sa coloration qui est blanche, souvent nacrée, un morceau d'écaille ou de corne qu'un choc violent aurait irrégulièrement brisé (*Voy.* n° 205, coll. part.).

Dans les formes les plus habituelles, c'est la face concave de la voûte plantaire qui est envahie, le talon et l'avant-pied restant sains ; à la face inférieure des orteils, les lésions sont toujours fendillées et crevassées. Quand elles s'étendent aux espaces interdigitaux, elles deviennent humides et érosives et révêtent des caractères nouveaux que nous étudierons plus loin.

Les syphilides de la plante des pieds et de la paume des mains sont tenaces et persistent plus longtemps que les lésions correspondantes des autres régions, voire des régions dorsales, où elles sont d'ailleurs beaucoup moins fréquentes. Ce fait tient à des conditions anatomiques et non à la nature de la lésion. Les papules durent plusieurs semaines, les syphilides groupées et circinées résistent au traitement pendant des mois entiers ; non traitées, les formes profondes et cornées peuvent durer pendant deux années. Fournier fait une remarque fort exacte : « Lorsque la lésion palmaire se manifeste comme expression tardive d'une syphilis incomplétement traitée à son début, elle est généralement bien plus rebelle que dans des conditions normales d'apparition à une époque moyenne de la période secondaire. On la voit alors résister au traitement avec une opiniâtreté singulière, ou bien ne guérir que pour récidiver plusieurs fois de suite d'une façon parfois désespérante. »

Telle que nous venons de la présenter, la syphilide palmaire ou plantaire a, de par son siége et non de par sa nature, une physionomie toute particulière. Il est d'autant plus important de la bien saisir qu'elle est plus significative. Et, en effet, comme dit Fournier, elle constitue un véritable certificat de syphilis, un certificat authentique contre lequel il n'est pas de protestation possible. Il ne faut pas d'ailleurs en exagérer la valeur, comme on l'a fait jadis ; elle n'a que celle de toute syphilide secondaire certaine et indiscutée, et elle n'est un témoin plus précieux qu'un autre que parce qu'elle siège en des points faciles à explorer et qu'elle a une durée assez longue et aussi une fréquence relativement assez grande. Ce fait est le résultat des frottements ou des irritations de tous genres auxquels sont exposées ces régions, mais surtout, comme le prouvent les altérations similaires du dos de la langue, la conséquence de l'épaisseur et de la régénération active des couches épidermiques ou épithéliales. Mais, si ces syphilides n'ont que cette valeur diagnostique, elles l'ont tout entière et signifient nettement que la vérole est là, qu'elle est encore en activité et qu'il est indispensable de la traiter désormais méthodiquement, si l'on veut assurer l'avenir.

S'il en est ainsi, il y a lieu de bien établir ce diagnostic. Dans les cas typiques, il est de la plus grande simplicité, mais il n'en est pas toujours ainsi et parfois rien n'est plus difficile.

1° Les syphilides papuleuses isolées peuvent être simulées par l'affection que Fournier décrit sous le nom d'*exanthème arthritique palmaire*, ou d'*érythème papulo-circiné arthritique* (coll. part., pièce n° 185).

« Cette lésion consiste, dit-il, en une rougeur morbide se produisant soit en nappe, soit en plaques lenticulaires, au niveau de la face palmaire de la main, notamment sur les régions thénar et hypothénar. »

La rougeur, mise en relief par une desquamation légère et superficielle, n'est nullement due à un néoplasme même étalé, même aplati ; elle constitue seule l'affection, sans prurit ni douleur. Fournier n'a jamais assisté au début de la lésion ; il ignore comment elle apparaît, quel temps elle met pour se développer ; mais ce qu'il affirme, c'est que, une fois établie, elle persiste, quoi qu'on fasse, en dépit de tout traitement, et cela au moins pendant plusieurs années. Pour l'avoir observée plusieurs fois sur des sujets manifestement entachés d'arthritis, il croit pouvoir l'attribuer à cette diathèse. Quoi qu'il en soit, « cette rougeur simule à s'y méprendre un psoriasis spécifique à sa période terminale, c'est-à-dire après desquamation.... »

La confusion sera évitée, si l'on s'enquiert des commémoratifs. D'autre part, la desquamation beaucoup moins abondante, beaucoup plus superficielle, la durée plus longue, l'absence de tout néoplasme, complèteront la différence.

Cette affection est la même que celle que Unna a vue coïncider habituellement avec la *desquamation bénigne en aires du dos de la langue*. Il l'a constatée sur des sujets atteints d'anémie, de troubles gastriques, menstruels, et, chez les enfants, à l'époque de la dentition ; il tend à la considérer comme une trophonévrose, une neurodermatose à marche acyclique (Auspitz), et la range comme forme kératolytique à côté de l'érythème nerveux.

Seuls l'épithélium lingual et celui de la paume de la main présentent cette grande tendance à la desquamation ; ils occupent les régions les plus riches en éléments nerveux sensitifs, et nulle part ils ne sont aussi épais. Ce double caractère explique pour une part la localisation remarquable de cette affection : l'épaisseur de l'épithélium rend très-apparentes les desquamations partielles qui *passeraient inaperçues dans d'autres régions*, et les troubles trophiques réflexes sont naturellement plus fréquents dans des points aussi richement pourvus de nerfs.

Quelle que soit la nature de la desquamation bénigne, les détails précédents suffisent à distinguer cette affection des syphilides palmaires.

2° On peut voir, au musée de l'hôpital Saint-Louis, un moulage qu'on prendrait à première vue pour une syphilide palmaire circinée, à peu près guérie, mais entourée encore d'un liséré épidermique blanc, net et marqué. Or il s'agit de lésions scabieuses, ayant succédé à la *frotte* et en voie de réparation (pièce n° 59). Il y a de la rougeur, de la desquamation, mais il n'y a pas de néoplasme.

Nous n'insisterons pas.

3° L'affection qui se rapproche incontestablement le plus des syphilides qui nous occupent est l'*arthritide psoriasiforme* de Bazin ou *eczéma sec* circiné ou non (pièces n°s 836 du musée et 76 de la coll. part.).

Les éléments du diagnostic différentiel sont les suivants :

L'arthritide est prurigineuse ; — souvent elle a été suintante avant d'être sèche ; ou bien on observe une alternance de suintement et de dessiccation. — A la période où elle peut être confondue avec une syphilide palmaire, elle est squameuse, eczémateuse, par conséquent elle *n'a pas de corps*, c'est-à-dire qu'elle n'est pas composée essentiellement d'un infiltrat, d'un néoplasme, et secondairement d'une desquamation plus ou moins abondante, parfois cornée comme la syphilide. De plus, l'arthritide n'a pas de bords nettement arrêtés ; elle est mal circonscrite ; on n'y voit pas, comme dans la syphilide, une limitation tranchée ; on ne sait pas exactement où elle s'arrête ; enfin, en aucun point de sa circonférence on ne trouve un vestige de feston, un segment de cercle, ce qui est incompatible avec la tendance spéciale à la disposition cerclée des syphilides. Il faut en effet que la syphilide soit bien défigurée par le temps ou par les topiques, pour qu'on ne puisse en un point quelconque retrouver un indice de circonscription nette. Or, si la syphilide est très-ancienne, ou bien si elle n'a pas été traitée, elle ne tarde pas à causer des désordres plus profonds qui ne peuvent plus dès lors soutenir de comparaison avec une arthritide. Enfin, si l'on examine la langue, on ne trouve pas de syphilides érosives, ni de plaques desquamatives, mais souvent on observe en même temps la leucoglossie ou l'état lisse, et, chez l'homme, les plaques laiteuses que le tabac produit chez les eczémateux.

Il faut se méfier des cas où l'arthritique est en même temps syphilitique. Quant à la *kératodermie simple*, c'est une affection qui se développe très-lentement, progressivement, mécaniquement, qui siége par conséquent non à la région médiane, mais dans les divers points les plus exposés aux frottements. Parfois cependant il se produit des hypertrophies épidermiques chez des personnes qui n'ont été soumises à aucune compression ; elles se forment en quelques mois, se développent, s'étendent, puis disparaissent spontanément au bout de plusieurs années. Elles sont reconnaissables à leur surface lisse, qui se confond sur les bords avec les parties saines. Mais, quand elles sont crevassées et nettement limitées, les callosités simples peuvent être confondues avec les anciennes plaques d'eczéma, de psoriasis, de lichen ruber, d'ichthyose même, et surtout avec les syphilides. On est forcé parfois de recourir au moyen extrême, c'est-à-dire de renoncer à faire objectivement le diagnostic, à changer le régime et le genre de vie du malade, à étudier l'évolution de l'affection et à attendre qu'elle se montre sur un point quelconque de la peau avec des symptômes plus distincts.

La pièce du musée n° 738 rappelle un cas du service de Lailler où des cors extraordinairement nombreux occupent les surfaces plantaires et simulent dans une certaine mesure une éruption de syphilides papulosquameuses.

Signalons surtout la forme de kératodermie palmaire ou plantaire que

Besnier a qualifiée de *symétrique*. Cette affection, en effet, peut se développer sans cause irritante particulière comme la précédente, mais symétriquement, et cela non-seulement sur la face palmaire de la main, mais sur la face palmaire des doigts.

Dans un cas, Besnier a cru pouvoir rapporter cette kératose à une altération des centres nerveux, sans en avoir la confirmation anatomique, le sujet étant vivant. Plusieurs fois guérie par des moyens mécaniques, l'affection a sans cesse récidivé.

Nous ne parlerons que pour mémoire des dermatites mal limitées, exfoliantes et parfois cornées, que le psoriasis peut produire tout à fait exceptionnellement, mais jamais exclusivement, dans ces régions (pièces du musée n°³ 173 et 389). On sait en effet que le psoriasis affectionne le côté de l'extension et non celui de la flexion — ce qui est au contraire un caractère des syphilides — et que la paume des mains et la plante des pieds restent ordinairement indemnes de psoriasides, même dans les cas de psoriasis généralisé. Pourtant, Besnier « *croit* avoir observé le véritable psoriasis limité à la paume des mains et à la plante des pieds, sa bordure rouge courant sur la ligne de séparation des faces dorsale et palmaire ou plantaire. »

Besnier ajoute : « Toutefois la difficulté vraie du diagnostic des affections de la paume des mains et de la plante des pieds n'existe pas entre les syphilides et le psoriasis, mais bien entre les syphilides et toutes les lésions — l'eczéma en particulier — des faces palmaires et plantaires. Les conditions locales, les irritations professionnelles, les dermatites secondaires, altèrent souvent les caractères propres des lésions élémentaires, à ce point que, dans nombre de cas, le diagnostic positif et objectif des *lésions cutanées de la paume de la main* constitue une des parties les plus difficiles et les plus épineuses de la clinique dermatologique. »

Nous avons tenu à citer ces lignes d'un maître en dermatologie, car rien n'est plus vrai que les difficultés parfois presque insurmontables, si ce n'est par des examens longs et répétés, que l'on rencontre pour reconnaître la nature d'une dermatite des régions palmaires, encore plus peut-être que des régions plantaires.

Nous retrouverons plus loin dans le creux de la main des syphilides tuberculeuses comme nous venons d'y voir des papules ou des modifications de ce type éruptif.

Les anciens syphiligraphes considéraient les syphilides palmaires ou plantaires comme un accident tout spécial : signalées pour la première fois par Prosper Borgarucci (*De Morbo Gallico methodus*, c. vii, Venise, 1566), ces syphilides ont été ensuite étudiées surtout par Thierry de Héry (*Méthode curatoire de la maladie vénérienne*, p. 10, Paris, 1634), puis par Astruc qui, frappé surtout des crevasses que nous avons signalées, les appela les *rhagades de la plante des pieds et de la paume des mains*. Hunter les classa, à tort, parmi les affections squameuses. On trouvera au musée dans les pièces 98, 205, 225, de beaux exemples de lésions syphilitiques palmaires et plantaires.

Troisième espèce : Syphilides papuleuses humides ou papulo-érosives. — Bien que développées sur le tégument cutané, ces papules, au lieu de rester sèches et squameuses, deviennent humides et suintantes ; toutefois elles sont cliniquement et anatomiquement identiques aux précédentes. Elles réalisent par conséquent la physionomie spéciale des papules du tégument muqueux ; nous avons vu, dans le cours des descriptions précédentes, quelles étaient les conditions de siége, de contact, de frottement, de température, de moiteur, d'irritations répétées, de malpropreté et de sueur, qui pouvaient donner lieu à ces modifications objectives des éruptions : ce sont donc des phénomènes purement artificiels et secondaires, nous n'y reviendrons pas ici.

Autrefois, on les qualifiait par la dénomination impropre de *plaques muqueuses cutanées* ou de plaques *muqueuses humides de la peau*. On doit préférer de beaucoup le nom beaucoup plus précis et plus scientifique de *syphilides papulo-érosives* qu'a proposé Fournier. Tout ce qui s'applique aux *syphilides papuleuses des membranes muqueuses* s'adresse également bien à ces lésions de la peau.

Quatrième espèce : Syphilide papulo-croûteuse. — Sous l'influence d'une gravité plus grande de l'infection syphilitique, ou mieux pour des raisons tenant plutôt à l'individu qu'à la maladie, à la scrofule, par exemple, ou à l'alcoolisme, les papules, au lieu de rester sèches ou simplement squameuses, se recouvrent de véritables croûtes. Elles ressemblent ainsi aux syphilides pustulo-crustacées, bien qu'elles ne cessent pas d'être, pour tous leurs autres attributs, de véritables papules. C'est Fournier qui, le premier, a su les bien distinguer des papules érosives d'une part et des syphilides pustulo-crustacées d'autre part ; il les a décrites sous le nom de *syphilides papulo-croûteuses*. Et, en effet, si l'on vient à enlever l'opercule croûteux, on tombe sur une surface, non pas ulcérée ni même exulcérée, mais sur un néoplasme papuleux qui ne diffère en rien de ceux que nous venons d'étudier. En général, la papule est même ici plus volumineuse, plus étendue que la moyenne des syphilides lenticulaires, et elle forme une sorte de plateau ou de bourrelet plus ou moins proéminent. La croûte, dit Fournier, est proportionnelle à l'étendue de la papule qu'elle recouvre à peu près complétement. Elle est inégale de surface, sèche, tantôt brune, tantôt jaunâtre, mais toujours moins que celle de l'impétigo. Fournier fait remarquer que cette croûte *surmonte* la papule, mais sans être enchâssée par elle à la façon d'autres croûtes : aussi la détache-t-on facilement ; d'ailleurs, elle se reproduit rapidement. Quand on a fait tomber la croûte, on peut voir, sous l'influence du traitement, la papule disparaître par résorption progressive, *sans laisser de cicatrice*, mais seulement une tache congestive et pigmentaire passagère.

Les syphilides papulo-croûteuses sont généralement isolées, du diamètre d'une moitié de gros pois, d'une pièce de $0^{gr}.20$ et même de 50 centimes. Quelquefois elles sont agminées et constituent des îlots croûteux plus ou moins étendus. D'autres fois, elles sont cerclées ou hémi-cerclées. Cette disposition est parfois fort précieuse pour le diagnostic.

On les rencontre surtout au visage, sur le front, autour de la bouche et du nez, et au niveau des parties velues : dans les cheveux, dans la barbe, où on les voit s'étaler en larges placards impétiginiformes, sur le mont de Vénus, etc. On en trouve aussi à la face interne des cuisses, mais sur les membres elles sont toujours isolées les unes des autres.

Dans certains cas, les papules sont sèches ou squameuses sur tout le corps, voire à la face, et il n'existe de croûtes que sur les jambes. Nous avons observé ce fait surtout quand les jambes sont variqueuses ou bien quand les malades sont toujours debout, comme les blanchisseuses ; il faut noter toutefois que, dans tous les cas dont nous avons conservé le souvenir, les sujets étaient en même temps alcooliques et variqueux.

Dans d'autres observations les syphilides se montraient partout sous la forme papulo-croûteuse, ou bien elles existaient à la face, à l'exclusion des autres régions, soit isolément, soit plutôt réunies en îlots peu nombreux.

C'est ainsi que chez une jeune femme de vingt ans, nettement lymphatique, atteinte depuis huit mois d'une syphilis bénigne, on observait, en même temps qu'un petit nombre de syphilides papulo-érosives péri-vulvaires, deux îlots papulo-croûteux occupant l'un le nez, l'autre le menton. Ces placards, irréguliers de forme, avaient la largeur d'une pièce d'un franc pour celui du nez et de deux francs pour celui du menton. Les croûtes étaient jaunes, irrégulières, rocheuses, impétigineuses, assez molles et cependant assez adhérentes, puisqu'il fallut appliquer des cataplasmes et des pulvérisations chaudes et émollientes pendant trois jours pour les faire tomber ; encore ne tardèrent-elles pas à se reproduire, et cela à plusieurs reprises. Au-dessous des croûtes étaient des syphilides secondaires, en rapport avec les antécédents de la malade, syphilides papuleuses, papuleuses agminées, mais agminées d'une manière spéciale. En effet, confondues absolument à leur base, elles se séparaient à leur surface libre de façon à former une *plaque papillomateuse et végétante*. D'ordinaire, ces lésions sont assez dures, assez résistantes, et leurs revêtements croûteux sont plutôt secs et grisâtres que jaunes et mous. Mais ici le tempérament strumeux de la malade influait manifestement sur la physionomie des lésions dues à une maladie accidentelle, et les néoplasmes, comme les croûtes, étaient imbibés, pour ainsi dire, de sucs, et gonflés d'humeurs : de là leur état humide, leur consistance mollasse et leur manière d'être spéciale qui faisaient penser à des bourgeons charnus, assez vivaces pour se développer en assez grande quantité, mais trop peu pour donner lieu à un tissu définitivement organisé. Ce sont certainement les mots de *lésions fongueuses* ou *fongoïdes* qui caractériseraient le mieux l'aspect tout particulier de ces syphilides. D'ailleurs, contrairement à l'attente, elles furent assez tenaces ; le traitement général semblait avoir peu d'action sur ces excroissances torpides. Le traitement local fut indispensable pour en venir à bout ; les

applications de teinture d'iode et plus tard celles de nitrate acide de mercure triomphèrent peu à peu de ces néoplasmes, qui disparurent sans
laisser de cicatrice, mais seulement des taches pigmentées.

Dans quelques cas rares, cette variété de syphilides s'est montrée
presque confluente, recouvrant la totalité d'une région, par exemple, la
plus grande partie de la tête : face et cuir chevelu. La peau disparaît
complétement sous ces nappes fongueuses, végétantes, divisées en
petits îlots égaux et presque carrés par des sillons plus ou moins profonds remplis d'un liquide purulent et sanieux.

Si ces placards néoplasiques restaient tels, il conviendrait mieux de
les ranger parmi les syphilides papulo-hypertrophiques modifiées, et de
les considérer comme des variétés de l'*ulcus elevatum secondaire;*
mais, comme ils se présentent constamment recouverts de croûtes, il y
a lieu de les conserver dans la classe des syphilides papulo-croûteuses
confluentes ou impétiginiformes. Certes, quelques cas de ces syphilides
ont dû donner lieu à des erreurs sur le diagnostic de leur cause, et il
n'est pas douteux qu'un certain nombre de faits décrits sous les noms de
frambœsia et de *pian* doivent leur être rapportés. A l'appui de cette
proposition, nous pourrions citer le fait que nous rapportait récemment
encore Lailler en nous racontant l'histoire de l'un des premiers moulages du musée de l'hôpital Saint-Louis. Cette pièce *en cire* représente
un magnifique cas de syphilide papulo-croûteuse confluente produite par
une vérole mexicaine probablement insuffisamment traitée.

En résumé, nous pensons que les syphilides papulo-croûteuses doivent
être divisées en syphilides papulo-croûteuses isolées, et en syphilides
papulo-croûteuses confluentes (en placards ou en nappe); — que les néoplasmes recouverts par les croûtes peuvent parfois être bourgeonnants
et donner lieu à une variété de *syphilides végétantes,* — et que celles-ci se
subdivisent en *syphilides fongueuses* ou *fongoïdes,* si elles sont molles,
et en *syphilides verruqueuses,* si, comme c'est la règle, elles sont dures.

Comme nous l'avons dit, les croûtes sont molles ou dures suivant que
le néoplasme qui leur sert de base est à son tour mollasse ou résistant.

Il ne nous reste plus maintenant qu'à dire quelques mots sur la
syphilide polymorphe. Dans cette éruption se trouvent réunis non-
seulement tous les éléments que nous venons de passer en revue, papuleux, papulo-squameux, nummulaires ou autres, papulo-croûteux, mais
même d'autres que nous étudierons plus loin, tels que les syphilides
vésiculeuses, etc. Nous savons que ce *polymorphisme* est un caractère
fort important de la syphilis et de la syphilis jeune, l'état récent de l'infection étant encore attesté par la dissémination et la généralisation de
l'éruption. Ce dernier symptôme nous permettra toujours de distinguer
d'une syphilide l'éruption scabieuse qui, polymorphe aussi, est remarquable par l'absence d'infiltrat néoplasique de la peau, par ses localisations si spéciales aux espaces interdigitaux, aux bords cubitaux des
poignets, aux parois antérieures de l'aisselle, aux seins, aux fesses,
aux organes génitaux, par l'immunité de la région de la tête, etc. Nous

ne parlons pas ici du prurit, qui, nul dans les syphilides, est ordinairement très-violent dans la gale : c'est que le diagnostic entre une syphilide polymorphe et une éruption scabieuse également polymorphe n'est réellement difficile qu'exceptionnellement: or, si l'on admet l'exception, il faut tenir compte de la *gale anesthésique* qui n'est pas très-rare, ou qui en tous cas l'est moins qu'on ne le croit, même chez des sujets qui ne sont ni anesthésiques, ni alcooliques, ni hystériques.

Nous nous souviendrons toujours d'une éruption, polymorphe, mais surtout papuleuse, extraordinairement abondante, *absolument aprurigineuse*, sur laquelle les diagnostics de syphilide, de lichen plan et d'autres affections, avaient été portés. Or il s'agissait d'une gale développée en trois mois sans aucune démangeaison chez un jeune homme lymphatique et débilité. Lailler découvrit un acare dans une des pustules (l'éruption était sèche partout ailleurs) de la région sous-malléolaire.

Dernièrement encore, Fournier nous montrait dans son service une gale assez intense qui avait déterminé des pustules purulentes et des croûtes d'ecthyma sur une jeune femme bien portante, et qui, à aucun moment, n'avait causé de prurit; pourtant Balzer trouva des acares au premier examen microscopique. Quoi qu'il en soit, nous avons cru devoir mentionner le diagnostic de la gale et des syphilides, car on sait qu'il est peu de dermatoses qui, dans la pratique, donnent lieu à autant d'erreurs de diagnostic que la gale. La plupart du temps, le diagnostic n'est délicat que parce que les deux affections coexistent (ce qui est fréquent), et que, si l'on n'y prend garde, on pourra méconnaître la syphilis.

En résumé, le second groupe des syphilides peut se renfermer dans le tableau suivant :

Syphilides papuleuses.

Syph. *papuleuses sèches.*

1° Syphilide papuleuse proprement dite	Papulo-granuleuse . .	ponctuée, xérodermique, / miliaire, lichénoïde, *cutis anserina*, / disséminée au hasard, / disposée en îlots ovalaires concentriques.
	Papulo-lenticulaire . .	lenticulaire, / nummulaire (*plaques sèches de la peau*), / circinée (cercle parfait, segments de cercle, en spirale, en ammonite).
2° Syphilide papulo-squam.	Papuleuse en nappe . . .	en placards irréguliers, / en placards arrondis.
Variétés tenant aux symptômes objectifs.		psoriasiforme { papuleuse, / en rosace, / circinée, / plâtreuse, } / cornée / en cocarde, / circinée, / en corymbe.
Variétés tenant au siége. . . .		syphilides papuleuses humides (ombilic, aisselles, scrotum ou vulve, anus, etc.), / corona Veneris, / syph. granulée de l'aile du nez, / syph. en feuillet de livre et en crevasse, / syph. palmaire et plantaire.

3° Syphilide *papuleuse humide*, syph. papulo-érosive (plaques muqueuses humides de la peau) } seront étudiées avec les syphilides des muqueuses avec lesquelles on peut les confondre.

4° Syphilides papulo-croûteuses. } isolées ou agminées. fongoïdes, végétantes.

Variétés. — Syphilide polymorphe.

TROISIÈME GROUPE. — **Syphilides maculeuses ou pigmentaires.** — Il est évident que nous ne comprendrons pas sous ce chef les traces plus ou moins pigmentées qui succèdent aux syphilides. Il suffira au contraire qu'une tache pigmentaire ait été précédée d'un élément éruptif quelconque pour être éliminée de ce chapitre. Il ne sera question ici que de phénomènes ayant, dès leur début, pendant toute leur évolution et jusqu'à leur disparition, toujours, en un mot, consisté en hyperchromie et en dyschromie cutanées ; en autres termes, nous n'étudierons ici que les *maculatures* qu'auront produites à la surface de la peau, d'une part une hyperpigmentation spontanée et primitive et d'autre part une distribution vicieuse du pigment. Car c'est en ces deux phénomènes morbides que consistent en réalité les *syphilides pigmentaires*.

Que si l'on accorde à cette dénomination un sens aussi large qu'elle le mérite vraiment, on verra que cet excellent symptôme de la vérole est beaucoup moins rare qu'on ne le croit.

Kaposi nie formellement la syphilide pigmentaire ; il ne l'a jamais observée, dit-il, et ne la croit pas soutenable : il n'a jamais vu que des mélanodermies cachectiques.

Avec d'autres auteurs, Fox, par exemple, Kaposi ne trouve pas là de manifestation directe de la syphilis sur la peau ; de plus, il n'y a pas d'éruption : donc ce n'est pas un accident propre à la syphilis. Pour eux c'est une variété de chloasma témoignant de la dénutrition générale et de l'altération des globules sanguins, mais ce n'est pas à proprement parler une *syphilide*.

Avec les auteurs français qui ont décrit cette affection les premiers, c'est-à-dire avec Hardy, Pillon, Fournier, etc., nous la considérerons comme une véritable syphilide.

C'est même pour cela que nous n'avons pas limité, lors de notre définition, le sens du mot *syphilide* aux seules éruptions.

Et en effet, est-il possible de nier que la peau et la peau seule soit le siége de cette affection? Non. — Est-il moins certain que la dyschromie et l'hyperpigmentation que nous étudions soient dues à la syphilis? En vérité, non. — Si la syphilis n'existait pas, cette lésion cutanée eût-elle pu apparaître? Non, vraiment. — Est-il discutable que cette affection ait une physionomie toute spéciale qui ne se puisse confondre avec aucune autre? Non encore. — N'entend-on pas par *mélanodermie* une teinte anormale *uniformément distribuée* sur la peau? S'il en est ainsi, peut-on donner ce nom à une pigmentation disposée en dentelle? Non toujours! Enfin, connaît-on une autre maladie, si cachectisante qu'on la

suppose, qui donne lieu à une hyperpigmentation ainsi distribuée? Encore une fois non.

Dans ces conditions, ne serait-il pas puéril de se refuser plus longtemps à la considérer comme une syphilide?

Au début de l'infection spécifique, l'organisme reçoit parfois une forte
atteinte : le système nerveux, le sang, sont intéressés. C'est dans ces cas
que la syphilide pigmentaire se montre. Aussi est-elle beaucoup plus
fréquente, mais non pas d'une manière exclusive, chez la femme. Nous
ne connaissons pas le mécanisme qui préside à sa production. Une lésion
du système nerveux produit-elle seule ce vice de distribution du pigment
formé en quantité soit normale, soit plus grande? ou bien doit-on plutôt
invoquer la lésion hématique, l'hémoglobine ayant, de par l'intoxication,
perdu son adhérence aux globules qui l'abandonnent çà et là dans les
mailles de la peau? ou enfin ces causes doivent-elles toutes deux être
incriminées? C'est ce que l'on ne peut pas encore déterminer.

Quoi qu'il en soit, la syphilide pigmentaire consiste « en *une série de
taches ou de marbrures* tantôt bistrées, tantôt brunes, disposées les unes
au voisinage des autres, se touchant et se confondant pour la plupart en
enveloppant *des îlots de téguments sains* de façon à figurer sur le cou *une
sorte de réseau ou de dentelle à larges mailles.* » Fournier ajoute : « Ce
sont *des taches, et rien autre;* elles sont ce que serait la peau, si on
l'avait peinte à l'aide d'un pinceau chargé d'une couleur jaune grisâtre. »

Tout en s'excusant de la comparaison, il croit juste de dire qu'on
pourrait parfois la confondre avec « le *cou sale* de certains sujets peu
soigneux ». Mais la malpropreté est plus uniformément disposée et ne
produit pas de mailles aussi nettes. Pourtant on ne peut pas dire que les
marbrures ont un contour bien net et bien arrêté; c'est presque le contraire qui existe et qui permettra de les distinguer de certaines cicatrices
très-superficielles, mais ovalaires et apparaissant avec une teinte blanche
d'autant plus tranchée que la peau des faces latérales du cou est souvent
naturellement plus ou moins hyperpigmentée.

Elles ne présentent ni saillie, ni efflorescence ni desquamation, et n'occasionnent aucun prurit. Bazin avait cru que la peau saine était la partie
teintée et que la peau altérée était la partie blanche : aussi avait-il considéré cette affection comme vitiligineuse. C'était une erreur. Les portions blanches sont absolument saines et nullement décolorées. Tanturri
y a trouvé au microscope autant de pigment qu'à l'état normal. Comme
dit Fournier, « les taches blanches contenues dans les mailles du réseau
pigmentaire ne sont relativement blanches que par opposition de couleur ». Et en effet elles sont entourées par des zones hyperpigmentées.
L'hyperpigmentation et la distribution irrégulière de cet excès de pigment,
telle est la véritable lésion. Comme elles se développent sans prurit, la
plupart du temps elles restent ignorées des malades jusqu'au jour où le
médecin les leur montre; ou bien c'est le hasard ou une question de
toilette qui les fait reconnaître. D'autres fois, elles sont très-peu marquées,
car elles n'ont pas toujours l'intensité typique, et elles restent inaper-

.cues du malade et du médecin. Il faut alors les rechercher en regardant obliquement ou en éclairant le cou de diverses manières. Parfois, en effet, elles n'existent qu'en un point limité et sans même présenter de mailles parfaites. On est alors bien loin de ces réseaux qui réalisent si bien dans certains cas le type dentelé et complet du *collier de Vénus*.

29 fois sur 30, dit Fournier, c'est au cou que siége la syphilide pigmentaire, c'est là, quand elle siége encore ailleurs, qu'elle est le plus marquée. Elle est surtout prononcée sur les faces latérales du cou; moins nettement et moins fréquemment sur les faces antérieure et postérieure. Elle a une disposition généralement symétrique. Nous l'avons vue étaler ses dentelles tout autour du cou, entre les seins et sous chaque aisselle. Chez une autre malade, comme les faces latérales du cou, les faces latérales de l'abdomen, les flancs, étaient couverts de mailles hyperchromiques. Enfin, on peut voir au musée de Saint-Louis (pièce n° 255 de la coll. part. de Fournier) la reproduction d'une syphilide pigmentaire presque généralisée, étendue du cou aux genoux.

Fournier l'a presque exclusivement observée sur les femmes; d'autres médecins l'ont vue sur des hommes, mais ces sujets avaient la *peau féminine*, c'est-à-dire fine et blanche.

Cinq fois nous l'avons trouvée sur de jeunes hommes, une fois entre autres dans des conditions qui méritent d'être mentionnées.

Presque toujours le médecin trouve la syphilide constituée; il n'a pas assisté à sa formation et ne sait ni quand elle commence ni quand elle finit. Or, nous avons une fois pu suivre pas à pas son apparition sur *un malade* qui se trouvait dans les salles pour des *syphilides ulcéreuses et ecthymateuses* disséminées. La marche de la syphilis était anormalement précoce, puisque le chancre remontait à *neuf mois* seulement. Les accidents cutanés, malgré le traitement par les injections de peptone faites dans le service de Vidal, s'étaient montrés intenses et avaient récidivé à plusieurs reprises et à de courts intervalles. Bref, la syphilis était grave et pouvait avoir débilité le malade, mais elle ne pouvait nullement être rangée parmi les formes vraiment dénutritives. Notons toutefois qu'il ne restait sur la peau aucune tache pigmentée pouvant donner lieu même à un semblant d'erreur d'interprétation.

Sur ces entrefaites, le malade fut pris de fièvre et d'embarras gastrique : le traitement spécifique mixte qui était prescrit depuis un mois fut supprimé. Au bout de quelques jours, l'amélioration se fit, mais le malade resta un peu pâle : le traitement spécifique composé de 10 centigrammes de protoiodure et de 2 grammes d'iodure avait été repris depuis trois jours. C'est dans ces circonstances, c'est-à-dire à l'occasion d'une légère dépression due à un embarras gastrique fébrile, mais en pleine convalescence, que le malade fut pris d'une syphilide pigmentaire aussi nette que possible. Or, cette affection, développée brusquement sous nos yeux, se montra d'*emblée* avec tous ses caractères, à savoir : *pigmentation aréolaire* intense brunâtre, à reflets bistrés, jaunâtres, et, à mailles hyperpigmentées, un certain nombre de *plaques de peau saine.* Ces plaques étaient de dimensions différentes, mais avaient une tendance générale très-manifeste à la circination : or, elles étaient circonscrites, rien n'était plus facile à voir, par des *zones hyperchromiques,* et c'étaient ces zones qui, *remarquables par leur orbicularité,* imposaient aux portions de peau saine cernées par elles la forme arrondie qu'elles affectaient.

La peau du cou était occupée dans sa totalité, comme d'une cravate, par cette maculature qui était toutefois plus développée sur les parties latérales. Nous ne constatâmes d'ailleurs aucune modification de la sensibilité dans les points intéressés. Le lendemain la syphilide pigmentaire, primitivement localisée exclusivement au cou, apparut sur les flancs, et d'une manière plus prononcée sur le flanc droit. Là on observa des mailles brunâtres circonscrivant des plaques de largeur variable, mais de forme arrondie ou ovalaire, au niveau desquelles la peau était restée saine. Au bout de trois semaines, le malade quitta l'hôpital présentant toujours la syphilide pigmentaire sur le cou et sur les flancs. Sept mois après, malgré la continuation du traitement, les maculatures du cou n'avaient subi aucune modification ; celles des flancs s'étaient notablement atténuées, mais restaient encore perceptibles. Une fois formée, la syphilide pigmentaire a, en dépit des mercuriaux et des iodures, une durée très-longue, atteignant une et deux années et même davantage. Ce point, du reste, est encore mal déterminé.

Il n'est d'ailleurs nullement étonnant que le traitement spécifique n'exerce pas d'action directe sur la marche de cette lésion : nous dirons plus, c'est le contraire qui étonnerait.

En effet, il n'y a ici ni éruption ni néoplasme dont les médicaments spécifiques puissent hâter la résorption. Il n'y a qu'une lésion hématique, née sous l'influence et à l'occasion de la syphilis, qui a permis à des dépôts de pigment de se faire dans les couches profondes de l'épiderme. Eh bien, le traitement spécifique peut supprimer cette disposition morbide du sang et du système nerveux : dès lors la production de l'hyperpigmentation cessera d'avoir lieu, mais ce sera tout. Quant aux granulations pigmentaires déjà arrivées dans l'épiderme, elles y resteront pendant tout le temps, toujours fort long, qu'il faudra pour que la nutrition modifie en totalité les tissus dépositaires.

Une autre observation va nous donner la preuve que les lésions maculeuses et dyschromiques qui nous occupent sont bien intimement liées à la syphilis.

Il s'agit d'*une malade* âgée de 18 ans qui eut, il y a deux ans, un chancre vulvaire, et qui le soumit à un traitement externe exclusif. L'état général est et a toujours été satisfaisant. Il n'y a que quelques jours qu'en faisant sa toilette elle a remarqué qu'elle avait le cou « tout jaune ». Quand cela a-t-il débuté ? Elle n'en sait absolument rien.

Aujourd'hui on observe autour du cou, jusque sous le menton d'une part, et en bas, jusqu'à la naissance des seins, de même sur les épaules et dans les aisselles, où la lésion est très-accentuée, c'est-à-dire dans une étendue relativement considérable, des marbrures pigmentaires, brunes ou jaunâtres; cette marbrure est très-nettement et régulièrement réticulée. Les taches affectent çà et là la disposition de plaques irrégulièrement déchiquetées, mais le plus grand nombre présente très-manifestement la forme circinée; plusieurs cercles sont complets, mais la plupart sont brisés et les segments de cercles, en s'entre-croisant en tous sens, circonscrivent des aires inégales, mais toujours arrondies ou ovalaires. Or, on sait que la disposition cerclée ou hémi-cerclée est un des éléments les plus sûrs du diagnostic des syphilides.

Les syphilides pigmentaires sont des manifestations de la période secondaire; c'est ce fait qui nous a décidé à mettre au troisième rang le groupe des syphilides maculeuses. Mais, comme on le voit, leur apparition, comme leur durée, est essentiellement variable. Elles évoluent du 6e au 36e mois après le chancre.

Mais, quelle que soit l'époque de leur apparition, une fois qu'elles existent, leur valeur diagnostique est considérable. La syphilis seule en effet peut les produire avec les caractères que nous venons de leur reconnaître. Chaque fois qu'on trouvera le collier de Vénus on pourra donc affirmer sans réserve que la syphilis est en cause. Il n'est pas jusqu'à cette longue durée, parfois désespérante pour les malades coquettes, qui ne rende encore ce signe plus précieux, puisqu'il permet de conclure à la syphilis alors que souvent tout autre témoin a disparu.

Le diagnostic d'ailleurs ne présente pas de difficulté. On ne peut confondre cette affection disposée en dentelle avec une *mélanodermie* de cause quelconque où l'on n'observe pas les *mailles* caractéristiques.

Le chloasma utérin a d'autres localisations et une coloration beaucoup plus jaunâtre.

Les commémoratifs, la netteté des bords empêcheront, la confusion avec les *macules consécutives aux syphilides*.

Enfin le *pityriasis versicolor* est squameux, surtout au coup d'ongle, légèrement prurigineux, couleur café au lait, localisé au tronc et non au cou, et d'origine parasitaire facile à constater.

Les médecins étrangers, ayant laissé passer inaperçue une lésion aussi nettement caractérisée, l'ont d'abord niée; puis ils ont avancé que cette affection était beaucoup plus fréquente en France que partout ailleurs. La preuve de cette dernière assertion reste à fournir.

Quatrième groupe. — **Syphilides squameuses.** — Nous avons déjà dit n'avoir jamais rencontré de syphilide qui méritât ce nom. Sans doute, nous avons vu des syphilides psoriasiformes donner lieu parfois à une desquamation plus abondante que d'ordinaire; mais ces lésions n'en étaient pas moins manifestement psoriasiformes ou même simplement papulo-squameuses.

D'autre part aucune observation, aucune description ne nous a montré une syphilide pouvant être rapprochée avec quelque certitude des affections dites squameuses, à savoir : les pityriasis, les érythèmes exfoliants et les eczémas arrivés à la deuxième période. Nous n'insisterons donc pas sur un groupe qui est plutôt une case d'attente qu'une subdivision utile dans l'état de nos connaissances.

Cinquième groupe. — **Syphilides vésiculeuses.** — Synonymie : Syphilides pustulantes séreuses (Alibert). Syphilides psydraciées (Rayer). *Pustules syphilitiques vésiculeuses. Syphilides papulo-vésiculeuses.* — Le type de la vésicule étant fourni par l'herpès, les syphilides vésiculeuses ont été qualifiées d'*herpétiformes.* Cette désignation est d'ailleurs sans importance ; ce qu'il faut mettre en relief, c'est la forme vésiculeuse, la forme liquide ou au moins humide de ces syphilides, par opposition aux précédentes, remarquables par un néoplasme papuleux sec et plein.

La vésicule est parfois très-complétement formée ; d'autres fois, aussi fréquemment au moins, et souvent simultanément, il existe une papule miliaire surmontée à son sommet d'une ampoule microscopique contenant une gouttelette de sérosité.

La vésicule, dit avec raison Fournier, n'est qu'une phase toujours éphémère de l'éruption. Elle se rompt rapidement et laisse après elle un petit bouton rougeâtre faisant une saillie légère, dépouillé d'épiderme à son sommet (par le fait de la chute du couvercle corné de la poche séro-purulente) et bordé d'une collerette grisâtre. Plus fréquemment encore on trouve une petite papule granuleuse surmontée d'une croûtelle brune, sèche, adhérente.

Cette forme éruptive a une marche toujours lente ; elle persiste sous l'aspect précédent pendant un et quelquefois deux mois. Elle se compose de trois ou quatre poussées successives, d'abondance décroissante, qui prolongent la durée absolue de l'éruption.

Quand celle-ci est sur le point de céder, on voit les croûtelles tomber définitivement sans donner lieu au plus léger suintement et les papules s'affaisser. Plus tard, la peau redevient saine à ce niveau, mais il reste une pigmentation brune ou violacée, plus accentuée sur les membres inférieurs et chez les sujets alcooliques, qui persiste longtemps après la guérison.

Fournier insiste sur les deux caractères suivants de la syphilis herpétive : la ténuité des éléments éruptifs, leur abondance généralement considérable. Se montrant dans le courant de la première ou de la deuxième année, ils ont les caractères des accidents des premières périodes de la syphilis (dissémination irrégulière, [polymorphisme, etc.) ; très-exceptionnellement Fournier les a vus affecter une disposition cerclée. Il ne les a jamais observés ni à la face, ni aux pieds ni aux mains.

Longtemps niées, les syphilides vésiculeuses ont été décrites pour la première fois par Biett, puis par Cazenave et Schedel en 1828 ; elles ont été ensuite bien étudiées par Bazin et par Fournier.

Les syphilides vésiculeuses offrent plusieurs variétés qui dérivent du type précédent : les syphilides *varicelliformes* sont les mieux définies. Elles se constituent de la manière suivante :

Au bout de quelques jours, et non pas quelques heures, de fièvre, apparaît une éruption de taches rouges circonscrites sur lesquelles se produit presque aussitôt un soulèvement vésiculeux. Bientôt les vésicules deviennent parfaites, mais elles sont plutôt allongées qu'arrondies et varient du volume d'un grain de millet à celui d'un grain de chènevis. La sérosité, d'abord transparente, devient louche, puis purulente; c'est alors que l'affection revêt l'aspect varicelliforme. Même lorsque, plus tard, les vésicules se sont transformées en croûtelles brunâtres, l'éruption ressemble encore à la varicelle par sa dissémination irrégulière, par sa discrétion et surtout par l'irrégularité des éléments; elle procède par poussées successives, mais ne se montre pas sur les muqueuses.

Souvent l'éruption est tellement bien vésiculeuse que, *au point de vue purement objectif*, le diagnostic de syphilide est à peu près impossible; il doit être d'autant plus réservé que les phénomènes généraux même peuvent donner le change. Mais la longue durée des éléments éruptifs, la teinte parfois cuivrée de leurs contours, les antécédents et les phénomènes concomitants, viendront éclairer le diagnostic, qui est méconnu plus souvent qu'on ne croit par ceux dont l'esprit n'est pas prévenu ou dont l'œil manque d'expérience. Au musée de l'hôpital Saint-Louis, il n'existe pas un seul exemple de *syphilides varicelliformes*. Notons ce fait vraiment extraordinaire, qui montre combien sont rares les syphilides varicelliformes.

Sixième groupe. — **Syphilides pustulo-crustacées**. — Comme le fait remarquer Fournier, le revêtement croûteux n'est qu'un masque mobile qui recouvre toujours une entamure du derme *soit superficielle, soit profonde*. Si donc la dénomination de syphilides pustulo-crustacées n'était pas consacrée par la tradition, il y aurait avantage à dire *syphilides pustulo-érosives* ou *pustulo-ulcéreuses*.

L'élément initial n'est plus ici ni un érythème, ni une papule, ni une vésicule, c'est une *pustule*. Toutefois cette lésion est éphémère et à la pustule originelle ne tarde pas à succéder *une ulcération* et *une croûte*. La présence de la croûte est presque constante dans les syphilides de ce groupe. La croûte constitue donc ici, sinon un élément essentiel, du moins un symptôme très-important.

Très-nombreuses, les syphilides pustulo-crustacées n'ont pas manqué d'être partagées en classes et en sous-classes; mais la meilleure classification est la plus simple, celle qui n'admet que quatre espèces principales :

La syphilide pustulo-crustacée acnéiforme (pustule psydraciée des anciens),

—	—	varioliforme,	
—	—	impétiginiforme,	Pustules phlyzaciées.
—	—	ecthymateuse.	

1° *Syphilide acnéiforme*. — Cette variété est la plus précoce et la plus bénigne des syphilides de ce groupe; c'est aussi le degré le plus atténué de la pustule. Elle n'a pas d'autre signification que toute autre syphilide secondaire et, au point de vue clinique, elle est à peu près l'équivalente de la syphilide herpétiforme.

Comme l'*acné vulgaire* même, dont on connaît la *forme papuleuse*, la syphilide acnéiforme présente un certain nombre de petites saillies boutonneuses hémisphériques d'un rouge sombre, d'un volume qui varie de celui d'une tête d'épingle à celui d'une moitié de pois. Ce sont de simples papules miliaires ou plutôt ce sont des pustulettes avortées qui contribuent à former le polymorphisme habituel à cette éruption. A côté d'elles et entremêlées à elles se montrent un grand nombre de pustulettes parfaites : celles-ci sont constituées par des saillies dures à leur base, surmontées à leur sommet par une collection purulente, laquelle soulève l'épiderme et dégénère après un certain temps en une croûtelle brune ou ambrée, mince, adhérente. Cette croûtelle enfin recouvre une *érosion superficielle* du derme : de là une cicatrice légèrement déprimée qui disparaît le plus souvent.

Tels sont les caractères particuliers aux syphilides acnéiformes que, pour les raisons suivantes, on saura distinguer des éruptions acnéiques vraies, c'est-à-dire de l'acné simple et non symptomatique.

Cette dernière éruption est essentiellement chronique. Elle est exclusivement localisée au visage, à la région antéro-supérieure du thorax, au dos et aux épaules. Elle consiste dans un petit nombre d'éléments simultanés et ne donne lieu à un grand nombre de cicatrices qu'à cause de la succession non interrompue et désespérante des poussées. Il en résulte aussi que les éléments qu'on peut considérer à un moment donné sont de divers âges et à des degrés différents de développement. L'acné syphilitique se produit d'une façon relativement aiguë et brusque ; cette éruption acnéique étonne déjà par son abondance relative et par sa simultanéité, elle surprend encore par sa dissémination non-seulement à la face, mais surtout au tronc et sur les membres : ainsi les pustules syphilitiques ont un domaine beaucoup plus vaste ; elles sont aussi relativement moins serrées sur une région donnée.

Quelquefois les pustules se sont, sinon exclusivement, du moins en grand nombre, développées autour des follicules pileux ; c'est alors avec l'*acné pilaire* que le diagnostic devient difficile. Dans la plupart des cas, pour les raisons déjà énumérées, le diagnostic sera facile ; les saillies boutonneuses ont ordinairement une teinte soit cuivrée, soit surtout jambonnée, notamment sur les membres inférieurs. Pourtant, tout récemment nous avons pu observer à l'hôpital Saint-Louis un malade de Vidal, qui était atteint d'une acné pilaire simple vraiment bien difficile à distinguer d'emblée d'une syphilide acnéiforme. L'acné très-abondante, occupant toute la surface du corps, s'était développée dans l'espace de quelques mois seulement, et sur les membres inférieurs les pustules confluentes avaient une coloration lie de vin très-prononcée. Mais la présence de cicatrices anciennes prouva que l'éruption circonscrite existait depuis de très-longues années, mais qu'à cause de sa discrétion et de sa chronicité même elle avait évolué presque indifférente au malade. D'autre part l'examen attentif et l'interrogatoire apprirent que la généralisation ne s'était produite que dans l'espace de quelques mois, mais sous l'influence de l'exaspération due à des excès alcooliques répétés, et que la coloration jambonnée si prononcée aux jambes était occasionnée par des varices. Enfin le malade niait tout accident syphilitique, et l'on ne trouva aucune manifestation ni aucune trace pouvant faire admettre le diagnostic syphilis : c'était un cas d'*acné pilaire arthritique*.

Nous citerons comme exemples de syphilides acnéiformes les pièces 601 et 717 du musée et 323 de la collection de Fournier.

2° *Syphilides varioliformes.* — Entre les syphilides acnéiformes et les syphilides impétiginiformes, il existe des lésions intermédiaires : ce sont les *syphilides varioliformes* et *vacciniformes*. En effet, elles sont essentiellement et non accidentellement trop larges et pas assez indurées, trop plates et pas assez acuminées, pour être rangées parmi celles qui se rapprochent de l'acné ; d'autre part, elles ne deviennent croûteuses qu'après être restées longtemps — et non passagèrement — à l'état de pustules ; et quand elles se sont formées, les croûtes sont adhérentes et plutôt brunes que jaunes. Les lésions ne peuvent donc pas être considérées comme impétigineuses, mais seulement comme se rapprochant de ce mode éruptif. D'ailleurs ces syphilides sont contemporaines des précédentes et appartiennent à la période secondaire. Ce sont de véritables *pustules*, c'est-à-dire des lésions aplaties, arrondies, variant de la largeur d'une lentille (variété varioliforme) à celle d'une pièce de 20 centimes (variété vacciniforme), formées par un soulèvement des couches superficielles de l'épiderme, qui se détachent des couches profondes par suite de l'épanchement d'une certaine quantité de sérosité.

Bientôt on voit le centre de la pustule s'affaisser et une véritable ombilication se former. Si l'aspect de la pustule variolique est réalisé, c'est aussi par le même mécanisme : il suffit en effet, pour ombiliquer artificiellement une pustule syphilitique comme une pustule variolique, d'aspirer avec la seringue de Pravaz une petite quantité du contenu. L'ombilication spontanée se réalise par la résorption ou plutôt par l'évaporation d'une petite partie du liquide séreux.

D'ailleurs, quel que soit le mécanisme, le fait existe et il est parfois assez réussi pour donner le change à quiconque ne se tiendrait pas en garde et ne considérerait que les phénomènes objectifs. Bientôt, par suite du desséchement progressif de la pustule, la dépression centrale prend de l'extension ; puis elle disparaît peu à peu sous une croûte assez épaisse, résistante et brunâtre, dont l'évolution est chronique et identique à celle de toutes les autres syphilides.

Dans nos recherches *sur la variole* (1880) nous avons rapporté plusieurs observations de ce que l'on a appelé la *variole* ou la *varioloïde* ou la *vaccine syphilitique*. Ces dénominations sont d'ailleurs mauvaises. Au musée de l'hôpital Saint-Louis, on peut voir un moulage pris sur un malade de Vidal qui donne l'idée la plus complète d'un type de syphilide vacciniforme (*Voy.* pièce n° 349) (Coll. part. de Fournier, n° 271).

Il ne faut pas prendre pour des syphilides pustuleuses vacciniformes les cas où, à la suite de pullulation, les pustules vaccinales forment une éruption abondante (*Voy.* au musée les nᵒˢ 331, 620, 850). L'erreur inverse est plus redoutable encore, comme il est arrivé à un médecin qui, confiant dans l'ombilication, prit des pustules syphilitiques pour des pustules vaccinales et inocula, au lieu de la vaccine, la vérole à huit nouveau-nés.

Tout l'intérêt de cette variété éruptive consiste dans le diagnostic. Ce n'est pas d'ailleurs le seul cas où cette question ait dû être posée entre la variole, intoxication à marche aiguë, et la syphilis, intoxication à marche chronique. Nous avons déjà eu occasion de signaler ce fait clinique intéressant à l'occasion des syphilides érythémateuse (rash) et papuleuse (éruption variolique au début) ; nous aurons à le répéter à propos de certaines syphilides [ecthymateuses. Il faut se rappeler que dans certains cas la fièvre syphilitique peut être aussi vive que celle d'une fièvre éruptive. Fournier, Millard et d'autres auteurs, ont signalé des faits dans lesquels la syphilis a entouré ses éruptions d'un cortége symptomatique aussi intense, aussi éclatant, aussi aigu que la variole eût pu le faire.

Toutefois, dans la grande majorité des cas, la fièvre syphilitique n'est pas continue et n'éclate pas subitement, en pleine santé, ni surtout avec la même ardeur ; d'autre part, il y a de la dépression, de la prostration à la fois physique et intellectuelle, ce qui est rare dans la variole, où l'on observe surtout de la courbature et de la lassitude physique. Le processus fébrile évolue avec un fracas moindre dans la syphilis, où la torpeur et l'inertie sont plus prononcées et peuvent, dans certains cas, revêtir l'aspect typhique : en même temps que le brisement et la prostration il peut y avoir de la pâleur et de l'amaigrissement (forme dénutritive de Fournier).

Outre l'état général, il y a lieu aussi de rechercher les antécédents, les phénomènes concomitants, l'absence de l'angine pustuleuse de la variole et, au contraire, la présence des syphilides opalines ou érosives.

C'est encore à ces éléments de diagnostic qu'on aura recours quand la variole, et surtout la varioloïde, se produiront chez un individu en puissance de syphilis.

C'est ainsi que nous avons vu un malade qui fut atteint de variole dans le cours d'une roséole spécifique que l'on put prendre, au moment du premier examen, pour un rash hyperémique. Comme le rash, l'érythème spécifique disparut pendant l'éruption. La varioloïde suivit son cours, les vésicules se desséchèrent et la syphilis reparut avec ses taches roséoliques et ses papules caractéristiques.

Dans d'autres cas, ce n'est plus la syphilis, mais la variole, qui est méconnue. Le fait peut avoir lieu surtout quand on n'assiste pas aux premiers symptômes de la varioloïde. La fièvre a été courte, légère, puis elle est tombée ; l'éruption s'est montrée discrète presque toujours et, comme elle persiste quelque temps, le malade vient consulter en se croyant atteint d'une affection cutanée.

La persistance d'un rash hémorrhagique ponctué dans les aines, les pustules du pharynx et du voile du palais sont bien précieuses alors pour établir la nature des vésicules desséchées ou légèrement croûteuses que l'on trouve disséminées sur le corps.

La difficulté n'est pas moindre lors de la période de dessiccation de la variole quand les croûtes sont tombées et qu'il ne reste plus, à la place qu'a occupée la pustule, qu'une sorte de collerette épidermique analogue à celle que Biett a décrite pour certaines syphilides papulo-squameuses.

En 1880, nous nous souvenons d'avoir vu dans le service de Fournier, à l'hôpital Saint-Louis, un malade dont la face était littéralement couverte de syphilides pustulo-crustacées. Bien que l'état général fût satisfaisant et l'apyrexie complète, de nombreuses poussées éruptives avaient déjà couvert le corps de cicatrices et de macules. Au moment de l'examen, la tête exclusivement est envahie, mais elle l'est en totalité jusqu'au cou, où l'éruption s'arrête en collier. La face notamment disparaît sous les pustules croûteuses, sèches, saillantes, grisâtres ou jaunâtres à la base et jaunâtres au sommet. Elles sont limitées par des bandes épaissies, rougeâtres, violacées, irrégulières, par le fait de l'infiltration du derme par les néo-productions syphilitiques. Les croûtes sont plus épaisses et confluentes au niveau des paupières, du nez et des pommettes; bref, on dirait du masque croûteux d'un varioleux. Or, il s'agissait d'une vaste syphilide qui s'est développée sans fièvre, sans intéresser l'état général ni l'appétit, sans se généraliser au reste du corps, d'une façon lente et indolente.

Le diagnostic fut donc facile en l'espèce, grâce aux commémoratifs et à la localisation exclusive de l'éruption à la tête. Mais il était ici utile de rappeler combien exactement cet homme, couché et n'ayant que la tête hors des couvertures, présentait la physionomie d'un varioleux arrivé à la période de dessiccation de la forme cohérente.

Dans les variétés varioliformes, l'indolence, la marche lente, la localisation au tronc ou à la face, et en tous cas le défaut de généralisation, le groupement ou bien le polymorphisme, viendront rapidement élucider le diagnostic.

La ressemblance objective n'en est pas moins parfois très-frappante, et l'on ne peut s'empêcher de constater une fois de plus qu'une même cause, que ce soit la syphilis ou même la variole, peut, selon les sujets et les cas, donner lieu aux éruptions les plus variées, constituées ici par des vésicules à peine marquées, chétives, étiolées, là par des pustules larges, épaisses et profondes. Si donc la classification de Willan et de Bateman, qui partage les affections cutanées en papuleuses, vésiculeuses, pustuleuses, etc., rend de signalés services en dermatologie (*Voy.* t. XXVI, p. 390), il n'en est pas moins vrai qu'elle est profondément artificielle et que la méthode de Bazin, toujours à la recherche de la maladie constitutionnelle et de la cause diathésique, a une bien plus grande valeur médicale. Ce n'est donc que quand la cause est connue que l'on doit en classer les effets d'après la méthode de Willan.

Quoi qu'il en soit, les syphilides pustuleuses que nous étudions ici se feront remarquer, alors même qu'elles seront croûteuses, par un bourrelet

brillant et grisâtre qui borde la croûte centrale et qui est le vestige de
la pustule elle-même. Ce bourrelet grisâtre, luisant, presque argenté,
paraît d'autant mieux que la peau d'où il s'élève est elle-même infiltrée,
épaissie et d'une couleur violacée ou jambonnée significative. Le moulage
756 en offre un bel exemple.

C'est ce même bourrelet sur lequel nous verrons plus loin insister Fournier et qui limite les placards de syphilides impétigineuses confluentes.

Toutes les lésions précédentes ne sont d'ailleurs que des modalités de
la papule syphilitique, capable de revêtir, par déviation du type, différents aspects.

3° *Syphilides impétiginiformes.* — Nous avons déjà signalé parmi
les syphilides papulo-croûteuses des syphilides revêtant l'aspect de lésions
impétigineuses. Celles qui nous occupent maintenant, c'est-à-dire les
pustulo-crustacées, deviennent aussi parfois impétiginoïdes.

Aujourd'hui tout le monde s'accorde à considérer l'impétigo comme un
eczéma pustuleux : or, comme il n'existe pas, ainsi que nous l'avons déjà
dit, d'eczéma syphilitique, ni sous forme squameuse ni sous forme vésiculeuse ou pustuleuse, il ne peut être question ici que de syphilide *eczématiforme* ou *eczématoïde.*

Ce qui distingue les syphilides pustulo-crustacées impétiginiformes des
syphilides papulo-croûteuses impétiginiformes, c'est que, sous les premières, il existe une exulcération de la peau, si ce n'est même une ulcération entraînant une cicatrice, tandis que, sous les secondes, se trouve un
néoplasme saillant et papuleux qui disparaît sans laisser la moindre trace.

La variété qui nous occupe diffère des autres variétés du même groupe
en ce qu'elle débute par des pustules généralement petites, multiples et
groupées, toutes réunies au voisinage les unes des autres sur une auréole
rouge qui leur est commune (Fournier). Plus tard, elles deviennent confluentes, et par l'abondance de leur exsudation purulente elles donnent
lieu à d'épais et larges placards croûteux, granuleux, rocheux, boursou-
flés et ocreux; toujours secs, ils deviennent, au fur et à mesure qu'ils
vieillissent, poreux, cassants et de moins en moins adhérents ; ils ne sont
jamais généralisés, mais au contraire circonscrits à une région. Leurs
siéges de prédilection sont toutes les parties velues, puis la face et plus
particulièrement le front, les ailes du nez, les commissures labiales, le
sillon mentonnier. Ils sont rares au contraire sur les membres, et incon-
nus sur les extrémités.

Nous allons exposer le *diagnostic différentiel*, d'abord entre l'*impétigo syphilitique* et l'*impétigo eczémateux* ou strumeux, ensuite entre
l'*impétigo syphilitique* et l'*ecthyma spécifique.*

1° Les croûtes syphilitiques sont moins jaunes et plus foncées ; elles
sont plus disséminées ; elles affectent parfois la forme circulaire, elles
sont plus dures et plus sèches. Plus adhérentes que les croûtes de l'impétigo eczémateux, elles le sont moins cependant que dans les autres affections syphilitiques.

2° L'ecthyma syphilitique est recouvert d'une croûte moins proéminente, plus égale, bien que stratifiée, conique, en forme de coquille, non granuleuse, non rocheuse. Cette croûte, assez dure, n'est pas cassante ; de plus elle est très adhérente ; au lieu d'être soulevée au-dessus de l'érosion, elle est *enchâssée* dans les bords de l'ulcération sous-jacente, ce qui en explique l'adhérence plus grande.

Nous aurons plus loin à revenir sur l'étude de l'ecthyma spécifique.

Les syphilides impétiginiformes se rencontrent de préférence chez les sujets jeunes et strumeux. Or nous verrons que la scrofule tend à donner aux syphilides une forme végétante, humide et suppurative.

Quand la syphilide impétigineuse marche vers la guérison, on voit la croûte se détacher, puis le néoplasme mis à nu entre peu à peu en résolution. Dans les cas où les couches superficielles de l'épiderme ou du derme ont été érodées, la cicatrisation, dès qu'elle a commencé à se faire, s'achève rapidement. Il reste une macule plus ou moins longue à disparaître et une cicatrice superficielle qui, dans la plupart des cas, n'est pas définitive.

Telle est la *forme bénigne* et *superficielle* des syphilides impétiginoïdes.

Il en est une autre plus grave et *plus profonde*, qu'on rangeait autrefois dans la classe mal définie (et qui par conséquent doit disparaître) des *impetigo rodens*. On a donné ce nom à des ulcérations recouvertes de croûtes jaunâtres, mais dues à des causes très-différentes, puisqu'on y trouve des lésions cancéreuses, lupeuses et véroleuses. Il ne peut être question ici que des dernières, dorénavant bien classées parmi les syphilides pustulo-crustacées, variété ulcéro-croûteuse ou profonde de la forme impétiginoïde.

Celle-ci se distingue de la variété superficielle par les signes suivants, bien indiqués par Fournier :

1° Par l'aréole inflammatoire de ses pustules, qui est plus large et plus rouge, d'un ton vineux et violacé ;

2° Par le caractère de ses croûtes, qui sont presque aussi résistantes que celles de l'ecthyma ;

3° Par la profondeur de l'entamure du derme, qui est devenue une véritable perte de substance, avec tendance marquée à l'extension centrifuge.

Déjà on retrouve ici les divers caractères que nous avons reconnus aux ulcérations spécifiques.

Notons un fait intéressant au point de vue de l'évolution : on voit à la périphérie de la croûte l'épiderme se soulever en forme de pustule annulaire, cette zone pustuleuse s'encroûter à son tour et, par la croûte nouvelle ainsi constituée, marquer les progrès du processus ulcéreux.

On reconnaît là encore la marche qui caractérise les syphilides ulcéreuses en général, au point que l'on serait tenté de mettre ces lésions au rang de celles que nous étudierons plus loin ; mais la forme pustuleuse des éléments de début et de progression ne permet pas de les considérer autrement que comme des syphilides pustulo-crustacées.

Cette deuxième forme de l'impétigo spécifique constitue parfois, par la
fusion de ses éléments, des nappes infiltrées qui aboutissent à des
ulcérations pouvant atteindre des dimensions considérables ; le processus,
ennemi de toute généralisation, semble d'autant plus térébrant que ses
effets sont pour ainsi dire concentrés sur une seule région. Par un fâcheux
privilége, la face est un siége de prédilection pour ces lésions. Plusieurs
cas de phagédénisme doivent leur être rapportés (Fournier). Nous-même
nous avons observé un phagédénisme de la verge qui n'avait pas d'autre
origine. On voit combien plus sombre est le pronostic que comporte cette
syphilide comparée à celles que nous avons jusqu'ici passées en revue :
elle guérit lentement, difficilement, et au prix de cicatrices indélébiles.

D'ailleurs, elle ne se montre guère que chez les sujets frappés d'une
infection soit artificiellement, soit essentiellement profonde, « redoutable
pour le présent et non moins menaçante pour l'avenir. » L'impétigo syphilitique porte, on le voit, le cachet des lésions tertiaires. Ce n'est
pourtant qu'une lésion de la fin de la période secondaire.

4° *Syphilide ecthymateuse.* — L'ecthyma syphilitique est une syphilide pustulo-crustacée remarquable par la largeur initiale de ses éléments éruptifs. Certes ceux-ci sont susceptibles d'accroissement, mais
d'emblée ils sont larges et reconnaissent pour lésion originelle une pustule relativement très-étendue et ovalaire.

Cette pustule, rapidement masquée par une croûte noirâtre, prend
une physionomie qui se rapproche tellement de celle de l'ecthyma vulgaire, que l'on a sérieusement discuté sur la réalité du rôle joué par la
syphilis dans la production de cette dermite.

Ce fait n'étonnera pas, si l'on se souvient que certains auteurs ont pu
mettre en doute l'individualité de l'affection ecthymateuse de la peau, si
bien établie par Bazin.

Comme la pustule impétiginiforme, la pustule ecthymatiforme présente deux variétés : la superficielle et la profonde.

1° La première forme, connue encore sous les noms d'*ecthyma superficiel*, d'*ecthyma plat*, *lenticulaire* ou *érosif*, n'est qu'une modification
de la papule syphilitique et appartient par conséquent à la période secondaire et aux manifestations polymorphes. Aussi, comme les syphilides
précoces, est-il généralisé ou disséminé sans régularité, assez abondant,
superficiel et bénin, à la façon des syphilides papulo-squameuses en com-
pagnie desquelles il se rencontre fréquemment. Ce n'est qu'une variété
de syphilide papulo-croûteuse.

Les siéges de prédilection sont la nuque chez la femme, et les extrémités antéro-inférieures des jambes chez l'homme. Quelquefois, quoique
rarement, on l'a observée à l'état d'éruption isolée et plus ou moins généralisée. D'autres localisations, pour l'ecthyma circonscrit, sont le front
et la frontière du cuir chevelu, les faces latérales du cou, le dos, la rai-
nure interfessière, les bourses, le mont de Vénus et le bord libre des
grandes lèvres (Fournier).

Fournier a observé les pustules ecthymateuses groupées en cercles incomplets ou parfaits.

Cette lésion est très-commune ; chacun se souvient d'en avoir vu, parfois même d'une manière très-précoce, par exemple, pendant la durée même du chancre.

Après les divers caractères que nous avons déjà reconnus à la lésion ecthymateuse plate et superficielle, il ne nous reste plus qu'à signaler sa forme ovalaire, la superficialité de son érosion, la minceur et la coloration brunâtre de sa croûtelle.

Mais jamais aucun de ces éléments éruptifs ne s'est montré avec une dépression centrale, et qui dit « ecthyma » n'évoque pas l'idée d'une pustule ombiliquée : c'est pourquoi nous n'avons pas rangé dans cette classe les syphilides varioliformes ou vacciniformes.

Les unes et les autres ne sont d'ailleurs, nous ne saurions trop le répéter, que des modifications, des *déviations du type papuleux ;* disons toutefois que la modalité ecthymateuse implique généralement une gravité plus grande, revêtue, *pour une raison ou pour une autre,* par l'infection.

2° La deuxième forme, ou *ecthyma profond,* est caractérisée par une pustule plus accentuée, plus développée, puis par une croûte stratifiée plus épaisse, plus adhérente, plus dure et plus brune. Cette croûte recouvre elle-même, non une érosion, mais une ulcération entamant parfois profondément le derme, violacé ou jambonné, infiltré par le néoplasme syphilitique. Elle varie du diamètre d'une pièce de 20 centimes à celui d'une pièce de 5 francs. La lésion d'ailleurs est large, ovalaire, et revêt une physionomie assez spéciale pour bien justifier la dénomination particulière d'*ecthyma.*

Ses autres caractères sont d'ailleurs ceux que nous avons reconnus aux lésions, non plus précoces comme la forme précédente, mais tardives et même *tertiaires* (petit nombre et groupement des lésions, entaillure à pic des ulcérations, durée longue, cicatrices pigmentées, récidives, etc.). On pourrait dire de lui qu'il appartient à toute période de la diathèse, sauf au jeune âge de l'infection. Qu'on se garde, dit encore Fournier, de considérer l'ecthyma profond comme un ecthyma superficiel amplifié ; ce qui le différencie de ce dernier, ce n'est pas seulement l'exagération de ses proportions, c'est bien plutôt son caractère ulcéreux et intensif et sa signification pronostique sévère.

Ici encore le *diagnostic* est un des points les plus intéressants de la question.

Nous avons déjà vu ce qui différenciait les deux formes l'une de l'autre ; nous n'y reviendrons pas. Mais ce ne sont pas les seules lésions ecthymateuses qui se puissent rencontrer sur un syphilitique. Il n'est même pas rare d'observer, *en même temps* que l'ecthyma syphilitique, l'*ecthyma vulgaire, simple ou cachectique ;* dans ce cas, la pustule d'ecthyma est symptomatique de l'état de débilitation amené ou aggravé par la syphilis ; c'est pour cela qu'on la rencontre surtout dans les cas de syphilis dénutritive.

« C'est l'éruption des sujets déprimés ou cachectiques, et son activité
est en proportion de la débilitation. C'est ainsi que chez les enfants et
les vieillards on voit les formes ulcéreuses et gangréneuses. Toutes les
causes de débilitation, misère, excès, vices d'alimentation et d'hygiène,
alcoolisme, syphilis, scrofule, diabète, etc., sont productives de l'ecthyma » (E. Vidal, *De l'inoculation de quelques affections cutanées*. Congrès de Genève, 1877). Récemment il nous est arrivé de diagnostiquer
le diabète, rien que par la présence de lésions ecthymateuses développées
sur les membres inférieurs, à cause de la résistance opiniâtre de ces accidents; le malade nous avait été adressé comme syphilitique probable.

On peut dire que la cachexie prépare le terrain et le rend apte à faire
fructifier le germe qui aura été déposé en lui. Et en effet, le caractère
différentiel par excellence entre l'ecthyma syphilitique et l'ecthyma cachectique consiste dans l'auto-inoculabilité de cette dernière forme.

Cette inoculabilité, presque fatale au début, va en diminuant graduellement à chaque nouvelle génération. Toutefois, la puissance d'inoculation
peut aller très-loin, puisque V. Tanturi (1867) a pu obtenir sur un
même sujet jusqu'à 34 pustules successives, par 6 séries. Vidal a démontré que les pustules étaient plus belles et plus développées sur la cuisse
ou sur la jambe que sur le membre thoracique, et surtout que sur le
tronc. Ce caractère important donne l'explication de la marche de l'ecthyma
cachectique, de sa durée indéfinie, par suite de l'apparition successive
des poussées éruptives, de sa disposition en longues traînées dues aux
auto-inoculations de frottement et de grattage, de sa prédilection pour les
menbres inférieurs, de son apparition chaque fois que des solutions de
continuité se font à l'épiderme d'un sujet débilité, comme il arrive dans la
convalescence de la variole ou de la fièvre typhoïde et même à la suite
de la gale.

Si nous avons longuement insisté sur ces divers points, c'est qu'ils constituent précisément les éléments du diagnostic différentiel entre l'ecthyma
spécifique et l'ecthyma cachectique. Ce dernier a aussi une forme moins
régulière et rarement bien arrondie.

Ce diagnostic, aujourd'hui relativement facile, n'était pas de connaissance courante à une période encore peu éloignée de nous, comme le
prouve l'accident arrivé en 1855 à Vidal (de Cassis), qui inocula la vérole
à l'un de ses internes en pharmacie en croyant expérimenter avec une
pustule d'ecthyma simple.

D'après les expériences de E. Vidal, l'ecthyma syphilitique n'étant
pas auto-inoculable, il n'est pas nécessaire, comme pour l'ecthyma cachectique simple, d'isoler avec soin les pustules pour les guérir plus rapidement.

Nous avons dit plus haut que l'ecthyma se montrait assez fréquemment
chez les galeux. C'est un fait tellement vrai que l'*ecthyma scabieux*
passe à bon droit, à cause de ses localisations spéciales, comme un signe
précieux, nous dirions presque pathognomonique, de la gale. Nous pensons que l'ecthyma scabieux est encore différent des deux formes précé-

dentes et qu'il résulte à la fois de la fusion des pustules scabieuses et de
l'irritation violente de la peau. En effet, si les nombreuses lésions que
fait naître sur la peau une colonie d'acares peuvent créer un grand nombre de portes d'entrée à la matière productrice de l'ecthyma, du moins
cet ecthyma occupe-t-il, dans ce cas, non pas au hasard quelques points,
ni tous les points accessibles, mais seulement certains siéges (coudes,
fesses, poignets, etc.). Cette localisation constitue un caractère d'autant
plus significatif que le signe fourni par l'inoculabilité fait ici presque
toujours défaut.

Les démangeaisons, les autres symptômes de la gale, devront être re-
cherchés avec soin, car la localisation n'est pas un signe absolument
infaillible. Dernièrement encore, il nous a été donné de voir, dans le
service de Besnier, un malade qui était couvert d'une éruption *abondante*
et *généralisée* de pustules ecthymateuses, disposées sans confluence en
des points spéciaux, et remarquables encore par une coloration vineuse
et par une pigmentation très-prononcée. Or le sujet n'était pas un syphilitique, mais simplement un galeux ; il est vrai qu'il était alcoolique.
D'autre part, il faut savoir que, comme la syphilis, la gale engendre
des éruptions polymorphes, et que, exceptionnellement, la gale peut se
montrer aprurigineuse (gale anesthésique, etc.).

Quand la pustule ecthymatoïde est dépouillée de l'écaille croûteuse qui
la masque, elle est constituée par une ulcération profondément entaillée
qui présente les *caractères généraux des ulcérations spécifiques*. Nous
les avons déjà signalés parmi les généralités ; nous les étudierons à l'occasion des plaies qui succèdent aux tubercules et aux gommes de la peau.

Nous nous contentons également de mentionner ici les difficultés qu'on
rencontre parfois à distinguer les ulcérations ecthymateuses des ulcérations du chancre simple. De même agirons-nous pour l'instant avec les
lésions (lupus, etc.) *scrofulo-ulcéreuses* pouvant être confondues avec les
syphilides ecthymateuses. Rappelons la ressemblance de certaines syphilides ecthymateuses avec les pustules de vaccine généralisée. Nous
étudierons la grave maladie de la peau décrite par Fournier et par Lailler
sous le nom d'*ecthyma infantile térébrant* lorsque nous passerons en
revue les dermatoses spéciales aux enfants.

Septième groupe. — **Syphilides bulleuses**. — Y a-t-il des syphilides
vraiment bulleuses?

Et tout d'abord, qu'est-ce qu'une *bulle?*

La *bulle*, affection générique de la peau, est une petite tumeur
aqueuse transparente ou louche, reposant sur une base enflammée, mais
non épaissie, résultant du décollement de l'épiderme par la sérosité ou
par le pus, ou plutôt, d'après les recherches modernes, résultant de la
distension hydropique de certaines cellules mapighiennes (Voy. *Anat.
pathol.*).

Une éruption ne peut être bulleuse que si elle est, régulièrement et
non accidentellement, composée de bulles ayant à peu près, sinon les
mêmes dimensions, du moins la même forme, et si elle reste bulleuse

pendant une grande partie de sa durée. Or la bulle est ordinairement arrondie et varie généralement du diamètre d'une pièce de 20 centimes à celui d'une pièce de cinq francs. Certes, une éruption bulleuse est composée d'éléments parfois plus petits ou plus larges, mais, une fois leurs dimensions atteintes, les bulles ne s'accroissent pas indéfiniment et d'une manière continue; si elles subissent une augmentation de volume, c'est exceptionnellement et par la fusion de bulles voisines.

Si les lésions sont formées par le simple épanchement sous-épidermique d'une humeur séreuse ou séro-purulente, s'il n'y a qu'un décollement intra-épidermique de forme irrégulière et variable et si ce décollement va en s'élargissant sans cesse, mais toujours sans forme déterminée, par une augmentation successive du liquide contenu ou exsudé, on a affaire, non pas à une bulle vraie, non pas à l'affection générique de la peau dite bulle, mais à une simple exaspération de l'inflammation : c'est alors un épiphénomène sans valeur, d'importance toute relative et toute variable, pour lequel on a fait le mot *phlyctène*.

Le pemphigus, l'érythème bulleux, sont des *affections bulleuses;* l'érysipèle, l'engelure, les brûlures et toutes les lésions gangréneuses, son des *affections souvent phlycténulaires*. Il faut donc se garder de donner le nom d'*affections bulleuses*, et à plus forte raison de pemphigus (qui n'est qu'une espèce spéciale d'affection bulleuse), à toute lésion résultant du soulèvement de l'épiderme par un liquide quelconque.

Il faut réserver l'expression *bulleuse* pour les affections qui présentent d'emblée et comme phénomène essentiel cette disposition et appliquer celle de *phlycténulaire* à toutes les ampoules qui ne surviennent qu'à titre de phénomène secondaire, passager, surajouté à une lésion primitive.

S'il en est ainsi, nous devons dire que *jamais nous n'avons vu de syphilide méritant la qualification de bulleuse.* Pendant trois années de séjour à l'hôpital Saint-Louis, nous ne sachons pas qu'il en ait été signalé un seul fait dans les divers services de dermatologie.

Autrefois on décrivait deux formes de syphilides bulleuses : le pemphigus et le rupia.

1° Les auteurs contemporains s'accordent à rejeter le *pemphigus syphilitique*. Bazin « ne l'a jamais observé » ; Fournier n'en a jamais rencontré « le moindre cas. » Martineau n'en a pas vu non plus.

Si des hommes ayant une expérience aussi étendue n'ont à enregistrer que des résultats négatifs, il faut que la lésion soit plus que rare. Au musée de l'hôpital Saint-Louis il n'en existe aucun exemple concluant; on n'y voit que des soulèvements épidermiques, des phlyctènes, mais aucune éruption syphilitique véritablement bulleuse.

Nous verrons que, même chez les enfants, l'affection qu'on appelle *pemphigus* ne mérite pas non plus cette dénomination.

Certes nous avons vu des cas de pemphigus vrai chez des syphilitiques; Fournier en a fait faire, d'après un même malade, deux moulages : il s'agissait d'un homme atteint depuis quinze ans d'une syphilis qu'il n'avait jamais bien traitée. Survint une paraplégie, plus prononcée à droite, qui ne fut pas d'abord rapportée à la syphilis. L'affection durait depuis six mois, quand apparurent trois énormes bulles de pemphigus vrai sur la cuisse droite. C'est alors que le malade fut envoyé dans le service de Fournier, qui le soumit à un traitement spécifique énergique. Le malade allait mieux, descendait déjà dans le jardin, quand une affection pneumonique intercurrente l'emporta. Chez ce syphilitique, le pemphigus, d'abord bulleux, puis lamello-croûteux, se montra sous une forme typique ; mais il est évident que ce n'est pas de cas analogue qu'il s'agit lorsqu'on parle de pemphigus syphilitique.

Dans d'autres cas, on a pu voir des éruptions bulleuses se développer chez des syphilitiques, sans que les éruptions soient elles-mêmes d'origine spécifique. Telles sont les éruptions médicamenteuses, iodiques et autres, et même l'érythème bulleux arthritique.

2° Le *rupia*, dit-on, a pour lésion initiale une bulle. Nous ne contesterons pas le fait d'une manière absolue, mais rien ne nous est moins démontré.

Sur une trentaine de cas de rupia qu'il nous a été donné d'observer, nous n'en avons pas vu un seul à l'état bulleux.

Nous en avons cependant rencontré de récemment constitués ; dans ces cas, la croûte était entourée d'une ampoule circulaire : les couches superficielles de l'épiderme formaient une poche qui était gonflée de liquide fortement purulent. Mais ces dilatations ampullaires nous ont fait l'effet d'être de simples phlyctènes beaucoup plutôt que de véritables bulles.

Au musée de l'hôpital Saint-Louis, tous les moulages représentent des rupias à l'état croûteux, et rien ne permet de supposer que la lésion primitive ait été essentiellement et vraiment bulleuse (Voy. *Anat. path.*).

Nous sommes donc amenés pour notre part à ne voir dans le rupia qu'*une forme spéciale de syphilide ulcéro-croûteuse*. Cette lésion est seulement remarquable par une profondeur *relativement* moindre de l'ulcération et au contraire par une augmentation de la largeur et de l'épaisseur de la croûte.

C'est même là le fait capital que l'on doit retenir de l'étude du rupia : à savoir que la lésion que l'on désigne ainsi est essentiellement constituée par une croûte épaisse, dure, stratifiée, conique, bombée en forme d'écaille d'huître, recouvrant une ulcération relativement moins profonde qu'on ne pouvait s'y attendre.

Toutefois la lésion n'est pas seulement érosive comme dans le pemphigus, elle est véritablement ulcéreuse. Il ne faut pas oublier, en effet, que l'ulcération du rupia est une ulcération syphilitique tertiaire.

Quoi qu'il en soit, le mot *rupia* fait naître dans l'esprit, non l'idée d'une ulcération ou d'une bulle, mais bien celle d'une croûte épaisse et large.

Le fait est tellement vrai que, chaque fois que les auteurs prennent le rupia pour terme de comparaison, c'est à l'occasion de lésions soit plus fortement croûteuses que de coutume, soit exceptionnellement croûteuses.

Tel est, par exemple, le *psoriasis rupioïde* d'Anderson, qui n'est qu'un psoriasis exaspéré ou exagéré et qui consiste dans des placards larges, épais et ovalaires, à la surface desquels se trouvent, non des amas de squames, mais des croûtes. C'est à ce titre que le terme de *rupia* doit rester en dermatologie, non plus pour exprimer une espèce spéciale de lésions cutanées, mais bien pour s'appliquer à un symptôme : qui dit rupia dit *syphilide tertiaire exaspérée* pour une raison quelconque (topiques irritants, absence de traitement, alcoolisme, impaludisme, etc.). Cette exaspération se trahit par l'apparition d'abord de phlyctènes et plus tard de croûtes épaisses, amplifiant la forme généralement ovalaire de la lésion primordiale.

Hardy croit que le rupia n'est qu'une éruption pustuleuse survenant chez un individu débilité et cachectique (*Voy*. t. XXXII, p. 66).

Fournier, dont l'expérience sera consultée avec profit dans tous les cas, considère comme un *détail* le caractère phlycténulaire du rupia et rapproche complétement la symptomatologie du rupia de celle de l'ecthyma : La croûte, dit-il, est épaisse, foncée en couleur, brune avec quelques reflets verdâtres, rugueuse, étagée à la façon de certaines coquilles, entourée à son pourtour d'une aréole inflammatoire d'un rouge sombre ou d'un brun violacé.

L'ulcération rupiale est circulaire, creuse ou demi-creuse, à bords nets et parfois taillés à pic, à fond grisâtre et pultacé ou bien vineux et livide, à cicatrice noirâtre, ne se décolorant qu'après un temps fort long et restant plus ou moins déprimée.

A tous ces titres, ajoute-t-il, le rupia se rapproche singulièrement de l'ecthyma, à ce point qu'*on l'en distingue plutôt par habitude traditionnelle que par de légitimes et suffisantes raisons. Il ne doit être considéré cliniquement que comme une variété de l'ecthyma profond* et atteste, comme lui, soit une syphilis grave, soit un état grave de l'organisme infecté.

Fournier dit encore : Dans un certain nombre de cas l'éruption franchement rupiale ne présente qu'une ulcération peu profonde, mais plus profonde assurément que celle des lésions ecthymateuses.

Certes le fait est important à retenir, mais il est insuffisant pour faire maintenir une division spéciale des syphilides.

L'observation ne nous montre pas de *syphilides bulleuses vraies ;* les cas qui s'accompagneront de phlyctènes seront considérés comme ayant subi une exaspération secondaire qui ne peut changer la modalité de la lésion. Les syphilides rupiales et pemphigoïdes devront donc rentrer dans le *groupe des pustules,* où il suffira d'ouvrir un chapitre additionnel pour ces modifications du mode éruptif pustuleux.

Bazin pensait que le rupia syphilitique pouvait être sûrement différencié du rupia vulgaire rien que par ses seuls signes objectifs, à savoir : « son auréole cuivrée, la couleur noirâtre de ses croûtes, l'aspect grisâtre de ses ulcérations, ses bords taillés à pic, etc. »

Fournier ne pense pas ainsi : Dans la plupart des cas, dit-il, la spécificité du rupia n'est guère possible à déterminer que d'après la notion des accidents contemporains et des accidents antérieurs. Sans contester la valeur réelle des signes locaux dans quelques circonstances, il tient à dire qu'ils sont loin d'être assez caractéristiques *dans tous les cas* pour autoriser, *de par eux seuls*, un diagnostic d'emblée, pour permettre d'affirmer la nature spécifique ou vulgaire de la lésion.

Telle est l'opinion aussi de Cazenave, de Rollet et d'autres syphiligraphes.

Cette remarque était trop importante pour ne pas être mentionnée. Toutefois nous verrons qu'elle est loin d'être exclusivement applicable au rupia et que pareille difficulté se présente pour d'autres syphilides et notamment pour les syphilides ulcéreuses. Parfois même le diagnostic de ces lésions est tellement difficile objectivement, que même les médecins les plus habiles et les plus expérimentés ne trouvent plus de ressource que dans l'épreuve thérapeutique.

Résumons ce qui précède en répétant que, si un certain nombre de syphilides sont phlycténulaires, il n'en existe pas qui soient essentiellement et primitivement constituées par des bulles. Ce groupe doit donc disparaître et faire place à un chapitre pour l'étude des *pustules modifiées*.

En définitive, les syphilides pourront être rangées dans les cadres suivants :

Lésions cutanées *érythémateuses* appartenant à la première période ;

Lésions cutanées *papuleuses* avec leurs nombreuses modifications comprises dans la période secondaire ;

Lésions cutanées *pigmentaires ;*

Lésions cutanées *pustuleuses*, ulcéreuses ou non, avec leurs nombreuses modifications pouvant se rencontrer dans les périodes secondaire et tertiaire ;

Lésions cutanées *tuberculeuses* et *gommeuses* témoignant que l'infection est parvenue à la période tertiaire. C'est l'étude de ces dernières lésions cutanées que nous allons maintenant commencer.

HUITIÈME GROUPE. — **Syphilides tuberculeuses** ou **gommes de la peau.** — *Synonymie :* Syphilide papulo-tuberculeuse, syphilide tuberculo-crustacée, syphilide tuberculo-ulcéreuse, syphilide serpigineuse, syphilide térébrante, lupus syphilitique, lupus vorax spécifique, esthiomène syphilitique, etc. Fournier, se fondant sur l'identité de structure histologique, propose la désignation unique de *syphilides gommeuses.* Toutefois, il ne faudrait pas confondre les gommes de la peau avec les *gommes vraies*, qui sont originellement sous-cutanées.

Déjà les syphilides impétiginiformes et ecthymatoïdes profondes nous avaient fait entrer dans la période tertiaire ou tardive de la diathèse. Pourtant un certain nombre de ces lésions pustuleuses sont *à cheval*, pour ainsi dire, sur la période secondaire et sur la période tertiaire. Il ne faut pas croire en effet que ces périodes sont toujours nettement tranchées et méthodiquement séparées, comme on est obligé de les présenter dans une étude successive des diverses syphilides ; les cliniciens ont si bien senti leur embarras quand il faut déterminer, rien que *par les caractères objectifs d'une lésion*, si le malade est dans la période secondaire ou dans la période tertiaire, qu'ils ont dû recourir, pour certaines lésions, au qualificatif de *secondo-tertiaires*. Au contraire, les *syphilides tuberculeuses* appartiennent exclusivement à la vérole tardive et permettent de toujours affirmer que l'infection est parvenue à l'état tertiaire. Cela revient à dire que ces syphilides sont beaucoup plus rares que les *papuleuses* et surtout que les *érythémateuses*.

En effet, toute syphilis n'arrive pas fatalement à la période tertiaire; de plus, toute période tertiaire n'est pas également grave pour tous les syphilitiques. De même que la clinique générale nous fait voir une maladie ne pas parcourir chez tel malade toute son évolution et s'arrêter pour ainsi dire en chemin, de même la vérole peut avorter dans sa course.

Toutefois, depuis que nos maîtres nous ont appris à reconnaître les manifestations syphilitiques sur les viscères, nous savons que les accidents cutanés sont de forts mauvais baromètres de la gravité d'une vérole. Les véroles moyennes et même les véroles les plus simples en apparence, celles qu'à cause de leur syphilodermie insignifiante on est tenté de considérer comme bénignes, aboutissent souvent et tout aussi bien à la période tertiaire que celles qui sont menaçantes dès le début.

C'est que la véritable, la grande cause de la vérole tertiaire, celle qu'on ne doit jamais perdre de vue, c'est l'absence ou l'insuffisance du traitement dans la première période de la diathèse (Fournier). Rien n'est mieux démontré que l'influence de l'absence du traitement pour la production des accidents tertiaires.

De ces propositions on peut conclure et déterminer les circonstances dans lesquelles se montreront surtout les lésions que nous allons étudier.

Le passage de la période secondaire à la période tertiaire se fait de deux façons : soit par *fusion contemporaine des deux périodes*, soit par *entr'acte* plus ou moins long séparant ces deux périodes (Fournier).

Ce fait explique pourquoi les syphilides tuberculeuses, le plus souvent indépendantes, sont parfois contemporaines des syphilides secondaires.

Quoi qu'il en soit, en supposant que deux syphilitiques aient été placés à peu près dans les mêmes conditions, telle est l'infidélité de la diathèse à une évolution méthodique, qu'un des malades aura des syphilides tuberculeuses 6 à 8 ans après le chancre, tandis que l'autre n'en aura que 20 ans après. L'intermédiaire est la règle.

On retrouvera dans les syphilides tuberculeuses la plupart des caractères que, d'après Fournier, nous avons reconnus aux syphilides ecthymateuses profondes, c'est-à-dire ceux que nous avons inscrits au nombre des caractères généraux des syphilides tertiaires. Elles sont bien connues depuis les descriptions magistrales de Bassereau.

Un des premiers, Virchow a démontré que les *tubercules syphilitiques* étaient identiques, au point de vue histologique, à la *gomme*.

Les syphilides tuberculeuses sont donc les *gommes de la peau*, par opposition aux syphilides gommeuses communes, qui sont des gommes développées dans le tissu cellulaire sous-cutané et qui n'intéressent la peau que secondairement et par propagation.

Ces dernières seront étudiées au chapitre *Gommes* de l'article Syphilis. Nous ne nous occuperons ici que des *gommes primitivement cutanées.*

Nous ne saurions mieux faire que de les étudier d'après les descriptions si exactes de Fournier (Leçons sur la syphilis tertiaire).

Comme les gommes viscréales, comme les gommes sous-cutanées, les *gommes de la peau* (c'est désormais ce qu'il faut entendre par les mots tubercules syphilitiques) sont des tumeurs solides, pleines, plus ou moins considérables, constituées non par de simples exsudats, mais par des amas de cellules de nouvelle formation.

On distingue deux formes de syphilides tuberculeuses :

1° La forme néoplasique non ulcéreuse, sèche même, lisse ou squameuse, parfois croûtelleuse, qui disparaît par résolution (syphilides gommeuses sèches de Fournier).

2° La forme ulcéro-croûteuse et ulcéreuse, qui est la plus fréquente (syphilides gommeuses ulcératives de Fournier).

1° *Syphilides tuberculeuses sèches.* — Ce sont de petites tumeurs enchâssées dans la peau, solides, fermes, consistantes. Elles font une saillie arrondie, nettement appréciable, à la surface du derme. Le volume de ces nodosités solides intra-cutanées est variable ; en moyenne elles sont comparables à un petit pois, mais elles peuvent être plus petites ou plus grandes (d'un grain de millet à une groseille). La surface de la saillie est rouge, d'un rouge qui tranche nettement sur le ton des téguments ambiants. La nuance varie du rouge cuivré au rouge sombre. Cette surface est de plus lisse, tendre et comme vernie (Fournier). Toutefois, ce ne sont pas, comme le veut Hardy, des syphilides papuleuses exagérées. Elles sont plus volumineuses, plus saillantes, mais étalées de base, plus fermes et plus consistantes. « On désigne, dit Bassereau, sous le nom de *tubercules syphilitiques de la peau,* de petites tumeurs, ordinairement d'un rouge sombre caractéristique, solides comme les papules, se distinguant d'elles par leur volume plus considérable, par une grande tendance à s'ulcérer. »

Ainsi constituées, ces nodosités intra-dermiques restent très-longtemps ce qu'elles sont, sans déterminer d'autres phénomènes, ne s'accompagnant ni de douleur, ni de cuisson, ni de prurit ni du moindre trouble local. Elles persistent de la sorte plusieurs mois au minimum, quelquefois un an et plus. Nous en avons vu plusieurs cas à Saint-Louis qui dataient déjà de 2 ans. Bassereau a cité un cas où une lésion de ce genre durait depuis plus de 10 ans. Puis, à un moment donné et d'échéance très-variable, ces nodosités diminuent de volume, s'affaissent progressivement et finalement disparaissent (Fournier). Nous les avons vues récidiver jusqu'à trois fois dans la même partie de la région frontale.

Quelquefois elles disparaissent sans laisser la moindre trace ; le plus souvent elles marquent leur passage par une tache maculeuse plus ou moins résistante. D'autres fois elles sont remplacées par une *cicatrice*, une véritable cicatrice, d'abord rouge, maculeuse, pigmentée, puis devenant blanche, mais durable, définitive.

La formation d'une cicatrice consécutive à une lésion sèche, qui n'a pas, en apparence au moins, entamé les tissus, est un fait fort remarquable. Dans ces cas, l'éruption s'est terminée par résolution ou mieux (Fournier) par atrophie, car la cicatrice atteste une résorption interstitielle, une véritable atrophie du derme (*syphilodermie atrophiante*).

Ce fait semble pouvoir donner l'explication de certains phénomènes encore mal élucidés. Ces cicatrices cutanées succédant à des lésions qui n'ont jamais été apparemment ulcératives peuvent être rapprochées des rétrécissements viscéraux qui surviennent à la suite de lésions syphilitiques tertiaires.

Dans les deux cas, que ce soit dans l'épaisseur de la peau ou dans celle des parois intestinales, il y aura eu des gommes, mais des *gommes miliaires interstitielles* dont l'histoire clinique peut se résumer ainsi : évolution et résorption du néoplasme, puis atrophie du parenchyme intéressé, formation de cicatrice et enfin rétraction de ce tissu inodulaire et scléreux. L'atrophie cutanée n'a pas de grands inconvénients ; l'atrophie d'autres organes, celle des tuniques intestinales, par exemple, entraîne au contraire le rétrécissement et ses dangers. Mais cette conséquence n'est due qu'à la fonction même de l'organe, et surtout au défaut de résistance à la rétraction qui s'opère en tous sens et sans frein : quant au processus morbide, il a été identique dans les deux cas. On peut citer également comme exemples l'atrophie du testicule, de la choroïde, etc.

Le *diagnostic* des tubercules syphilitiques est facile.

Les *tubercules de la lèpre* sont moins saillants, moins arrondis, plus irréguliers et plus inégaux dans leur forme ; ils ont une coloration plus violacée, plus bleuâtre, et non une coloration rouge, d'un rouge sombre, brillant, vernissé comme un marron d'Inde.

La véritable difficulté gît dans le diagnostic entre le *lupus tuberculo-scrofuleux* et la syphilide tuberculeuse. Le lupus scrofuleux est une maladie qui apparaît d'ordinaire dans la jeunesse. La syphilide tuberculeuse, par cela même qu'elle est tertiaire, n'est pas l'accident habituel au jeune âge, sauf dans les cas de syphilis héréditaire. Le lupus scrofuleux a une marche très-lente, il est essentiellement et entièrement chronique. Comparativement, la marche de la syphilide tuberculeuse est beaucoup plus rapide. Il faudra interroger avec soin les antécédents et les phénomènes concomitants. Enfin, au point de vue purement objectif, il faut se souvenir que les tubercules syphilitiques sont petits, durs, secs et serrés ; de plus, ils sont rouges à reflets jambonnés. Les tubercules lupeux sont plus larges, plus mollasses, moins rapprochés les uns des autres, et ont des reflets jaunâtres (*jaune sucre d'orge*) très-manifestes.

Fournier admet la forme *éparpillée* ou *disséminée* des syphilides gommeuses sèches. « On en trouve, dit-il, çà et là sur différents points du corps, et l'abondance de l'éruption peut alors être comparée à celle d'une syphilide papuleuse de forme discrète. »

Toutefois, la règle est que les tubercules syphilitiques, comme les autres accidents tertiaires, soient concentrés sur une région, sur quelques-unes au plus. Ils donnent lieu alors aux *syphilides gommeuses sèches disposées en groupes ou en îlots.*

Ces nodosités peuvent être distribuées soit sans méthode, irrégulièrement, soit simplement les unes à côté des autres, par exemple en forme de grappes de raisins. Mais, le plus souvent, elles sont groupées suivant le mode circiné, et cela de différentes façons : ou bien en cercles pleins, criblés au hasard ou remplis de tubercules disposés en anneaux concentriques, ou bien en cercles à centre sain, soit d'emblée, soit secondairement, de façon à figurer des anneaux complets, des demi-cercles, des segments de cercles, des croissants, la forme d'un fer à cheval, etc.

La forme concentrique est une des plus fréquentes et des plus nettes : les nodosités les plus anciennes sont centrales, les plus récentes sont périphériques. Certaines syphilides de cet ordre, abonnonnées pendant plusieurs années à elles-mêmes, ont pu atteindre des dimensions extraordinaires et occuper non pas seulement une région ou même plusieurs régions voisines, mais la presque totalité du corps.

Les syphilides tuberculeuses sèches, au lieu d'être, comme c'est la règle, saillantes, arrondies, lisses et vernissées, se montrent parfois comme avortées, étiolées. Le néoplasme est alors à peine marqué ; il a une coloration grisâtre et terne en même temps que rosée, sans teinte caractéristique ; il ne proémine pas ; il est aplati et, n'était sa dureté que l'on sent dans l'épaisseur de la peau, on le prendrait pour une papule secondaire, et cela d'autant mieux que sa surface est recouverte de squames et de croûtelles lamelleuses. On ne peut malgré ce fait considérer les syphilides tuberculeuses plates comme des intermédiaires entre les deux formes tuberculeuses, car jamais elles ne deviennent suppuratives ni même humides.

Ces syphilides sont le plus souvent circinées. C'est alors que le diagnostic devient très-difficile, surtout quand la syphilis est très-ancienne ou que les antécédents font défaut. Nous nous souviendrons toujours d'un cas de ce genre qui ressemblait objectivement d'une façon absolue à un psoriasis circiné tenace et torpide. Nous avons observé aussi avec Legroux un cas d'érythème bulleux arthritique, pemphigoïde, qui, à un moment donné de son évolution, ne donna plus lieu à des bulles, mais seulement à des éléments éruptifs aplatis et croûtelleux. Sans leur superficialité et leur coloration un peu trop rouge et sans la connaissance des antécédents, ces lésions formées de festons et d'arcades eussent été bien difficiles à distinguer objectivement d'une syphilide tuberculeuse plate, à bords semi-circulaires.

A côté de ces formes avortées existent les formes hypertrophiques. C'est d'ailleurs une loi générale des accidents syphilitiques de la peau de présenter pour une même forme tous les degrés de développement, depuis les plus chétifs jusqu'aux plus accentués : on connaît les papules hypertrophiques, que l'on rencontrera surtout sur les muqueuses ou sur les régions où la peau est humide, fine, chaude ou malpropre ; nous avons étudié les *pustules* dont l'ecthyma n'est que la forme hypertrophique ; nous retrouvons cette même forme pour le *tubercule sec*. Dans ces cas, on assiste à une sorte d'*éléphantiasis* de la région envahie par l'infiltration spécifique ; quand l'hypertrophie se déclare sur des tubercules tellement serrés qu'ils sont devenus presque confluents, elle aboutit à la lésion que Fournier appelle *syphilide tuberculeuse en nappe*.

Nous avons observé plusieurs cas de syphilides éléphantiasiques partielles. Dans l'un de ces cas, la syphilis, non traitée, remontait à onze ans. L'infiltration spécifique avait hypertrophié la lèvre supérieure depuis sept mois. Dans l'espace de trois mois, un traitement mixte énergique la fit rétrocéder. Dans un autre cas, où la syphilis remontait à dix-huit ans et avait deux ans auparavant infiltré et perforé le voile du palais, la lésion hypertrophiante avait envahi la lèvre supérieure, la lèvre inférieure et le menton. Un élève de Fournier a choisi ce fait presque unique de *syphilide léontiasique* pour sujet de sa thèse inaugurale. Le traitement enraya le développement de la lésion, mais n'amena pas la guérison du léontiasis existant.

Ce ne sont là que des syphilides léontiasiques partielles. Cazenave rapporte un cas où, abandonnée à son évolution propre pendant sept ans, l'infiltration spécifique avait fini par devenir à peu de chose près généralisée et avait tellement hypertrophié les parties, qu'on pouvait croire à un *éléphantiasis des Grecs*. Le malade de Cazenave sortit guéri de l'hôpital après huit mois de traitement spécifique.

Les syphilides tuberculeuses sèches soit en groupes, soit en nappes, ont des *siéges de prédilection* : la face est de beaucoup la région le plus fréquemment envahie, et notamment les ailes du nez, le front, les lèvres, les régions sourcilières ; plusieurs régions peuvent être occupées simultanément. On rencontre les syphilides tuberculeuses sèches par ordre de fréquence au cuir chevelu, sur les oreilles, dans la barbe, sur le dos, à la région deltoïdienne, à la face postérieure des avant-bras, aux membres inférieurs, au cou, à la face dorsale de la main (Fournier). Dès 1852, Bassereau donnait un relevé à peu près analogue : sur 70 cas la face fut atteinte 26 fois, le tronc 22, les membres supérieurs 16, les inférieurs 14, le cuir chevelu 5, le cou 8, et la face dorsale des deux mains une fois.

Ce qu'il faut bien savoir, c'est que les syphilides tuberculeuses sèches peuvent persister pendant un très-long temps et résister même à un traitement interne énergiquement et bien conduit. Les formes avortées sont encore plus tenaces que les autres ; il semblerait que leur vitalité affaiblie ne leur permet de subir aucune influence, ni d'exaspération, ni de régression. Contre la plupart de ces cas, les traitements topiques et les caustiques (teinture d'iode, nitrate acide de mercure), sont souvent nécessaires.

Nous terminerons en disant qu'exceptionnellement ces formes de syphilides peuvent se montrer dans les deux ou trois premières années de l'infection ; mais ce n'est que dans les cas de *syphilis anormale* ou *galo-*

pante. Les causes de ces phénomènes tiennent peut-être à la nature de l'agent infectieux, mais surtout à l'état général de l'organisme infecté. On sait que l'impaludisme, la misère et surtout l'alcoolisme exaspèrent l'intensité des accidents cutanés de la syphilis, sans que pour cela les symptômes généraux de l'infection soient proportionnellement accrus ni l'avenir fatalement plus compromis.

Quand l'alcoolisme fait sentir son influence sur les syphilides tuberculeuses, elle les amène plutôt à la suppuration et à l'ulcération qu'à l'hypertrophie. C'est à l'alcoolisation d'un sujet qu'il faut attribuer la transformation rare de syphilides tuberculeuses sèches en syphilides tuberculeuses ulcératives. Ordinairement, en effet, la première ne sert jamais de transition pour arriver à la seconde, qui se présente d'emblée avec tous ses caractères ; la terminaison par résolution et par dépression cicatricielle n'est pas rare.

2° *Syphilides tuberculo-croûteuses et tuberculo-ulcéreuses* (Syphilides gommeuses ulcératives de A. Fournier). — Cette forme, dit Fournier, est une syphilide tertiaire par excellence. Comme la précédente, elle débute par des nodosités solides intra-cutanées, mais elles ne tardent pas à se ramollir et à se couvrir de croûtes. Le néoplasme continue à s'ulcérer ; le revêtement croûteux s'accroît proportionnellement et la lésion aboutit à une plus ou moins vaste destruction de la peau masquée par une croûte épaisse.

Les siéges de prédilection sont les mêmes que pour les syphilides tuberculeuses sèches ; cependant, à la verge, et notamment au gland, les formes ulcéreuses sont infiniment plus communes que les sèches.

Comme celles-ci, les syphilides tuberculo-ulcéreuses peuvent être ou disséminées, ou groupées ; mais elles sont beaucoup plus souvent groupées que disséminées. Elles sont localisées et régionales, et affectent presque constamment la configuration circinée. Ce fait est absolument exact et d'une grande fréquence. Toutefois il peut parfois conduire à l'erreur les personnes non prévenues ; c'est ainsi qu'il nous est arrivé de voir certaines *lésions tricophytiques* qui étaient traitées par la médication antisyphilitique. On sait en effet que les plaques tricophytiques, sont essentiellement circinées. Or, quand elles sont exaspérées par des traitements irritants et par des excès de boissons, elles se tuméfient, s'épaississent, infiltrent le derme, deviennent rugueuses et irrégulières, grâce aux follicules enflammés, prennent une couleur foncée, violacée, rappelant le maigre de jambon et pourraient être prises pour des syphilides tuberculeuses. Mais la marche rapide, le nombre des placards éruptifs, la connaissance des antécédents, l'examen microscopique viendront éclairer le diagnostic. A côté des dispositions en groupes, en îlots ou en nappes arrondies, dispositions en ammonites ou en ovales concentriques, il faut citer les dispositions rubanées, soit linéaires, soit sinueuses ou festonnées c'est-à-dire *serpigineuses*.

L'évolution des *gommes dermiques* est la même que l'évolution des gommes sous-cutanées.

« Après un certain temps, la nodosité intra-dermique devient moins dure, elle se ramollit; les téguments s'amincissent à son sommet; on sent et l'on voit même quelquefois par transparence qu'un foyer purulent s'est constitué à son intérieur; puis se forme au sommet de la tumeur une crevasse qui s'ulcère. Le foyer se vide alors en éliminant un liquide jaunâtre, purulent, mêlé à des détritus organiques, *sorte de bourbillon en miniature.* Consécutivement, cette perforation s'élargit, ses bords se détruisent, et, sur l'emplacement de la tumeur primitive, est constitué un ulcère qui dépasse chaque jour davantage les limites de la nodosité initiale (Fournier). »

Dès lors la lésion est constituée. Qu'elle présente une forme irrégulière ou géométrique, capricieuse, méthodique, ou qu'elle soit peu considérablement développée, elle présente les mêmes caractères à étudier, une croûte et une ulcération.

La *croûte* est celle des syphilides tertiaires; elle est enchâssée dans les bords de l'ulcération, à la façon d'un verre de montre dans le cadre qui le soutient.

L'*ulcération* est *profonde* et attaque le derme dans toute son épaisseur. A ce propos, Fournier fait une remarque très-exacte : « Quelquefois, elle paraît plus profonde encore qu'elle ne l'est en réalité, grâce au soulèvement de ses bords. C'est ainsi qu'une ulcération qui semble mesurer 3, 4, 5, 8 millimètres et plus de profondeur, n'affecte souvent que la peau sans intéresser les tissus voisins. »

« Cette ulcération est *nettement entaillée;* ses bords sont infiltrés, saillants et durs, coupés comme à l'emporte-pièce, entourés d'une aréole d'un rouge sombre; ils sont *adhérents,* et non flottants comme dans les ulcérations scrofuleuses. Elle a *un fond de mauvais aspect,* grisâtre, lardacé, bourbillonneux par place, comme revêtu de productions escharifiées, de détritus organiques. Enfin, cette ulcération suppure abondamment quand elle est découverte. Cette éruption est remarquablement indolente eu égard au nombre et à la profondeur des ulcérations. Quand par hasard elle devient douloureuse, c'est pour des causes indépendantes de la lésion (frottements, froids, etc.) (Bassereau, Fournier).

On conçoit aisément les pertes de substance, les destructions et les mutilations d'organes qui peuvent être les conséquences de telles lésions.

Une fois constituée, l'affection peut persister pendant un temps très-long, soit qu'elle reste stationnaire, soit qu'elle s'étende en progressant lentement et souvent excentriquement. *Il est très-rare que spontanément elle se répare;* dans ce cas, Fournier en a vu persister 6 et 10 ans même. Mais, si l'art intervient, le travail de suppuration se produit rapidement.

Uune fois la lésion disparue, tout n'est pas fini. Car, cette syphilide est une lésion essentiellement sujette aux récidives, et même aux recrudescences inattendues.

Le mal est à peu près guéri quand, tout à coup, sans raison, le processus ulcéreux reprend de plus belle. Et tout est à recommencer pour empêcher la plaie de se creuser de plus en plus. Ou bien la lésion récidive soit en passant d'une région à une autre où elle apparaît toujours avec ses caractères pathognomoniques, soit dans le voisinage de la lésion ancienne, soit même *in situ*, sur la cicatrice même. Il s'agit alors, non pas d'une maladie, d'une ulcération simple de la cicatrice, mais d'une véritable syphilide développée en plein tissu cicatriciel. La nouvelle lésion peut avoir une forme absolument identique à celle de l'ancienne; quelquefois même, elle présente une tendance extensive plus marquée.

Les récidives, les recrudescences, les tendances à l'extension sont parfois si prononcées que l'on se trouve en face non pas d'une simple exas- pération des caractères habituels, mais d'une complication véritable des syphilides, nous voulons parler du *phagédénisme tertiaire*. Nous en ferons l'étude en même temps que des autres phénomènes qui impriment aux syphilides des modifications soit fâcheuses, soit favorables. (Voy. *Phagédénisme*).

Pour l'instant, nous ne parlerons que des *syphilides pseudo-pha- gédéniques*, c'est-à-dire de ces syphilides qui, douées absolument des mêmes caractères que les précédentes, ne s'en différencient que par une marche incessante, non en profondeur mais seulement en surface, et par un agrandissement lent mais continu : ce sont les *syphilides serpigineuses* que nous avons déjà signalées, mais qui méritent une mention plus détaillée à cause de leur fréquence relative et de leur physionomie frappante.

Ce sont, dit Fournier, des accidents de vieille syphilis. Ces lésions débutent par un tubercule isolé ou par un groupe de tubercules. De là comme point de départ elles s'étendent sur les téguments péri- phériques qu'elles envahissent de proche en proche. Tantôt c'est une ulcération qui s'élargit sans que les tissus du voisinage présentent de lésions appréciables avant d'être envahis par l'ulcère. Tantôt, au contraire, et plus rarement (Fournier), le travail d'ulcération est pré- cédé par la formation préalable de nodosités gommeuses, soit séches, soit plus souvent ulcéreuses. Les phénomènes morbides peuvent se déve- lopper au hasard, sans direction déterminée, mais par *bandes sinueuses serpentines*, en décrivant des courbes ulcéreuses plus ou moins réguliè- res. Ou bien, comme nous l'avons déjà dit, ils procèdent par rayon- nement centrifuge ; la progression se fait alors par segments de cercles et non par l'envahissement simultané de la bande annulaire totale.

Fournier, à qui nous empruntons la description de tous ces faits, insiste sur les caractères de l'ulcération à ses extrémités opposées. Pendant qu'elle progresse d'un côté, l'ulcération serpigineuse se répare de l'au- tre côté, de telle façon qu'il est toujours possible de désigner à l'avance les points menacés. Dans la *disposition rubanée et festonnée*, la tête et la queue du serpent sont bien marquées par le sens de l'extension. Dans la *disposition concentrique*, ce sont les zones centrales qui se cicatrisent tandis que la périphérie s'infiltre, s'encroûte et se creuse. La *marche* de cette syphilide est essentiellement lente et chronique; elle est sou- vent aussi irrégulière et saccadée. La durée ordinaire des syphilides serpigineuses est de plusieurs années. Pendant ce temps elles se circonscri-vent à une région qu'elles labourent (tronc, épaules, lombes et racine des cuisses, face, nez, oreilles, verge, etc.).

Fournier a eu un malade dont tout le cuir chevelu fut rongé et le crâne littéralement découvert. Chez un autre, la lésion s'était étendue, dans l'espace de plusieurs années, sur les régions antérieure, externe et postérieure de la cuisse, depuis le niveau du grand trochanter jus-qu'au genou.

Nous-mêmes nous avons vu, pendant que nous avions l'honneur d'être chef de clinique à l'hôpital Saint Louis, une syphilide serpigineuse tuberculo-ulcéreuse affecter la forme et l'étendue d'un caleçon de bain. Chez un autre malade, la lésion, plus large que la main, allait du ster-num à l'espace interscapulaire en passant sur les deux épaules (V. pièce n° 829).

Au musée de l'hôpital Saint-Louis, on peut voir un certain nombre de cas analogues. Dans les uns, c'est le tronc tout entier qui est atteint, dans les autres, c'est la totalité de la face avec destruction plus ou moins complète des lèvres, du nez, des paupières ou des oreilles ; ail-leurs, c'est tout un membre qui est envahi par une lésion continue.

Ces lésions sont, comme dit Fournier, plus effrayantes que graves, parce qu'elles sont superficielles. Elle ne dépassent jamais l'épaisseur de la peau ; souvent elles n'en affectent qu'une partie et sont véritablement dermiques; ce qui a fait dire d'elles qu'elles regagnaient en étendue ce qu'elles perdaient en profondeur.

Il s'en suit que les cicatrices qui succèdent à ces lésions ne sont ni profondes, ni fibreuses. Elles restent très-longtemps pigmentées ; enfin elles deviennent gauffrées et blanches.

Nous ne pouvons passer sous silence une variété encore plus spéciale de gommes de la peau, celle des *gommes gangréneuses*. Il ne s'agit pas ici d'un accident gangréneux qui se produirait secondairement sur une ulcération gommeuse comme il eût pu se produire sur toute autre plaie. Il s'agit de lésions qui sont gangréneuses *d'emblée*. de gangrènes non con-sécutives mais initiales. Elles ont été décrites par Bazin, parmi les syphilides malignes précoces, sous le nom de *syphilides tuberculo-gangréneuses*. Fournier les a bien étudiées aussi ; il en a fait faire plusieurs moulages qui montrent fort bien les divers degrés de développement de ces lésions (Voy. col. part. pièces n°⁵ 85, 86, 107, 169, 203, 270, 367, 400).

Dès les premiers jours où l'infiltration gommeuse est constituée, avant même que l'ulcération ait eu le temps de se faire, sa surface se trans-forme en une véritable eschare noire et sèche. Ce sphacèle du derme, dont l'étendue peut varier de celle d'une pièce d'un franc à celle de la paume de la main, est disposé suivant une forme arrondie ou mieux encore ovalaire.

Après avoir persisté assez longtemps, pendant des semaines et même des mois, sous le même aspect et toujours avec la même sécheresse et la même dureté de bois, on voit la partie saine et la partie sphacelée se séparer par un sillon de plus en plus profond. Puis le ramollissement devient plus prononcé et le lambeau sphacelé reste fixé au centre. Peu à peu, il se détache à son tour à la façon de toute eschare qui s'élimine, et il reste une perte de substance comprenant toute l'épaisseur de la peau sur une étendue variable. Ainsi constitué, l'ulcère cutané possède tous les attributs d'une ulcération gommeuse. Parfois, l'élimination, au lieu de se faire en bloc, procède par stratification; la couche la plus superficielle, qui est noire et sèche, tombe la première; plus tard c'est le tour de la couche sous-jacente, qui est jaunâtre, bourbillonneuse ou blanche; enfin se montre le fond rouge et bourgeonnant. Avant de tomber, la portion sphacelée est remarquablement dure et sèche; quand elle est tombée, on peut, sur une coupe et par un examen microscopique, retrouver tous les éléments de la peau; mais, chose très-remarquable, cette peau est saine, absolument normale, sans nodule ni infiltration spécifique, et cependant elle s'est mortifiée. Et cette mortification n'est pas un fait banal ou accidentel, puisque toutes les syphilides d'une même éruption sont gangréneuses. L'état général ne donne pas de ce phénomène une explication satisfaisante. Une seule fois, un de nos malades, dont le cuir chevelu était labouré par un certain nombre de syphilides gangréneuses, était fortement alcoolique; dans trois autres cas, observés sur des femmes, l'état général n'offrait rien de notable.

Ce sont donc les conditions locales qu'il faut interroger pour trouver, si faire se peut, l'explication du sphacèle. Or voici ce que l'on peut constater : toutes ces syphilides gangréneuses, avons-nous dit, sont ovalaires ou circinées. Elles deviennent gangréneuses de très-bonne heure, non toutefois absolument d'emblée. Les unes ont les dimensions d'une pièce d'un franc, les autres celles de la paume de la main; la question de grandeur est donc indifférente. La seule disposition réellement intéressante est la disposition arrondie. Dans certains cas, le centre reste primitivement sain; l'infiltration gommeuse est annulaire d'emblée. On peut donc admettre que la portion centrale, investie de toutes parts par les nodosités gommeuses, se trouve comme soulevée, comme détachée et en tout cas séparée des vaisseaux qui lui apportent ses matériaux de nutrition, et qu'elle se mortifie. Toutefois ce devrait être là une condition exceptionnelle et ne se présentant pas simultanément pour toute une éruption. Peut-être l'infiltration spécifique des vaisseaux eux-mêmes, puis leur oblitération, pourraient-elles expliquer mieux la mortification consécutive des téguments qu'ils étaient chargés de nourrir ; mais outre qu'il est bien étonnant que la circulation compensatrice n'ait pu parvenir à s'établir, cette oblitération complète des vaisseaux de toute une surface tégumentaire n'est pas encore histologiquement démontrée. Il est établi, au contraire, que quelquefois l'ecthyma gangréneux a une oblitération vasculaire pour origine.

En somme, la physiologie pathologique des gommes gangréneuses d'emblée n'est pas encore établie. Le fait cependant n'en reste pas moins très-certain, incontestable, et très-intéressant.

Les siéges de prédilection de ces lésions sont les régions supérieures du tronc et surtout la postérieure, puis le front et le cuir chevelu, la région rotulienne ; telles sont les localisations que nous avons observées.

D'ailleurs cette forme de syphilides n'a pas la gravité que l'apparition de la gangrène aurait pu d'abord leur faire attribuer. L'état général n'est pas aggravé, et d'autre part les lésions ont une évolution analogue à celles des syphilides tuberculo-crouteuses, sans présenter les dangers de la complication phagédénique par exemple : elles sont en rapport avec une syphilis dont la marche peut être considérée comme anormale à cause de la précocité de ses accidents cutanés.

Fournier considère les formes serpigineuses et tuberculo-gangréneuses plutôt comme de véritables *complications* des syphilides gommeuses que comme des variétés. Ne seraient-ce pas seulement de simples exagérations des accidents habituels, exagérations dues à l'insuffisance du traitement spécifique ?

Diagnostic des syphilides gommeuses, tuberculo-croûteuses et tuberculo-ulcéreuses. — Il convient de distinguer l'une de l'autre les différentes formes de syphilides tertiaires, mais il faut surtout distinguer ces syphilides des lésions étrangères qui pourraient les simuler.

Le premier point du diagnostic n'est difficile à élucider que dans les cas où les lésions ont abouti à une ulcération recouverte d'une croûte. Fournier indique les caractères différentiels suivants :

1° Bords de la syphilide gommeuse plus relevés, plus saillants et plus durs que ceux de l'ecthyma ;

2° Forme de la lésion plus régulièrement circulaire pour l'ecthyma, plus habituellement composée de segments de cercle réunis pour la syphilide gommeuse ;

3° Croûte plus rocailleuse, plus irrégulière, moins compacte dans la syphilide gommeuse que dans l'ecthyma.

La syphilide gommeuse est tout particulièrement fréquente au nez.

La syphilide ecthymateuse est souvent entourée de pustules plus récentes. De son côté, la gomme ulcérée peut être accompagnée de nodules gommeux moins développés qui indiquent la variété de syphilide.

Malgré tous ces signes distinctifs, Fournier, nous faisant profiter de sa grande expérience, nous enseigne que le diagnostic est loin d'être toujours possible entre ces deux ordres de lésions:

En effet, la plupart du temps, l'ulcération, une fois produite, ne conserve pas la marque de son origine première : qu'elle soit consécutive à une pustule ou à un tubercule, ce n'est plus qu'une syphilide ulcéreuse.

Le diagnostic de la diathèse importe beaucoup plus que celui de la modalité éruptive; c'est même le seul diagnostic à faire, non seulement au point de vue clinique, mais même au point de vue pratique, puisque les indications thérapeutiques générales ou locales sont les mêmes (Fournier).

Le *deuxième point* du diagnostic est de beaucoup le plus important. Il repose sur la notion des antécédents, sur la coïncidence fréquente d'autres lésions manifestement syphilitiques et enfin sur la présence des caractères objectifs des syphilides. Rien n'est plus facile que de reconnaître un accident cutané de la vérole quand toutes ces conditions sont réunies ; mais il est loin d'en être toujours ainsi.

Examinons d'abord les difficultés qui proviennent de la similitude de modalités éruptives auxquelles peuvent donner lieu des états morbides de nature différente. C'est ainsi que la *forme sèhe de la syphilide tuberculeuse* pourra ressembler aux éruptions de *l'acné indurata*, à celle du *sycosis*, et aux *folliculites*.

1° Dans certains cas, l'acné se présente non-seulement sous la forme nodulaire et profonde, mais elle prend une coloration foncée, d'un rouge vineux violacé et même bleuâtre, qui se rapproche sensiblement de certaines syphilides tuberculeuses.

L'acné, dira-t-on, est disséminée ; c'est vrai dans la plupart des cas, mais quelquefois les éléments acnéiques sont si rapprochés les uns des autres qu'ils forment de véritables placards indurés, présentant la plus grande analogie avec les syphilides tuberculeuses en nappe.

D'autre part, ajoutera-t-on, l'acné est, dans la plupart des cas, une affection régionale ; elle est localisée, soit au front, aux tempes, aux joues ou au menton, soit à la poitrine. C'est encore ordinairement vrai ; mais, dans certaines circonstances, à la suite d'excès quelconques ayant amené de la débilitation, ou bien à la suite de topiques irritants, l'éruption acnéique peut devenir d'une abondance extrême et envahir non-seulement toute la face, mais même la totalité du tronc à l'exception de l'abdomen, y compris la racine des membres et surtout les épaules. Nous en avons vu deux exemples dans le courant d'une année dans le service de Fournier. Disons incidemment qu'ils ont été traités, l'un par le savon noir, l'autre par les scarifications ; dans ce dernier cas, plus de 150 coups de lancette ont dû être donnés. La physionomie phlegmoneuse est plus prononcée dans l'acné que dans la syphilide. La coloration est plus inflammatoire, d'un rouge plus animé que jambonné ; la douleur est beaucoup plus vive, plus aigue, soit spontanément, soit au moindre choc, soit surtout à la pression. Les placards sont moins homogènes que dans la syphilis, où l'infiltration est plus compacte et plus serrée ; avec plus ou moins d'attention on arrive toujours à percevoir l'indépendance de la plupart des tubercules acnéiques conglomérés. Enfin, ces poussées d'acné ne sont que des exagérations d'une acné chronique. On trouve dans tous les cas les traces d'une éruption acnéique habituelle dans les points d'élection : cicatrices, comédons, points noirs, macules, etc.

2° Quand la syphilide est localisée au menton et à la barbe, on pourrait penser au *sycosis*.

Mais, dans cette affection encore, domine l'élément inflammatoire déterminé par la présence du champignon parasite. Celui-ci a d'ailleurs imprimé des marques variées sur l'épiderme où l'on trouve le pityriasis et l'érythème tricophytiques, sur les poils où l'on constate la cassure et l'engaînement, dans le derme, où l'on trouve des nodules enflammés qui, par la pression, se vident par des orifices multiples dont le nombre correspond à celui des follicules enflammés. D'ailleurs les croûtes sycosiques sont plus humides, plus molles, plus jaunâtres, moins adhérentes que celles des syphilides ; la forme arrondie est aussi moins nette et moins exacte dans les placards sycosiques.

Enfin, la marche du sycosis est plus rapidement envahissante ; elle aboutit plus vite à des *folliculites* qui suppurent et *qui s'ouvrent* par de petits pertuis qu'à la formation de bourbillons qui s'éliminent et laissent des *ulcérations*. Dans les cas douteux, l'examen microscopique des poils sera indispensable mais concluant.

3° Les folliculites simples, soit disséminées, soit agminées, sont des affections rares ; elles sont le plus souvent localisées, soit à la face, soit au cuir chevelu, soit aux organes génitaux (Voy. *folliculites des muqueuses*).

Le diagnostic différentiel des folliculites simples est plus difficile avec l'acné qu'avec la syphilis. Il est bien rare qu'on ne puisse pas voir la dépression centrale, marque de l'orifice folliculaire (ostium folliculi). En effet, ce sont le plus souvent les glandes folliculo-sébacées qui s'enflamment par suite de l'altération ou de l'accumulation de leur contenu ; en général, le périfolliculite n'est que consécutive.

Leur volume varie de celui d'un grain de chènevis à celui d'un pois ou d'un haricot. Leur base est moins largement indurée que celle des tubercules acnéiques ou syphilitiques, et le diagnostic est plutôt à faire avec des pustules qu'avec des tubercules. Parmi ces folliculites, il en est qui ont laissé écouler leur contenu et sont croûteuses ; celles qui ne sont pas encore ulcérées sont saillantes, mollasses, presque fluctuantes, à peine douloureuses. Si on perce ces petites poches, elles laissent écouler une goutte de pus ; si on exerce une pression modérée, au lieu du bourbillon filandreux de la gomme, se montre un contenu mucoso-purulent et sanguinolent, mêlé de sébum altéré. Une fois vidées complétement, elles s'affaissent et il reste une dépression limitée par un fond irrégulier, presque fongueux, mais peu induré et nullement infiltré.

Quand elles sont *agminées*, leur volume peut atteindre celui d'une aveline ou d'une petite noix, et leur largeur celle d'une pièce de deux francs ou de cinq francs et même davantage. Dans les placards, le centre est ramolli et présente un certain nombre de points arrondis où la peau est jaunâtre, amincie de telle façon que la lésion se présente sous l'aspect d'une plaque enflammée portant au centre une série (3 à 10) de vésicules très-voisines (ouverture *en pomme d'arrosoir*). Ces vésicules peuvent même devenir confluentes et s'ouvrir d'un même coup ; elles contiennent alors une assez grande quantité de pus ; ce sont de véritables phlegmons de la peau. Quelques jours après qu'elles se sont ouvertes, les folliculites agminées peuvent se présenter sous l'aspect d'ulcérations irrégulières de forme ayant un fond tomenteux, rempli de bourgeons charnus mollasses, inégaux, grisâtres, se laissant déprimer et même pénétrer avec la plus grande facilité. Elles donnent assez bien alors l'idée de certaines ulcérations lymphadéniques (*mycosis fongoïde*).

La périphérie est violacée et résistante, d'une consistance chondroïde, c'est-à-dire atténuée par une certaine élasticité ; car cette consistance est due non pas à une infiltration néoplasique mais à un empâtement simplement inflammatoire. Ce sont là d'ailleurs des cas extrêmement rares : nous en avons publié une observation dans les *Annales de dermatologie* de 1881.

Non moins rares sont les cas de *folliculites disséminées*, formées de poussées qui se succèdent pendant des mois ou des années ; chacune d'elles forment une petite tumeur sous-cutanée, qui ne se manifeste que par une très légère douleur en un point donné et par une induration limitée du derme et de l'hypoderme ; il n'existe aucune modification dans la coloration ni dans la mobilité de la peau. Peu à peu, dans l'espace de 15 jours environ, le derme rougit, s'amincit au point correspondant qui devient acnéiforme, pustuleux, et aboutit à un léger écoulement purulent. Dès lors la lésion se cicatrise pour se reproduire dans une région plus ou moins éloignée. On peut voir jusqu'à 80 ou 100 de ces éléments éruptifs évoluer en même temps.

Nous publierons prochainement une très-belle observation, provenant du service de Fournier, de cette affection encore mal connue et désignée sous le nom provisoire d'*acné nodulaire profonde* ou sous la dénomination vague de *folliculite*. Peut-être certains cas de *scrofulide bénigne* doivent-ils être rapprochés de cette folliculite qui n'a d'ailleurs rien de commun avec la *folliculite filarienne* de *Nielly*. Elle n'est d'ailleurs en rapport ni avec la syphilis ni avec l'ingestion de médicaments, iode, brome, etc.

Nous ne mentionnons ces faits ici que parce que leur rareté même pourrait les faire attribuer à la syphilis ; mais on voit combien ces lésions diffèrent, dès qu'on analyse leurs caractères, des syphilides gommeuses intradermiques non encore parvenues à la période croûteuse ou ulcéreuse.

Nous ne ferons également que signaler ici les *nodosités éphémères intra-dermiques et hypodermiques*, attribuées avec raison par Féréol, Troisier et Brocq à l'arthristisme et qui sont si faciles à confondre avec les gommes sous-cutanées (*Voy.* art. Syphilis). Ch. Mauriac les a décrites comme des syphilides gommeuses sous-cutanées précoces réfractaires a l'iodure de potassium. Pour notre part, nous n'avons jamais rencontré de lésions de ce genre attribuables à la syphilis.

5° Nous avons parlé tout à l'heure de lésions qui ressemblaient à des *tumeurs lymphadéniques* et aux ulcérations du *mycosis fongoïde*. La syphilis aussi peut donner lieu à des accidents mycosiformes. Nous en avons observé un merveilleux cas dans le service de Fournier qui du reste n'a pas manqué d'en faire reproduire l'intéressant moulage (*Voy.* col. part. n° 364). Les lésions occupaient les deux membres inférieurs depuis les genoux jusqu'aux orteils ; elles étaient disposées en lignes sinueuses et rappelaient les *lymphangites gommeuses* de Lailler. Ces traînées étaient irrégulières et formées de bosselures et de tumeurs de dimensions inégales, variant du volume d'une lentille à celui d'une noix. C'est l'aspect du mycosis fongoïde, avant l'ulcération de la tumeur, que l'on peut le mieux comparer à celui de ces singulières syphilides; d'ailleurs un traitement approprié en eut rapidement raison. Nous pûmes exciser l'une de ces tumeurs, et Balzer, qui en fit l'examen histologique, confirma le diagnostic de syphilides gommeuses.

6° Un point de diagnostic différentiel, qu'il est de la plus haute importance d'établir ici, est celui qui concerne les syphilides tertiaires et les scrofulides de formes correspondantes c'est-à-dire les *lupus*. Nous rappellerons d'abord les signes classiques.

1° *Les lésions ne sont pas ulcérées.* — Les tubercules syphilitiques sont plus nombreux et forment des placards multiples affectant une disposition méthodique; les uns sont croûteux, les autres livides et lisses; ceux-ci sont isolés, ceux-là sont réunis en groupes ou en placards; ils se cachent sous une croûte grisâtre ou verdâtre, dure, sèche, adhérente. Si on fait tomber la croûte, on trouve à la surface de la peau, élevées au-dessus du niveau des téguments, des granulations rougeâtres à reflets cuivreux, d'aspect *muriforme* ou des ulcérations creuses.

Les tubercules syphilitiques sont indifférents à la constitution : ils se montreront aussi bien chez les arthritiques, chez les sanguins que chez les lymphatiques, contrairement aux lupus qui ne se développent que chez les scrofuleux.

Les syphilides tuberculeuses sont plus fréquentes dans l'âge adulte ou dans la vieillesse; le lupus est une affection de l'adolescence ou de la jeunesse. Toutefois il y a pour le lupus des exceptions, de même qu'il y en a pour la granulie aiguë. Récemment encore Balzer voyait mourir de granulie aiguë un vieillard âgé de 82 ans.

En résumé, les tubercules syphilitiques, quand ils sont bien intacts, sont arrondis, proéminents, cuivrés ou jambonnés, petits, durs, secs et serrés; ils sont groupés plus méthodiquement et ne se cantonnent pas dans une même région.

Les tubercules lupeux sont aplatis, moins saillants, plus mollasses, plus gonflés de sucs, d'une couleur fauve et transparente dite teinte de *sucre d'orge*, qui tranche sur la peau pâle et blafarde; ils sont plus larges et moins serrés et sont distribués dès le début sur une surface plus large mais ordinairement unique. Le lupus, étant une affection *régionale*, occupera une surface assez étendue d'emblée mais circonscrite, et aura une tendance très lentement envahissante. Quant aux croûtes lupiques, elles sont généralement plus noirâtres.

Malgré des *caractères distinctifs* aussi tranchés, le diagnostic est parfois excessivement difficile même pour les médecins les plus habiles et les plus expérimentés. Notre honoré maître Fournier nous permettra de rappeler ici un fait où son expérience si vaste et d'ailleurs incontestée a pu être mise en défaut. Un homme de 30 ans était atteint d'une lésion tuberculo-croûteuse du membre inférieur droit. Celle-ci se montra si rapidement envahissante qu'elle occupa bientôt la plus grande partie de la cuisse et de la jambe. Cette marche presque soudainement extensive, la coloration jambonnée du néoplasme disposé en longues traînées sinucuses, la coloration brunâtre des croûtes, firent diagnostiquer une syphilide tuberculeuse serpigineuse. Mais le traitement spécifique ne donnait pas de résultat au bout d'un temps déjà long. Sur ces entrefaites le malade sortit en permission et contracta la syphilis. Le chancre fut d'abord considéré comme une syphilide, mais bientôt la roséole ne laissa plus aucun doute. On se trouvait donc en face d'une syphilis doublée! Cette éventualité, si rare qu'elle est niable, ramena l'attention sur la lésion tuberculo-croûteuse qui, mieux étudiée, fut dès lors considérée comme un lupus et soumise aux scarifications.

Ce cas est si éminemment instructif que Fournier l'a souvent fait apprécier à ses élèves. Il montre d'abord les extrêmes difficultés objectives que peut présenter le diagnostic différentiel du lupus et des syphilides. Ensuite il démontre une fois de plus que le lupus n'a aucune relation avec la syphilis, que le mercure est impuissant contre le lupus, et enfin que le mercure et l'iodure de potassium préventivement et longtemps absorbés ne peuvent rien contre la syphilis.

Le numéro 572, du musée, est la reproduction d'un cas de lupus ayant donné lieu à de fortes incertitudes diagnostiques; tels sont encore les moulages 200 et 811. Le n° 889 représente un lupus tuberculeux qui s'est *rapidement développé sur une étendue considérable*, tout comme eût pu le faire une syphilide serpigineuse.

2° *Les lésions sont ulcérées.* — Sous la croûte s'est développée une excavation ulcéreuse; une fois tombée cette croûte ne s'est plus renouvelée.

Les *ulcérations scrofuleuses* ont une durée presque indéfinie et sont stationnaires; les syphilides sont rongeantes; toutes deux sont à peu près indolentes, mais les premières sont plus irrégulières et surtout elles sont plus mal délimitées. En effet, les ulcérations scrofuleuses ne sont pas disciplinées, elles échappent à une modalité éruptive déterminée et à une disposition méthodique; elles ne se soumettent pas à la circularité, parfaite ou incomplète, mais toujours significative des syphilides. Le fond en est moins creux; il a la coloration rose pâle des plaies atoniques; il est tapissé de bourgeons irréguliers, mollasses, torpides, fongueux; les bords sont mous, turgescents, moins durs, moins élevés, plus déchiquetés, mal délimités, décollés, *flottants*, plus livides ou violacés; les croûtes sont plus jaunes et plus molles. La scrofule est moins destructive, elle *fait moins vite*; sa marche, essentiellement chronique, est beaucoup plus lente; son apparition se fait pendant l'enfance ou pendant la jeunesse.

L'ulcération syphilitique est, au contraire, circulaire ou demi-circulaire; elle est anfractueuse; elle a des bords taillés à pic, un fond étagé, *raviné* selon l'expression de Bazin, une base indurée, une surface granuleuse *muriforme*. Parfois les granulations sont si marquées que la lésion, quoique ulcérée est bourgeonnante, végétante et proéminente. Cette disposition assez exceptionnelle a frappé Verneuil qui l'a décrite sous le nom de *ulcus elevatum tertiaire* par opposition à la forme proéminente papuleuse ou mieux papulo-hypertrophique, qui est *l'ulcus elevatum primitif* ou *secondaire* selon qu'elle affecte le chancre ou une syphilide.

Il est tout à fait indispensable, pour établir le diagnostic que nous étudions, de rechercher l'existence de symptômes morbides contemporains, d'étudier les antécédents, la constitution, et de ne pas se contenter des seules indications objectives, souvent insuffisantes. Mais il faut bien se souvenir que les syphilides tertiaires sont les expressions de syphilis habituellement anciennes, si anciennes même quelquefois que les malades ont sincèrement oublié qu'ils ont eu la vérole et qu'en tout cas ils se refusent absolument à croire qu'il puisse exister le moindre rapport entre deux affections si distantes, le chancre d'une part, l'accident actuel de l'autre.

Fournier passe encore en revue certaines difficultés imprévues de diagnostic. « Certes on ne s'attendrait guère à ce que ces lésions tertiaires de la peau dont les caractères habituels sont si tranchés et la physionomie si spéciale, pussent être confondues avec des lésions qui, *comme nature autant que comme attributs extérieurs*, en sont absolument différentes, telles que les ulcères variqueux, les tumeurs épithéliales, le cancer. Eh bien, des confusions de ce genre se produisent *assez fréquemment* en pratique. »

5° Parfois, ce sont des conditions de *siége* qui donnent le change sur la nature de la lésion.

Fournier rapporte à l'appui de sa proposition un cas observé avec Ricord, relatif à un *ulcère de jambe* qui, *depuis six ans*, résistait à tous les traitements appropriés. Cette lésion avait le siége, les bords calleux, le fond sordide et les fongosités saignantes de l'ulcère simple. Mais ce qui aurait dû éclairer sur la nature spécifique de cette ulcération, c'était l'existence dans le voisinage de trois cicatrices parfaitement arrondies, de l'étendue d'une pièce d'un franc, cicatrices maculeuses, fortement pigmentées... Le malade guérit rapidement et complétement par le traitement spécifique.

Nous avons observé un certain nombre de cas analogues ; car il n'est pas aussi rare qu'on le croirait de voir traiter comme ulcères variqueux des syphilides ulcéreuses des jambes. Ce qui doit faire distinguer les lésions spécifiques, c'est le groupement spécial des éléments primitifs encore distincts sur quelques points, ce sont des vestiges de circination sur les bords, c'est l'invasion par les lésions ulcéreuses de divers points (région supérieure et antérieure de la jambe) peu familiers aux ulcères variqueux. Le musée de l'hopital Saint-Louis renferme plusieurs moulages instructifs à ce point de vue, (Voyez Nᵒˢ 327, 362, 374, 382.)

4° « Une source d'erreurs plus insidieuse encore, c'est *l'isolement* possible des syphilides tertiaires ». Originairement multiples, les syphilides ont pu se réunir et ne former qu'une seule ulcération; dans quelques cas rares, la lésion spécifique a même pu rester absolument unique. Alors, elle a pu en imposer pour un *chancre syphilitique* — la plupart des syphilis doublées ou même triplées ne sont que des erreurs de diagnostic de ce genre — ou bien pour un *cancroïde exulcéré*. On trouve dans leçons de Fournier un fait de ce genre observé sur un vieillard de 72 ans. Il s'agissait d'une ulcération développée au menton, ayant l'étendue d'une amande, des bords durs, un fond rouge et granuleux. L'opération était décidée: en trois semaines le traitement spécifique eut raison de ce prétendu cancroïde. Bazin accusait déjà les chirurgiens d'avoir plus d'une fois fait des opérations qu'une connaissance plus approfondie des caractères objectifs de l'ulcération eût rendues inutiles. Fournier confirme le fait, surtout pour les lésions de la face. Sur les muqueuses, à la langue par exemple, le fait est peut-être plus commun encore; nous en avons eu sous les yeux un exemple tout récemment. Au musée de l'hôpital, on peut voir un moulage à l'occasion duquel pareille erreur a été commise. Un vieillard de 72 ans, encore vigoureux et fort, avait contracté la syphilis à l'âge de 18 ans; malgré l'absence de traitement spécifique, il n'avait pas eu d'accident depuis l'âge de 20 ou de 22 ans. Depuis un an, son testicule droit s'était hypertrophié. Depuis trois mois, son scrotum s'était creusé d'une ulcération indépendante de la lésion testiculaire. Les deux accidents avaient été considérés comme de mauvaise nature et l'opération devait bientôt débarrasser le malade. Celui-ci vint à Saint-Louis, consulter Fournier qui reconnut la syphilis et obtint une rapide guérison par le traitement spécifique (*Voy.* le moulage n° 356 de la col. part. de Fournier).

Fournier établit le diagnostic différentiel de la façon suivante :

<table>
<tr><td align="center">Cancroïde.</td><td align="center">Syphilide ulcéreuse.</td></tr>
<tr><td>1° C'est une tumeur ulcérée;</td><td>1° C'est une ulcération sans tumeur véritable;</td></tr>
<tr><td>2° Début par un bouton verruqueux qui persiste longtemps sans s'ulcérer, s'ulcère lentement et ne se couvre pas de croûtes aussi régulièrement que celles des syphilides croûteuses;</td><td>2° Début par groupe de boutons globuleux, qui se ramollissent rapidement, crèvent et s'ulcèrent aussitôt en se couvrant de croûtes;</td></tr>
<tr><td>3° Pas de forme régulière; fond inégal, le plus souvent violacé; bords durs, épais, renversés;</td><td>3° Assez souvent forme régulière, quelquefois même forme régulièrement significative (cerclée, hémi-cerclée), fond inégal, bourbillonneux ou pultacé; bords moins épais, moins durs;</td></tr>
<tr><td>4° Lésion affectant toujours les ganglions après un certain temps.</td><td>4° Pas de retentissement ganglionnaire.</td></tr>
</table>

5° Bien plus, Fournier rapporte des faits où de simples syphilides ont pu simuler, non plus le cancroïde, mais *le cancer*. Dans les cas douteux, Fournier conseille de considérer que : Le cancer débute par une *tumeur*, tumeur généralement bien plus volumineuse que les syphilides de tout genre, tumeur qui s'ulcère consécutivement, mais s'ulcère d'une façon bien plus tardive que les gommes; — quand l'ulcération est faite, le cancer est encore et toujours une *tumeur*, car, alors qu'il s'ulcère en un point, il est bien rare qu'il ne progresse pas sur un autre; — l'ulcération cancéreuse repose sur des tissus durs, secrète un ichor fétide, s'accompagne de douleurs lancinantes, et retentit hâtivement sur les ganglions. — Enfin, quand l'incertitude persiste, « c'est pour le médecin un devoir rigoureux de pratique de recourir comme pierre de touche, à l'épreuve thérapeutique. » D'ailleurs ces cas de confusion entre le cancer et les syphilides cutanés sont rares ; elles ne sont d'une fréquence relative que quand il s'agit de gommes sous-cutanées devenues ulcéreuses. (*Voy. gomme* art. SYPHILIS.)

6° Une des difficultés les plus grandes du diagnostic des syphilides ulcé-reuses est celle qui est fournie par leur ressemblance avec les chancres simples. La clinique est pleine de ces cas où le diagnostic est hésitant entre le *phagédénisme tertiaire* et le *phagédénisme chancrelleux*. Sans parler de l'inoculation, on a pour s'éclairer un certain nombre de signes tels que la teinte grisâtre, l'induration des syphilides, et d'autres parti-cularités que nous étudierons en détail avec les syphilides ulcéréuses des muqueuses ; car c'est là surtout que sont fréquentes ces lésions et à l'oc-casion des ulcérations des muqueuses les difficultés se présentent.

A la verge, notamment, les ulcérations sont parfois très-difficiles à dia-gnostiquer. Cette réflexion nous est inspirée par l'observation récente d'un lupus ulcéreux du pénis. Ce n'est que par une observation minutieuse et répétée de tous les symptômes que l'on arrive à distinguer la nature de l'affection quand on n'a pas assisté au développement de la lésion. Il faut alors discuter la possibilité d'un *chancre simple phagédénique*, d'une syphilide ulcéreuse, serpigineuse ou phagédénique, d'un épithélioma, d'une ulcération tuberculeuse ou diabétique, de la pustule maligne et enfin du lupus (Voy. chacun de ces mots).

7° Bassereau écrit ces lignes que l'on se rappellera dans les cas difficiles : « Il est certain qu'avant les recherches de Rayer, les ulcères chroniques de la *morve* ou du *farcin* ont dû être confondus avec ceux de la syphilis. Je suis même convaincu que les plus hideuses figures de la collection de Dupont et de l'atlas de Devergie ne sont autre chose que des cas de morve chronique. »

Pour notre part, nous n'avons jamais rien vu de semblable ; mais l'ex-périence et l'habileté de l'observateur nous faisaient un devoir de men-tionner cette réflexion.

II. **Syphilides des muqueuses** ou syphilides *muqueuses* (par op-position aux syphilides *cutanées*). — Nous avons à dessein longuement insisté sur la description des syphilides de la peau. La plupart d'entre elles seront exactement reproduites sur les membranes muqueuses ; les différences d'aspect tiennent au tissu sur lequel elles se développent plutôt qu'aux lésions elles-mêmes. Comme sur la peau, on trouvera sur les muqueuses l'*érythème*, la *papule*, la *pustule*, le *tubercule* et la *gomme syphilitique*. Déjà Rayer (p. 990) et quelques autres syphilio-graphes avaient voulu appliquer le nom de « *syphilides* » aux accidents syphilitiques occupant les membranes muquéuses. Mais un certain nombre d'auteurs, entr'autres les auteurs du *Compendium* (p. 33), eurent le tort de s'y refuser.

La connaissance exacte des syphilides des muqueuses et leur étude méthodique sont de date récente ; les unes passaient inaperçues ; les au-tres étaient confondues en masse sous le nom vague et impropre de *pla-ques muqueuses*. Disons immédiatement que cette dénomination a été singulièrement prodiguée : pour certains médecins, tout est *plaque mu-queuse*, et tel qui se déclare mécontent si le diagnostic d'une affection nerveuse ne précise pas la localisation dans des régions encore peu connues, daigne à peine jeter le regard sur la lésion d'une muqueuse accessible à ses explorations et se sent tout satisfait quand il a dit « plaque muqueuse », badigeonné la dite plaque au nitrate d'argent et ordonné le mercure ! L'aspect de membrane muqueuse que ne tardent pas à revêtir ces lésions ne suffit pas à justifier cette dénomination uniforme. Fournier est l'auteur qui a le premier et le plus vigoureusement combattu cet abus et protesté, sinon contre cette ignorance, du moins contre cette indifférence. « Les médecins du quinzième siècle n'avaient qu'une dénomination pour toutes les éruptions cutanées du mal Français ; ils les appelaient toutes indistinctement *pustules, pustulæ*. Faisons-nous autre chose, nous aujourd'hui, alors que nous confondons *toutes les éruptions* du tégument muqueux sous la désignation *unique* de plaque muqueuse ? »

Ricord ne manquait pas de faire remarquer à ses élèves la *syphilis secondaire des muqueuses;* mais c'est Fournier qni, le premier, réussit à faire une description méthodique des syphilides des muqueuses. C'est à l'éminent syphiliographe français que revient l'honneur d'avoir introduit dans leur étude une classification et une nomenclature basées sur des caractères cliniques réels et importants. C'est pour nous un devoir de renvoyer ici aux leçons si véritablement cliniques de ce maître.

Voici, d'après lui, le résumé des *caractères généraux* des syphilides des muqueuses : Elles ont pour siége les muqueuses et notamment les muqueuses buccale et vulvaire, puis certaines régions cutanées qui se rapprochent des muqueuses par des conditions anatomiques spéciales, à savoir : gland, espace interfessier, face interne des orteils, région interne et supérieure des cuisses, aisselles, régions sous-mammaires chez les femmes grasses, conduit auditif externe, etc.

La plupart des syphilides des muqueuses sont des lésions secondaires, soit précoces, soit intermédiaires, soit tardives. C'est ainsi que, si elles abondent surtout dans la première année de l'infection, elles peuvent se montrer encore 4 ou 5 ans après le chancre, au grand étonnement des médecins non prévenus. Toutefois ce dernier fait est rare. Il faut savoir aussi qu'il y a un certain nombre de syphilides muqueuses, atténuées ou avortées pour ainsi dire, qui, bien que tertiaires, simulent les lésions secondaires.

Sur les muqueuses, on rencontre aussi, comme nous le verrons, des lésions tertiaires et des gommes.

Ainsi que les syphilides cutanées, les syphilides muqueuses font invasion sans qu'une cause occassionnelle soit nécessaire à leur développement ; elles se produisent spontanément et sous la seule influence de la diathèse acquise.

A l'exception de la roséole, ce sont des lésions toutes sécrétantes, non auto-inoculables, essentiellement contagieuses, principales productrices de la vérole, douées d'une faculté surprenante de récidive, de repullulation, mais aussi d'une facile curabilité (Fournier).

Leurs caractères sont d'ailleurs à peu près les mêmes, quelle que soit la muqueuse sur laquelle elles se seront développées. Il n'y aura donc

pas lieu d'en faire, dans cet article, une description spéciale pour
chaque région. D'ailleurs, les lésions syphilitiques ont déjà été étudiées
dans les articles respectifs qui traitent de la bouche, du pharynx, du larynx, de l'anus, de l'ombilic, du scrotum, des organes génitaux, etc.
Nous prierons le lecteur de se reporter à ces divers articles.

Premier groupe. — **Syphilide érythémateuse** ou *érythème syphilitique des muqueuses.*

Synonymie. — Syphilide exanthématique; roséole spécifique des
muqueuses; syphilide congestive.

Après Swédiaur, Cullerier, Babington, Ricord, Cazenave, Bassereau,
Martellière, et surtout après Baumès (t. II, p. 447), Pillon, en 1857,
admit l'*angine érythémateuse syphilitique* et la décrivit sous le nom
d'*exanthème précoce de la gorge.* Lasègue (1868) dit que « la roséole de
la gorge suit la même marche, affecte les mêmes formes, obéit aux
mêmes règles que la roséole cutanée, dont elle n'est qu'une dépendance. »

La roséole cutanée a ses siéges de prédilection ; elle en épargne habituellement certains autres; elle peut se concentrer sur quelques points
ou se répandre à peu près également sur une large étendue. De même la
membrane muqueuse de la gorge peut être, comme toute autre région,
indemne d'érythème spécifique ; mais elle peut devenir le foyer principal
ou même à peu près exclusif de la roséole. « La roséole angineuse dit
Lasègue, est souvent le premier signe de l'infection secondaire ; elle peut
précéder de plusieurs jours l'exanthème. » Comme la roséole morbil-
leuse, la roséole syphilitique appartient à la période initiale. Plus
encore que la roséole cutanée, elle échappe fréquemment aux malades.
Elle donne lieu à quelques phénomènes subjectifs : de la chaleur, de la
sécheresse, qui n'ont rien, il est vrai, de caractéristique et dont on ne
tiendrait peut-être pas compte si l'on n'en redoutait l'imminence.

. Les érythèmes angineux sont en général très-passagers; la durée, relativement longue, est ici un élément précieux de diagnostic.

Baumès a observé la roséole même sur la face interne des joues et
des lèvres. Ordinairement, l'érythème spécifique occupe le voile du palais, la luette, les piliers antérieurs, la voûte palatine, rarement les
amygdales, plus rarement le pharynx. Lasègue insiste sur ce point : « Cette
subordination est assez constante pour que toute éruption qui aurait pour
siége exclusif ou le pharynx ou les amygdales doive éloigner l'idée d'une
roséole syphilitique. » Ce n'est pas l'avis de Pillon qui rapporte des cas
de véritable angine tonsillaire spécifique.

« Les taches rosées sont tout d'abord d'un rouge plus vif qu'à la
peau, inégales. déchiquetées, parfaitement reconnaissables à première
vue et n'ayant d'analogie qu'avec les plaques morbilleuses dont elles se
distinguent moins par leur aspect que par l'absence de réaction générale. A l'inverse de la peau, la membrane muqueuse peut devenir le
siége d'une irritation diffuse qui complique le diagnostic. L'irritation
secondaire est plus ou moins étendue; les amygdales et le pharynx y
participent et celui qui examine la gorge à cette deuxième période incli-

nerait à admettre une angine catarrhale subaiguë s'il n'y apporte une suffisante attention. » (Lasègue).

C'est qu'en effet la muqueuse ne supporte pas aussi passivement que la peau l'éruption vénérienne. A la lésion due à l'intoxication syphilitique s'ajoute un élément simplement catarrhal ou phlegmasique consécutif. L'influence du substratum, dit encore Lasègue, est intéressante à noter : « Tandis que chez l'adulte, la roséole exempte de complications accomplit sur le tronc et sur les membres ses phases régulières, elle se produit au cuir chevelu sous la forme papulo-pustuleuse ou tout au moins elle s'accompagne d'une pustulation assez habituelle pour être un des éléments du diagnostic. Chez les enfants nouveau-nés, *dont la peau a presque la spongiosité d'une membrane muqueuse* (nous prions qu'on retienne cette remarque), il est rare que la roséole soit et reste franche. De même les follicules du voile du palais peuvent s'enflammer secondairement à la roséole syphilitique. Celle-ci pourrait parfois être prise pour une angine rhumatismale subaiguë ; mais outre que la durée de l'érythème spécifique est beaucoup plus longue, que l'angine rhumatismale chronique est extrêmement rare, il y a dans ce dernier cas, des sueurs, un malaise plus fébrile et des douleurs articulaires vagues. »

Certes la syphilis peut parfois déterminer de la fièvre, des douleurs indécises dans les jointures, de la lassitude et un mauvais état général. Dans ces cas, il faut attendre l'éruption cutanée pour faire le diagnostic de la lésion gutturale.

L'éruption angineuse spécifique se fait par plaques isolées non saillantes ou par une rougeur uniforme (Baumès). Martellière dit, que ses délimitations sont brusques et tranchées. Nous serions moins affirmatif. Quoi qu'il en soit, la rougeur s'éteint graduellement ; quand elle coïncide avec un exanthème, elle disparaît avant lui ; abandonnée à elle-même, elle s'efface plus lentement que dans les cas où elle est soumise à un traitement local et surtout général. 11 fois sur 36 cas, Pillon l'a vu récidiver, même à plusieurs reprises, soit isolément, soit en coïncidence avec une récidive de la roséole cutanée. Il met en garde contre une confusion possible avec la teinte violacée, lie de vin, et l'apparence mamelonnée de la muqueuse de la gorge coïncidant avec l'état fongueux des gencives qui suit un long traitement mercuriel. L'époque d'apparition de ces deux ordres de lésions est d'ailleurs toute différente.

Pillon croit que la roséole existe très-fréquemment dans la gorge, mais qu'elle échappe souvent parce qu'elle est éminemment précoce et quelquefois passagère.

Comme sur la peau il existerait dans la gorge, d'après Pillon, un *exanthème tardif*, ou *roséole tardive*, dont quelque cas constitueraient « l'érythème à coloration grise des muqueuses. » Martellière décrit sous ce nom plusieurs lésions qui ne sont pas syphilitiques.

« Il s'agit ici de ces cas où une coloration grisâtre vient ultérieurement se joindre à la rougeur exanthématique. Cette teinte grise souvent diffuse, se circonscrit parfois sous forme de taches nettement dessinées et tranchant sur la muqueuse ambiante. Ces taches circonscrites se voient sur les piliers du voile ; elles sont de niveau avec la muqueuse voisine et cessent brusquement sur un contour plus ou moins régulier » (Pillon).

« Ces phénomènes doivent être rattachés à une modification quelconque de l'épithélium qui se détache par desquamation. Parfois, leur surface se recouvre d'une couche mince de substance blanchâtre molle, comme si elle devait s'ulcérer ; puis, elle se déterge et la muqueuse apparaît avec une teinte pâle ou avec sa coloration normale (Martellière). » Ce sont les *plaques lisses* de Fournier qui seront étudiées plus loin.

Lasègue décrit également une pellicule blanchâtre dont se recouvrent les taches : « il se fait par places de petits dépôts ambrés, demi-transparents et qui semblent dus à un œdème sous-épithélial ; du moins, est-ce l'hypothèse qui ferait le mieux comprendre leur aspect ».

Tous ces auteurs rapprochent ces phénomènes de la desquamation des syphilides papulo-squameuses cutanées. Il s'agirait donc de lésions plus qu'érythémateuses.

La roséole a été décrite aussi sur la muqueuse vulvaire, sur celle du col utérin. Martineau admet la métrite syphilitique. Nous ne pouvons ici que signaler tous ces faits. Plusieurs auteurs ont décrit un *exanthème syphilitique de l'intestin* ou entérite syphilitique secondaire.

Depuis le travail de Jahn, dit Pillon, l'existence des exanthèmes internes ne peut plus être mise en doute (*Natur geschichte der inneren Exantheme*, 1835) ; elle a été démontrée par Rayer dans le chapitre où il établit le parallèle entre les maladies de la peau et celles des membranes muqueuses (p. 594) : « on rencontre aussi à la surface des membranes muqueuses externes ou internes (bronche, pharynx, estomac, intestin) des rougeurs qu'il faut rapprocher des érythèmes de la peau et probablement aussi de la roséole ». S'appuyant sur ces données, Pillon se demande pourquoi la syphilis ne produirait pas sur les muqueuses intestinales ce qu'elle produit sur le voile du palais ; il croit que l'entérite simple, non ulcéreuse, peut survenir à une certaine époque de la généralisation syphilitique et comme un phénomène qui en dépende directement. Pillon rapporte quelques faits, peu concluants d'ailleurs, observés par lui ou par Cullerier : « au moment où l'exanthème secondaire apparaît à la peau, il se fait une poussée analogue sur les membranes muqueuses qui peut se reconnaître à une injection vasculaire particulière » (Cullerier, *Union médicale*, 1854).

Pour notre part, nous n'avons jamais observé l'*entérite syphilitique secondaire ;* nous en renvoyons la responsabilité à ses auteurs, mais nous avons cru devoir citer ici tout ce qui ce rapporte à notre sujet. De même avons-nous fait pour la roséole des muqueuses. Toutefois nous ne devons pas oublier cette importante note de Fournier : « On a décrit encore sous le nom d'angine secondaire soit une éruption tachetée dite *roséole* de la gorge, soit un *érythème en nappe* auquel on a attribué, comme d'usage, un aspect tout spécial, pathognomonique ». *Pour la roséole de la gorge, je suis encore à la chercher ;* jamais je n'ai observé sur le palais, sur les amydales ou dans le pharynx, d'éruption disséminée sous formes de taches circonscrites, lenticulaires, susceptibles d'être assimilées à la roséole de la peau. — *L'érythème en nappe de la gorge ne me paraît pas moins hypothétique.* Certes, j'ai vu bien souvent des malades syphilitiques présenter une certaine rougeur de l'isthme guttural ; mais, d'une part, cette rougeur ne m'a jamais paru dotée d'attributs spéciaux ; et, d'autre part, je l'ai rencontrée non moins souvent chez des sujets sains non entachés de syphilis. *Je ne saurais donc la considérer comme spécifique.* »

Deuxième groupe. — **Syphilides papuleuses des muqueuses.** *Synonymie.* — Papules muqueuses, papules humides.

Nous voici arrivé à l'étude de la lésion syphilitique muqueuse par excellence, de l'accident secondaire caractéristique, de la *papule muqueuse,* analogue à la papule cutanée ; ce n'est pas analogue, mais identique, qu'il faudrait dire. La syphilide que nous étudions ici n'est en réalité qu'une papule, comme celle que nous connaissons déjà ; l'aspect seul est changé par la simple raison que le tissu sur lequel nous l'observons maintenant a une texture différente de celle de la peau ; mais l'élément éruptif en lui-même n'est nullement différent et obéit aux mêmes lois. « L'influence topographique éclipse donc ici ou du moins domine l'influence exercée soit par la période, soit même par l'intensité de la maladie » (Diday et Doyon, p. 253).

C'est à cette manifestation syphilitique papuleuse qu'était appliquée la dénomination routinière de *plaque muqueuse ;* c'est à elle que s'applique tout ce que nous avons dit au début de ce chapitre.

Fournier divise ces syphilides muqueuses en *quatre types :*

1° Syphilides *érosives* consistant en de simples érosions superficielles du derme muqueux.

2° Syphilides *papulo-érosives* constituées par des papules à surface érosive et sécrétante.

3° Syphilides *papulo-hypertrophiques* qui ne sont qu'une forme dérivée de la précédente : elles consistent en des papules devenues gigantesques, déformées par l'exubérance même de leur développement et constituant des masses végétantes considérables, de véritables *tumeurs* muqueuses.

4° Syphilides *ulcéreuses* qui, ne se bornant pas à effleurer le derme muqueux, l'entament, le creusent à une certaine profondeur.

Comme le dit très-bien Fournier, ces dernières lésions ne sont plus des dérivés de la papule ; elles sont plutôt le pendant de la pustule ; elles sont au derme muqueux ce que sont au derme cutané l'impétigo et l'ecthyma.

Tous les accidents qui se produisent sur les muqueuses à la période secondaire peuvent être ramenés à ces quatre types primordiaux.

Ces types, cela va sans dire, sont susceptibles de coexister, réserve faite toutefois pour le dernier groupe qui se rencontre *généralement* isolé. Ils peuvent être altérés dans leur physionomie par des conditions diverses que nous déterminerons plus loin, mais les modifications auxquelles ils sont exposés ne constituent que des variétés et ils n'en restent pas moins les formes élémentaires essentielles auxquelles convergent et se rattachent toutes les lésions secondaires du tégument muqueux.

Au niveau des points où les muqueuses se continuent avec la peau, au niveau des lèvres par exemple ou bien de la vulve, on rencontre les syphilides avec tous les caractères que nous avons attribués aux accidents secondaires de la peau. « Elles perdent là plus facilement leurs croûtes et se présentant alors sous forme d'ulcérations, elles peuvent simuler et simulent, à la vulve, d'une façon parfois très-insidieuse, le chancre simple avec lequel elles sont facilement confondues. »

Les syphilides vulvaires sont très-instructives à étudier au point de vue même de la nosographie.

« Les syphilides cutanées coexistent très-fréquemment avec des syphilides muqueuses du département muqueux de la vulve. C'est même à la vulve que l'on peut surprendre sur le fait, pour ainsi dire, l'identité de forme de ces deux ordres d'éruptions. Ainsi journellement nous voyons les grandes lèvres couvertes à leur face externe de papules sèches ou croûteuses et à leur face interne de papules humides, érosives. Or, croûte d'un côté, ulcérations de l'autre, ne sont pas deux lésions distinctes, ce sont simplement deux aspects différents d'une seule et même lésion modifiée dans sa physionomie suivant le siège qu'elle occupe (Fournier). »

Nous ne saurions trop insister sur ces particularités ; car il en résulte que ce que nous avons dit des syphilides cutanées s'applique également bien aux syphilides muqueuses. Ces lésions sont isolées ou agminées, ou encore réunies en nappes confluentes ; elles sont disposées irrégulièrement ou bien en cercle et surtout en demi-cercle (syphilides circinées, arciformes, etc.) (Voir à titre d'exemple de syphilides érosives circinées, la pièce 106 de la col. part. de Fournier).

Nous ne pouvons entrer ici dans le détail des descriptions. Nous renvoyons d'une façon absolue le lecteur aux pages, si remarquablement cliniques, écrites par Fournier sur le sujet qui nous occupe et à l'occasion duquel elles devraient être citées entièrement.

Les syphilides muqueuses ont deux *sièges*, non exclusifs, mais manifestement préférés ; ce sont la muqueuse génitale et la muqueuse buccale.

I. *Foyer génital.* — Quel que soit le point des organes génitaux qu'elles aient envahi, qu'elles soient vulvaires, vaginales ou utérines, ou bien qu'elles se développent sur le scrotum ou sur le pénis, les syphilides se présenteront toujours sous l'un quelconque des quatre chefs indiqués précédemment. Cette disposition, qui est absolue, nous permettra de ne noter que quelques détails capables de caractériser chacune des variétés.

A. Les *syphilides érosives* sont fréquentes surtout à la vulve. Là, elles sont parfois excessivement petites, arrondies, plates, faites comme par un vésicatoire microscopique qui aurait été placé sur le tégument muqueux. Le danger est qu'elles passent sinon inaperçues, du moins négligées, et que non seulement on ne soupçonne pas mais qu'on méprise leur gravité. Cette forme bénigne est essentiellement dangereuse au point de vue de la contagion. Fournier rapporte qu'il a vu des personnes vigilantes et soucieuses de leur santé, et même des médecins, se refuser, au grand détriment des personnes qui les entouraient, à leur accorder l'importance qu'elles méritent.

On peut les confondre avec les *érosions traumatiques* ou écorchures vulgaires, avec les lésions de la *vulvite érosive* et avec celle de l'*herpès*.

L'*herpès* est la lésion qui prête le mieux à la confusion. Mais son apparition est plus soudaine, plus bruyante; il est beaucoup plus prurigineux; il donne lieu à des érosions plus petites, parfois même simplement miliaires, mieux circonscrites, plus régulièrement cerclées et réunies volontiers en groupes ou bouquets à contour microcyclique et polycyclique.

B. Les *syphilides papulo-érosives* sont les plus communes; elles sont généralement multiples; elles sont indolentes par elles-même et ne deviennent prurigineuses que par l'incurie des malades; elles ne sont pas auto-inoculables; non traitées, elles s'accroissent et se multiplient indéfiniment; elles n'ont nullement un « vis-à-vis constant », comme on l'a prétendu à tort, et elles ne font naître des lésions analogues à elles-mêmes que parce que leur sécrétion irrite la muqueuse d'un organisme infecté et tout préparé à se couvrir, à la moindre provocation, de papules. Ce sont elles surtout qui forment les *nappes muqueuses* vulvaires et périvulvaires. Elles sont absolument remarquables par leur facile curabilité et par la rapidité avec laquelle, *sans cautérisation*, sans traitement violent, sous la simple influence de lotions légèrement modificatrices et d'une poudre isolante, elles se dessèchent, s'affaissent, s'atrophient et se résorbent sans laisser de cicatrice; suivant l'expression de Fournier, elles *rentrent sous terre*.

Chacune de ces papules est aplatie en forme de plateau ou de pastille, arrondie ou ovalaire, légèrement saillante, à bords très-nettement marqués, à surface privée d'épithélium et sécrètent une matière séro-purulente à odeur très-fétide, assez forte et assez spéciale pour suffire parfois à faire le diagnostic *sans voir*. Cet aspect est tellement caractéristique qu'aucune confusion n'est ici possible si ce n'est par un examen insuffisant ou tardif. Les commémoratifs, d'ailleurs, contribueront à révéler la nature du mal. C'est encore de l'herpès vulvaire que ces syphilides doivent surtout être distinguées. Elles affectent parfois une disposition cerclée ou hémicerclée fort importante; car, comme dit Fournier, il n'y a guère que la syphilis qui produise *sur les muqueuses* des lésions orbiculaires.

C. Les *syphilides papulo-hypertrophiques* résultent de l'ampliation gigantesque de la lésion papuleuse ou du groupement de papules hypertrophiées. Elles se présentent sous forme de larges plateaux, de pastilles saillantes, amplifiées, tubéreuses, de mamelons hémisphériques dont les dimensions varient de celles d'une noisette à celles d'une datte ou d'un champignon; parfois, elles sont inégales, fendillées et forment des rhagades. « Une cause unique préside à leur développement, c'est l'incurie persistante. » C'est l'irritation due aux liquides irritants plutôt que la congestion veineuse permanente qui agit dans la grossesse. La scrofule et l'alcoolisme ont une action plus réellement directe dans la production des formes hypertrophiques.

Nous avons observé dans le service de Fournier un cas d'*exagération* de ces papules *exagérées*. Ces *syphilides éléphantiasiques* formaient de véritables tumeurs allongées, qui, disposés en des languettes isolées les unes des autres et terminées en pointes, ressemblaient assez exactement, qu'on nous permette la comparaison, aux *lardons d'un filet*. Bien qu'elles se fussent développées assez rapidement, leur surface n'était pas humide et suintante comme d'habitude mais sèche et protégée par un véritable épiderme, Fournier les a fait mouler et leur a donné le nom de *syphilides molluscoïdes*, à cause de leur ressemblance avec les tumeurs dermiques connues sous le nom de *molluscum*. L'examen histologique en fut fait par Gombault.

Quelques cautérisations ont été ici exceptionnellement nécessaires. On sait que Fournier a le premier démontré que la propreté seule, quelques lavages résolutifs et les applications de poudre suffisent amplement à amener, comme par enchantement, l'affaissement et la disparition des excroissances spécifiques secondaires. En faisant disparaître du même coup de la pratique médicale les excisions et les cautérisations plus ou moins énergiques, Fournier a fait faire un progrès humanitaire incontestable à la thérapeutique de ces formes d'accidents vénériens.

La disposition *seule* des régions fait que les syphilides papulo-hypertrophiques se rencontrent plus fréquemment et plus abondamment chez les femmes que chez les hommes. Toutefois il n'est pas absolument rare d'observer des hommes qui, du coccyx au pubis et d'une cuisse à l'autre, sur le scrotum et même sur le gland, sont criblés de ces lésions repoussantes.

Le sillon balano-préputial est le siège de prédilection des syphilides génitales localisées ; elles déterminent parfois un phymosis plus ou moins prolongé. Disons incidemment qu'il faut combattre cet accident par les injections de nitrate d'argent au centième jusqu'à ce qu'on obtienne la détersion ; dès que le malade peut *découvrir*, la cause est gagnée : les syphilides guérissent rapidement.

Nous avons vu les syphilides papuleuses cutanées devenir souvent croûteuses. La nature même des tissus muqueux rend ici impossible cette transformation ; toutefois, il n'est pas rare de voir les lésions des muqueuses se recouvrir d'*une croûte à la manière des muqueuses*, c'est-à-dire d'une sorte de couenne grisâtre, qui donne à ces lésions un aspect *diphthéroïde* parfois assez marqué. Cette couenne est très-adhérente ; elle n'est pas le produit d'une exsudation quelconque, mais seulement le résultat de l'imbibition des couches épithéliales dont l'inflammation a multiplié les éléments (Voy. *Anat. path.*). Cette teinte grisâtre, qui est d'ailleurs presque pathognomonique, n'a pas pour les syphilides génitales l'importance qu'elle peut avoir, comme nous le verrons pour les syphilides gutturales.

Enfin, nous devons tout au moins signaler le *sclérème des grandes lèvres*, utile pour le diagnostic rétrospectif des syphilides des lèvres vulvaires ; c'est l'œdème scléreux de la vulve symptomatique d'accidents secondaires de syphilis. Il est remarquable par sa dureté et par sa persistance. Les émollients échouent contre lui. Il faut souvent, pour en avoir raison, pratiquer, à la surface des grandes lèvres, d'étroites traînées rectilignes parallèles, puis quadrillées, avec une très-petite quantité de nitrate acide de mercure.

Fournier insiste fortement sur un accident annexe que la syphilis secondaire détermine parfois à la vulve et dont l'étude avait été négligée jusqu'à lui : Il s'agit des *folliculites vulvaires* d'origine spécifique, et qui sont d'ailleurs des lésions peu communes. Fournier les divise en trois groupes :

a. Folliculites hypertrophiques de forme sèche ; ces lésions (qu'il ne faut pas confondre avec l'acné varioliforme) sont probablement les lésions syphilitiques des glandes sébacées décrites par Verneuil.

b. Folliculites agminées suppuratives, qu'il ne faut confondre ni avec les folliculites chancrelleuses décrites par Gougenheim (1881), ni avec l'herpès menstruel ;

c. Folliculites ulcéreuses.

On saura que sur le gland aussi bien qu'à la vulve, il peut exister des folliculites ulcéreuses absolument simples et indemnes de toute infection. Chez l'homme, la lésion ressemble fort au chancre simple, mais elle est ordinairement unique.

D. Les *syphilides ulcéreuses* sont beaucoup moins fréquentes que les précédentes ; cela ne veut pas dire toutefois qu'elles soient rares. Elles sont plus tardives et ne se montrent qu'à une période avancée de la période secondaire. Nous ne les mentionnerons ici que parce qu'elles étaient presque effacées et confondues, comme dit Fournier, dans le groupe artificiel des plaques muqueuses. Nous les étudierons plus loin, dans le groupe des syphilides pustuleuses des muqueuses, car elles correspondent aux syphilides cutanées pustulo-ulcéreuses, impetigo, ecthyma, etc.

Les quatre formes de syphilides peuvent d'ailleurs se combiner et donner lieu, sur les muqueuses aussi, à une éruption polymorphe.

Les *syphilides vaginales* ne diffèrent des syphilides vulvaires que par la rareté de leur forme hypertrophique. Elles sont bien connues depuis les recherches de Fournier, de Martineau, de Foulquier, de Prieur, etc.

L'existence des *syphilides utérines*, soit secondaires soit tertiaires, n'est plus douteuse. Dans le premier cas, elles sont remarquables par leur teinte opaline ou gris-perle, qui contribue à les différencier des autres lésions du col. Presque toujours excentriques, elles viennent rarement occuper l'orifice cervico-utérin ; elles sont indolentes et peu durables. Leur guérison spontanée et rapide peut donner la clef de certaines contaminations inexplicables quelques jours plus tard, et avec les difficultés de l examen direct, explique pourquoi ces lésions sont restées longtemps inaperçues. Sur 522 cas de syphilides muqueuses de la vulve, Fournier a trouvé 25 cas de syphilides du col utérin et 9 du vagin.

Dans l'impossibilité où nous sommes d'entrer ici dans le détail de leur étude, nous renvoyons aux travaux de Fournier et aux diverses monographies que l'on trouvera signalées à l'*index bibliographique*.

II. *Foyer buccal.* — Les syphilides bucco-palatines ont chez l'homme la fréquence des syphilides ano-génitales chez la femme. La raison de la fréquence est toujours la même ; c'est l'incurie. Les liquides irritants constituent une cause occasionnelle. Les régions génitales de la femme sont moins faciles à entretenir propres et sèches que celles de l'homme. La femme a généralement plus soin de sa bouche que l'homme ; de plus l'homme fume. Fournier a vu, sur une jeune dame qui avait contracté en Orient l'habitude de la cigarette et du cigare, les syphilides pulluler à la bouche et récidiver à vingt reprises comme sur un homme.

Quoi qu'il en soit, les syphilides que l'on observera sur les lèvres, sur les gencives, sur les joues, sur la langue, sur la voûte palatine, sur le voile du palais, sur les amygdales, à la base de la langue, sur l'épiglotte aussi bien que sur le plancher de la bouche, les syphilides *bucco-gutturales* en un mot, ne se présentent pas sous d'autres formes que les syphilides muqueuses en général. Toutes ces régions peuvent être envahies, mais celles qui le sont le plus fréquemment sont les *amygdales et les piliers* du voile, c'est-à-dire l'isthme guttural, les *lèvres* et la *langue*. On en voit quelquefois, mais très-rarement sur le pharynx, qui est au contraire un siége affectionné des syphilides tertiaires et des scrofulides.

1° *Aux lèvres*, on rencontrera surtout, mais non exclusivement, les syphilides érosives et papulo-érosives ; c'est souvent dans le sillon gingivolabial qu'il faut aller les chercher, ou bien sous la lèvre supérieure, au voisinage du frein. La teinte grise que Fournier faisait remarquer sur les syphilides utérines est ici beaucoup plus accentuée ; elle est en proportion de la tendance presque caractéristique des lésions buccales en général ; on sait que l'épithélium de la muqueuse de ces muqueuses devient opalescent dès qu'il s'enflamme. Les syphilides sont là spécialement blanches, luisantes, *opalines* comme on les nomme, et ressemblent presque à la tache blanche qui suit l'attouchement de nitrate d'argent.

Nous avons déjà signalé les *syphilides commissurales*, en *feuillets de livre*, qui se continuent souvent avec des syphilides cutanées.

Ordinairement éparses, les syphilides peuvent former sur les lèvres des nappes de plusieurs centimètres d'étendue ; ce sont les syphilides *agminées* ; d'autres fois elles peuvent revêtir la disposition *semi-circulaire*. De même on voit sur le voile ou la voûte du palais des syphilides papuloérosives circinées ; ce sont des *syphilides arciformes*.

Bientôt la pellicule épithéliale tombe et l'érosion paraît avec sa surface érodée, rose, ou grise, limitée par un mince liseré d'un rouge vif.

Certes le diagnostic est difficile à cette période avec les érosions d'ordre banal, telles que les éruptions *aphtheuses* (groupe de lésions encore mal connues ou plutôt de lésions de nature très différente, comprenant par exemple la varicelle, le pemphigus), telles que l'herpès, etc., avec les érosions consécutives à l'*abus du tabac*, au *défaut d'hygiène*, (*dents ébréchées, incrustées de tartre*, etc.), et surtout avec les *érosions herpétiques*.

Ces lésions peuvent donner lieu à deux ordres de difficultés : d'abord elles peuvent faire croire à une syphilis qui n'existe pas ; ensuite, survenant chez un sujet syphilitique avéré, elles peuvent faire considérer comme de nouveaux accidents spécifiques une lésion d'un ordre tout différent. Cette dernière difficulté ne peut être appréciée que dans la pratique des affections syphilitiques; les traités généraux la passent sous silence. Fournier ne manque pas de la signaler dans ses leçons cliniques. Des poussées d'herpès par exemple se montrent quelquefois après des traitements mercuriels prolongés chez des gens manifestement syphilitiques et sont le plus souvent prises pour des syphilides. Plus on croit à l'existence de syphilides, plus ou insiste sur le mercure. Or, plus on administre le mercure, plus la muqueuse irritée se couvre d'érosions disséminées qui se reproduisent par poussées de trois ou quatre vésicules avec une ténacité parfois désespérante. On voit ces pustules miliaires s'exulcérer très-rapidement, devenir très-douloureuses et causer dans la mastication, une assez forte gène.

Quelques cas d'*hydroa des lèvres* pourraient également donner lieu à quelques hésitations dans le diagnostic, si le soulèvement bulleux de l'éruption, le début brusque sans antécédents, la coïncidence avec des lésions caractéristiques du dos, des mains, des poignets et des pieds n'indiquaient nettement la nature des lésions. Quinquaud a décrit aussi l'angine hydroïque causée par l'hydroa guttural dont il ne faut pas oublier l'existence. Le musée de l'hôpital contient deux moulages d'hydroa intéressant les régions buccales (n° 618).

Enfin il faut se souvenir, qu'il peut se développer sur la muqueuse labiale des *végétations simples*.

2° Les syphilides de la *langue* sont non moins importantes à connaître que les précédentes.

Lailler, cité par Saison, a trouvé 40 cas de lésions spécifiques de la muqueuse linguale sur 617 observations de syphilis, 35 consistaient en « plaques muqueuses » réparties sur 18 hommes, 14 femmes et un enfant atteint de syphilis héréditaire. Sur 130 hommes atteints de « plaques muqueuses » Bassereau a constaté qu'elles siégeaient 18 fois sur la langue. Davasse et Deville n'en ont trouvé que 6 sur 186 cas.

Quoiqu'il en soit, les quatre formes de syphilides peuvent se rencontrer sur la langue où elles conservent leurs caractères respectifs, mais ce sont les formes *érosives* qu'on y trouve le plus. Parfois les syphilides linguales sont fissuraires. Journellement dit Fournier, il arrive que l'on en découvre sans que les malades en soupçonnent l'existence ; elles sont alors latentes et complètement ignorées. Ce qui contribue encore à les faire passer inaperçues, c'est que, comme au palais, aux gencives et aux amygdales, elles sont indolentes à la base de la langue. Au contraire à la pointe, elles sont douloureuses et toujours perçues. Les siéges favoris pour elles sont le dos et les bords de la langue; la face inférieure est, au contraire à peu près épargnée.

Une forme toute spéciale de syphilide linguale est la *plaque lisse*, dépapillée, mais non érodée ; d'après Fournier, elle ne se colore pas en blanc par le nitrate d'argent avec la même facilité ni la même intensité que les surfaces réellement excoriatives. On croirait, a dit très bien Cornil, *un cercle fauché dans une prairie.* Ces plaques sèches, « tantôt circonscrites et lenticulaires, tantôt étalées sur une assez large surface, rougeâtre et d'un rouge plus vif que les parties saines, régulières de contour plutôt qu'ovalaires, sont lisses, polies, déprimées, et contrastent avec l'apparence villeuse des tissus voisins. Cet aspect serait dû, d'après l'hypothèse et non l'examen histologique de Cornil, à la chute des prolongements cornés des papilles filiformes. » C'est là un degré atténué des syphilides érosives. Elles peuvent persister longtemps sous cette forme d'érosion épithéliale, caractérisée par la suppression de l'aspect *velouté* normal de la muqueuse linguale.

Avec beaucoup de raison et de sens clinique, Fournier préfère le nom de « *plaque lisse de la langue* » à celui de *psoriasis lingual* usité autrefois, cette affection n'a en effet rien de commun avec une variété quelconque de psoriasis des muqueuses, c'est une *glossite épithéliale syphilitique,* une syphilide muqueuse superficielle.

Les syphilides érosives de la langue sont bénignes mais récidivantes et quelquefois très-rebelles ; c'est ainsi que, malgré le traitement, le plus souvent à cause de l'abus du tabac ou de tout autre agent irritant, mais même indépendamment de toute cause occasionnelle, on les voit parfois persister pendant trois, quatre et cinq ans, ou se répéter. On les observe alors en même temps que des accidents plus profonds du côté de la peau. Tout récemment encore nous voyions de véritables syphilides opalines tapissant les deux faces latérales de la langue qui coïncidaient avec une gomme du mollet et une syphilide pustuleuse excentrique du cuir chevelu. La syphilis datait de cinq ans.

Les syphilides papuleuses se montrent sur tout le dos, la langue, mais spécialement au niveau des régions moyennes et postérieures ; ces papules spécifiques n'ont, elles non plus, rien de commun avec le prétendu psoriasis lingual.

Elles forment des papules larges, aplaties, étalées, grisâtres, très adhérentes et non ulcérées. Elles dépassent de toute leur épaisseur la muqueuse qui ne présente pas de traces d'inflammation périphérique. Irritées, elles peuvent se fendiller et se crevasser en rhagades ; d'autres fois elles sont *fissuraires* ou *hypertrophiques ;* on trouvera un bel exemple au musée de l'hôpital Saint-Louis. Les bords de la langue sont durcis et déformés par la présence prolongée de syphilides négligées. Les végétations simples de la langue, ne peuvent être confondues avec les lésions même bourgeonnantes qui nous occupent.

Le *diagnostic* des syphilides de la langue, si facile quand les lésions sont typiques, est souvent entouré de grandes difficultés parce que les lésions ne gardent pas toujours leurs caractères bien tranchés. Les lésions non syphilitiques qui peuvent donner lieu à la confusion sont nombreuses, ce sont à ne parler que des principales : les *aphthes,* l'*hydroa* dont il a déjà été question précédemment, le *pemphigus,* le *muguet* au début, chez les enfants, les *glossites mercurielles,* les *ulcérations tuberculeuses* au début, les glossites par irritations dues à des *causes locales,* les *pla-*

ques des fumeurs constamment accompagnées de lésions analogues siégeant au niveau de chaque commissure labiale, la *glossite métisse*, comme dit Fournier, dérivant de la syphilis et d'un tabac, l'*eczéma de la langue*, et le trop fameux *psoriasis lingual*. Nous ne pouvons ici présenter le détail des caractères différentiels de chacune de ces affections. Nous renverrons le lecteur aux divers articles de ce dictionnaire qui traitent ces questions, à la thèse de Saison (1871) sur les manifestations secondaires de la syphilis sur la langue, et surtout à la monographie de Fournier (1877) sur les glossites tertiaires.

A une période déjà avancée de l'infection, de quatre à huit années environ, il survient à la langue une lésion toute spéciale qui est intermédiaire entre les syphilides secondaires et les syphilides ulcéreuses de cet organe. Fournier la nomme *glossite scléreuse superficielle ou corticale : c'est* une glossite muqueuse ou dermique. « Anatomiquement, dit Fournier, elle est constituée par des dépôts néoplasiques siégeant exclusivement dans le derme lingual. » C'est donc d'une manière absolue une syphilide, une syphilide muqueuse qu'il faut étudier ici et qu'il est impossible de reléguer avec les glossites gommeuses (*Voy. Gommes de la langue*). « Cliniquement, elle s'accuse essentiellement par des indurations *superficielles* qui se forment aux dépens du derme lingual seulement, les tissus sous-jacents ou profonds restant indemnes. Se produisant sur une membrane, c'est-à-dire sur un tissu étalé, ces hyperplasies en surface déterminent nécessairement des indurations de même forme, c'est-à-dire des indurations lamelleuses, comparables à cette variété d'induration chancreuse qui se produit en surface et qui est dite *parcheminée*. » (Fournier).

Deux variétés doivent être distinguées :

Dans la première, les néoplasies du derme lingual sont disposées par *îlots* indépendants, par *plaques isolées*, qui affectent le plus souvent les proportions d'une pièce de 20 centimes ou d'un haricot. Les plus petites offrent les dimensions d'une lentille, les plus grandes celles d'une pièce d'un franc. A moins qu'elles ne siégent sur les bords de la langue, elles sont régulièrement arrondies ou ovalaires. Ces petites lésions au nombre de deux ou trois en général, mais pouvant être plus nombreuses, sont facilement perceptibles au toucher qui fera constater à leur niveau une *dureté insolite mais superficielle*. »

Si l'on a soin, comme Fournier le recommande pour l'examen de toute lésion linguale, de bien assécher la surface de la muqueuse avec une compresse, on constatera une *rougeur foncée* et un *aspect uni et lisse* de la muqueuse, qui est dépapillée, comme *rasée et vernie*. Toutefois elle n'est pas érodée, ainsi que nous avons déjà pu le constater pour les plaques lisses secondaires.

La seconde variété ne diffère de la précédente que parce qu'elle se présente en *plaques continues* d'une étendue parfois considérable et qu'elle consiste en une *induration en nappe* de la muqueuse. Même apparence lisse, même rougeur sombre, mais au début seulement. Car, plus tard, « alors que la dégénérescence scléreuse a achevé de s'accomplir, la muqueuse prend au contraire une teinte moins foncée, voire une teinte blanchâtre, et même absolument blanche, laiteuse (Fairlie-Clarke), indé-pendante de toute ulcération et de toute cicatrice. » Fournier attribue cette teinte au processus scléreux qui étouffe dans l'intimité de la muqueuse les canalicules vasculaires, contrairement à ce qui se passe dans les syphilides opalines où l'épithélium blanchit soit par inflammation, soit parce que les couches épithéliales s'infiltrent de leucocytes.

Enfin, la muqueuse sclérosée présente ce que Fournier décrit sous le nom d'*aspect parqueté*, c'est-à-dire une série de sillons transversaux et parallèles, obliques et étoilés. Cette lésion, très-lente à se produire est défi-nitive ; si elle est négligée, elle se fendille et se crevasse de façon à devenir une infirmité. Les sillons constituent un précieux signe diagnostique.

Nous avons insisté assez longuement sur cette forme intéressante de syphilide linguale parce que, comme le fait remarquer avec tant de raison Fournier, on la confondait autrefois avec une foule de lésions toutes dif-férentes les unes des autres sous le nom de *psoriasis lingual*.

Après avoir compris un si grand nombre d'affections qu'on était à peu près certain de ne pas se tromper en donnant le nom de psoriasis lingual à une lésion quelconque de la langue, le psoriasis lingual est appelé à disparaître bientôt, grâce aux progrès de l'analyse et de l'observation attentive. On sait que les cas de psoriasis vrai, non seulement de la langue mais des muqueuses en général, sont tellement rares que bon nombre d'auteurs nient que le psoriasis puisse se développer ailleurs que sur le tégument cutané. On peut cependant voir au musée de l'hôpital Saint-Louis des moulages qui nous paraissent être incontestablement des cas de psoriasis de la langue. Mais cette dénomination doit être réservée au véritable psoriasis de la langue, affection plus que rare, et ne peut plus être appliquée à des lésions qui n'ont rien de commun avec le psoriasis, à savoir : *diverses variétés de syphilides*, dont un très-grand nombre de cas ont été ainsi complétement méconnus ; l'eczéma lingual ; — *érup-tions aphtheuses* confluentes et récidivantes qui semblent en rapport avec des troubles gastriques ; — *glossite nicotique*, si fréquente chez les arthritiques ; — *leucoglossie (leucoplakia)* ou *glossite épithéliale simple* dont la cause encore mal connue n'a rien de commun avec le psoriasis ; — *glossite desquamative* attribuée à tort à la syphilis ; — *glossite ca-chectique ;* — *glossite parasitaire ; — desquamation ichthyosique ;* — et enfin *tylose*. C'est à cette dernière affection que, d'après Clarke, Lail-ler, T. Fox et d'autres auteurs, il faut attribuer les cas qui, considérés autrefois comme psoriasiques, avaient fait croire que souvent le psoriasis lingual aboutissait à la dégénérescence épithéliomateuse. Or l'observa-tion est venu démontrer que, si la tylose conduit si fréquemment à l'é-pithélioma qu'on peut presque la considérer comme un épithélioma latent, du moins le véritable psoriasis ne se transforme jamais, pas plus à la langue que sur la peau, en rien de plus grave. Rappellerons-nous les travaux de Bergeron, Gubler, Bridou, Vanlair, Caspary, Unna, Gautier, Lailler, Plumbe, Fournier, Parrot, Nedopil, Schwimmer, Mauriac, Vidal.

Tous ces auteurs ont contribué à élucider la question par des recherches qui peuvent être considérées comme constituant la *période d'analyse* du psoriasis lingual. Il nous est impossible d'entrer ici dans les détails que comporterait l'exposé de ces importantes observations ; qu'il nous soit permis de renvoyer aux annotations dont nous avons fait suivre la traduction du *Traité des maladies de la peau* de Duhring, où nous avons exposé les conclusions auxquelles a conduit l'étude d'un certain nombre de ces lésions. Un résumé de la question a paru dans la *France médicale* de 1882.

3° Les syphilides des *amygdales* sont d'une fréquence extrême ; dans la période secondaire, on les observe à maintes et maintes reprises, elles sont tantôt douloureuses, tantôt indolentes et ignorées des malades.

L'espace triangulaire où se trouve embrassée l'amygdale entre les deux piliers du voile constitue, dit Fournier, un véritable *nid à syphilides* : aussi faut-il toujours, chez les malades que l'on traite, tenir en surveillance soit les gencives pour apprécier la tolérance du mercure soit la gorge pour juger la marche de la maladie ; c'est dans la gorge, dit encore Fournier, qu'il faut aller, dans les cas douteux, dépister les signes d'infection. Telle est, en effet, la fréquence des lésions secondaires que « l'examen de la région amygdalienne éclaire bien souvent le diagnostic incertain. »

Dans certains cas, on y rencontre de véritables papules lenticulaires, rougeâtres ou cendrées ; parfois même la forme papulo-hypertrophique a été observée dans ces régions ; mais ce sont, sans contredit, ici encore, les syphilides érosives, opalines, qui sont les plus communes. Le plus souvent discrètes, ces dernières lésions sont parfois assez abondantes pour recouvrir entièrement les amygdales et les piliers. Dans quelques cas, la confluence est telle que les amygdales, les piliers, la luette et la plus grande partie du voile du palais se trouvent complétement tapissés par une nappe grisâtre ou blanchâtre de syphilides secondaires. C'est alors que celles-ci méritent bien d'être qualifiées de *diphthéroïdes*.

Nous nous souviendrons toujours d'un cas où le diagnostic fut assez difficile pour rester indécis pendant plusieurs jours. Il s'agissait d'une jeune femme de vingt-deux ans, vigoureuse campagnarde venue depuis plusieurs mois à Paris et y ayant rapidement contracté la syphilis dont elle présentait des accidents secondaires non douteux. Bien que l'infection n'eût pas revêtu chez elle la forme dénutritive, la fièvre était assez vive pour que la malade vînt consulter à son sujet. C'est alors qu'en examinant la gorge, on trouva les amygdales assez volumineuses, recouvertes de plaques grisâtres, épaisses, confluentes, à peu près indolentes, et simulant à s'y méprendre absolument les fausses membranes de la diphthérie. Au point de vue objectif, il était bien difficile de prendre parti. La présence d'autres syphilides érosives et opalines dans la bouche, l'absence de ganglions sous-maxillaires, l'absence d'albumine dans les urines en dépit d'une lésion locale intense, la marche et la durée même des accidents persistant sans que l'état général s'aggravât, et enfin l'action de traitement spécifique furent les véritables éléments du diagnostic. La guérison d'ailleurs fut facilement obtenue par le traitement mercuriel et par quelques badigeonnages iodés.

Les *syphilides de la gorge* et notamment celles du voile du palais peuvent affecter la forme circinée et surtout la forme hémicerclée. On ne saurait trop se souvenir que, sur les muqueuses, ainsi que l'a fait remarquer Fournier, la syphilis est la seule cause de lésions ainsi figurées. Rappelons-nous toutefois les lésions festonnées de la langue dues à la production de parasites végétaux. Les syphilides hémicerclées, en se réunissant, peuvent donner lieu à des bandes festonnées dont les arcades d'une régularité parfaite ont reçu, au palais comme à la face, la dénomination de *syphilides arciformes.*

La *luette* aussi est fréquemment atteinte.

Le *larynx* n'est nullement épargné, surtout chez l'homme. Gougnenheim a même démontré que les lésions laryngées étaient beaucoup plus fréquentes que les troubles vocaux ne pouvaient le faire croire. Poyet a constaté que les lésions érythémateuses ou érosives n'avaient pas de prédilection marquée pour telle ou telle partie du larynx. Au contraire, les lésions ulcéreuses, qui peuvent d'ailleurs détruire aussi les cordes vocales, sont plus spécialement communes à la face postérieure et surtout au bord libre de l'épiglotte (Gouguenheim). Notons d'ailleurs qu'il arrive souvent qu'à la période secondaire l'enrouement soit dû à des lésions d'ordre banal, hypérémiques ou œdémateuses, plutôt qu'à des processus spécifiques vrais. La tuméfaction peut même être parfois définitive (sclérème laryngé), et produire une dysphonie permanente. On a décrit la *syphilide érythémateuse* et la *syphilide hyperplasique* du larynx; on y a observé aussi des syphilides érosives et même des syphilides papuleuses, des syphilides ulcéreuses superficielles et profondes (Poyet).

Les syphilides connues de la *muqueuse trachéale* appartiennent à la forme ulcéreuse.

On voit donc que toutes les muqueuses sont loin d'être atteintes par les syphilides, et cependant il est bien peu de cas de syphilis sans lésions des muqueuses.

Il y a lieu de signaler encore des lésions d'ordre identique pouvant apparaître sur les muqueuses *oculopalpébrales.* Nous avons observé à Saint-Louis un cas de syphilide ulcéreuse de la *paupière inférieure* droite, et aussi un cas de syphilide papuleuse secondaire, rougissant, infiltrant, hypertrophiant et déformant les quatre paupières; le traitement spécifique amena une guérison rapide et complète. Au niveau des commissures, sur les points lacrymaux et sur les caroncules, Fournier a vu sur la *conjonctive bulbaire* une « papule cuivrée des plus caractéristiques. Elle siégeait sur l'œil droit, à la partie supérieure et à 3 millimètres au-dessus du limbe cornéen. Sa forme était circulaire et son diamètre d'un demi-centimètre environ » (Savy). Lailler a rapporté un cas analogue. Enfin des syphilides érosives ont été observées par Windsor, au niveau des commissures, sur les points lacrymaux et sur les caroncules.

Dans les *narines*, les syphilides secondaires peuvent être croûteuses
et revêtir l'aspect impétigineux.

Enfin, on a signalé des syphilides érosives ou papuleuses des *conduits
auditifs*, et des *sillons auriculaires*.

C'est des syphilides des muqueuses qu'il faut rapprocher les syphilides
papuleuses, papulo-érosives et même papulo-hypertrophiques, qui, dans
certaines conditions de contact et d'humidité, se développent sur la
peau : ce sont là les *plaques humides de la peau*, ou les *pustules
plates* des anciens. Ellles se présentent sous la forme de syphilides aplaties, humides et suintantes, humectées par une matière séro-purulente,
d'une odeur fade et fétide, érosives, rouges ou grisâtres ; elles ne sont
ni sèches ni croûteuses, et siégent sur la peau des régions internes des
cuisses, du périnée, du scrotum, du pourtour de l'anus, de l'ombilic, des
espaces interdigitaux, aux orteils, partout enfin où deux surfaces cutanées
sont en contact ou soumises à des liquides irritants. Dans certains cas,
leur base indurée et leur surface saignante ont pu simuler le cancroïde,
soit aux régions sous-mammaires, surtout chez les femmes grasses et
malpropres, soit aux régions axillaires où elles se développent parfois au
point de former de véritables *nappes muqueuses*. Elles sont irritées par
le frottement, entretenues par la malpropreté et par la moiteur; elles
causent alors de vives démangeaisons.

Chez les nourrices, il faut toujours examiner la *base des mamelons*, où
il n'est pas rare que la syphilis détermine des érosions, des fissures,
des gerçures, des rhagades, qu'il ne faut pas confondre avec des crevasses
banales, et même de véritables papules lenticulaires.

« Les syphilides muqueuses de la *marge de l'anus* prennent assez fréquemment l'aspect de longues *fissures*, étroites et effilées, qui se logent
au fond des sillons et qui ne deviennent apparentes que par le déplisse-
ment de la région. En d'autres circonstances, la marge de l'anus devient
le siége d'une lésion assez singulière : sous l'influence de l'irritation
développée par ces syphilides, le derme s'hypertrophie. Il en résulte que
les plis de l'anus se transforment en de gros bourrelets durs, résistants,
séparées par des sillons fissuraires ou ulcéreux, formés de deux feuillets
accolés. Cette dernière lésion, d'aspect assez étrange, a reçu le nom
d'*hypertrophie radiée* des plis de l'anus.

De même, il arrive parfois que, dans des conditions identiques, le
raphé médian du périné s'hypertrophie et se transforme en une sorte
de crête antéro-postérieure, saillante, rougeâtre, ferme, parfois d'une
dureté cancroïdienne... (Fournier). »

Est-il besoin de rappeler que ces lésions sont plus fréquentes chez la
femme que chez l'homme? Chez ce dernier, les *syphilides du sillon
balano-préputial* déterminent fréquemment de la balano-posthite et un
phimosis plus ou moins complet.

Toujours bénignes, les syphilides des muqueuses sont faciles à guérir,
mais elles sont essentiellement récidivantes. Parfois elles se montrent
rebelles, ainsi que nous l'avons signalé pour les syphilides buccales, et

malgré le traitement, sous l'influence du tabac elles récidivent sans cesse, pendant trois, quatre et cinq ans. D'autres fois, cette ténacité n'est attribuable qu'à l'intensité de l'infection et à la constitution du syphilitique. Ces syphilides ne doivent pas être confondues, nous ne saurions trop le rappeler, avec les poussées si fréquentes et si tenaces d'érosions herpétiques qui ont été signalées par Fournier à la suite de traitements mercuriels prolongés et qui, loin de céder à l'action spécifique, ne font que s'irriter sous l'influence des préparations hydrargyriques.

Il faut bien savoir aussi qu'il existe des formes de *syphilides tertiaires* assez *atténuées* pour simuler des lésions secondaires. C'est ce qui explique la présence assez fréquemment constatée de syphilides superficielles ou exulcéreuses des muqueuses buccales, coexistant avec des lésions cutanées manifestement tertiaires.

Enfin, nous devons signaler à l'attention du praticien les *syphilides indurées*. L'induration peut exister sur les lésions cutanées ; en effet, il n'est pas rare de rencontrer des syphilides papuleuses ovalaires ayant parfois une ressemblance surprenante avec l'accident primitif : la forme, l'étendue, la coloration chair musculaire, l'érosion et même l'induration, tous les symptômes sont présents. C'est surtout sur les muqueuses que l'induration présente de l'importance, tant au point de vue de la doctrine que du diagnostic. L'étude de la syphilodermie montre qu'il n'y a pas que le chancre qui puisse présenter une induration sous-jacente et légèrement débordante. D'abord, l'induration peut être artificielle et due à des cautérisations irritantes, ou bien au contact prolongé ou répété de l'urine. Le fait est vrai non-seulement pour les syphilides, mais encore pour diverses lésions vénériennes ou autres, telles que folliculites, végétations, chancrelles, etc. Ensuite, l'induration peut être pour certains accidents secondaires la conséquence de la production néoplasique elle-même : telle est l'*induration secondaire*. C'est parce qu'ils ont méconnu ces diverses indurations, ou artificielles ou diathésiques, et parce qu'ils prirent pour des chancres indurés des lésions secondaires ou autres doublées d'indurations de ce genre, que certains observateurs ont été entraînés à admettre des véroles doubles, triples même. Or, on peut presque dire qu'il n'existe pas encore dans la science d'observation indiscutable d'un même malade s'étant « envérolé coup sur coup ». Malgré son expérience, Fournier citerait à peine un cas où *peut-être* la vérole s'est doublée.

Quoi qu'il en soit, ces indurations se produisent dans certains cas spéciaux, à savoir : quand une lésion est ancienne et qu'elle a été longtemps abandonnée à elle-même ; ou bien quand elle a été artificiellement irritée par l'urine ou les caustiques ; ou bien encore quand le malade est alcoolique. Dans ce dernier cas, l'induration est le fait d'une infiltration néoplasique qui se produit à la périphérie de la lésion principale ; ce fait a lieu surtout quand la syphilide *secondaire* apparaît par *transformation in situ* du chancre en syphilide. Nous insistons ici sur le mot *secondaire*, car l'induration est un caractère habituel des syphilides tertiaires ; c'est même, dans ces cas, un élément souvent précieux de diagnostic avec les ulcérations chancrelleuses.

Dans la transformation *in situ*, on voit le chancre atteindre la fin de son évolution, subir même la cicatrisation, puis bourgeonner, végéter, devenir papuleux, et cette lésion papuleuse ne pas tarder à présenter tous les caractères des syphilides secondaires. Ce fait est si vrai qu'autrefois il a pu faire croire que la syphilis *débutait* parfois par des *accidents secondaires*. Or on sait aujourd'hui que les prétendues papules muqueuses primitives ne sont que des chancres modifiés.

L'induration des accidents secondaires, pour être exceptionnelle, est toutefois bien connue de nos jours. Dans les cas ordinaires, elle ne donne même plus lieu à aucune incertitude ; il n'en est pas de même dans les cas de *syphilide chancriforme*, c'est-à-dire quand la syphilide est à la fois *indurée et solitaire*, comme en montre un exemple le moulage 64 de la collection de Fournier. Le diagnostic devient alors très-difficile, et ce n'est parfois que par un examen attentif, en tenant compte des antécédents, des phénomènes concomitants et de la marche de la lésion, que l'on arrive à éviter l'erreur. Les syphilides chancriformes secondaires sont presque toujours érosives, exulcéreuses. (Voir les moulages n°s 72—96—212—227 de la col. part. de Fournier.) A la période tertiaire les lésions de ce genre sont plus fréquentes ; elles se rangent parmi les syphilides ulcéreuses et constituent, par conséquent, des lésions beaucoup moins superficielles que les érosions primitives.

Troisième groupe. — **Syphilides ulcéreuses des muqueuses.**— Nous avons déjà dit que les membranes muqueuses, ne pouvant produire de croûtes, recouvraient leurs lésions d'un opercule en rapport avec leur structure ; on verra donc à leur surface les lésions se recouvrir d'une sorte de *couenne*. La composition de celle-ci bien connue depuis les travaux réunis de Cornil, Wagner, Renaut, Leloir, Unna, etc., sera exposée au chapitre d'anatomie pathologique. Mais cet opercule est peu consistant et bientôt disparaît en laissant voir l'ulcération sous-jacente.

L'ulcération est donc un caractère commun à plusieurs variétés de syphilides muqueuses ; c'est même parce que ces syphilides ulcéreuses ne diffèrent que par les degrés d'un même symptôme, c'est-à-dire par des nuances, qu'elles ont été si longtemps confondues entre elles. L'intérêt d'ailleurs de cette distinction n'est que théorique, puisque le traitement est à peu près le même pour toutes ces lésions, quelle que soit leur profondeur et quelle que soit la variété de syphilides à laquelle elles doivent être rapportées.

Sur les muqueuses, nous trouverons des *ulcérations* partout où nous avons rencontré des *croûtes* sur la peau : à savoir, dans les syphilides impétigineuses et ecthymateuses, c'est-à-dire dans le groupe correspondant aux syphilides pustulo-crustacées, dans les syphilides tuberculeuses, et enfin, ici encore comme sur la peau, dans les syphilides gommeuses ramollies et ouvertes.

Beaucoup des caractères que nous avons reconnus aux autres syphilides

des muqueuses s'appliquent à celles dont nous parlons actuellement : les prédilections de siége, la marche, la profondeur, le petit nombre des lésions, la forme cerclée ou festonnnée, etc., se retrouveront ici ; mais l'époque d'apparition, la durée, la gravité, la tendance destructive, la cicatrice indélébile qui en est la fatale conséquence, constituent les attributs distinctifs des syphilides ulcéreuses.

Le voile du palais est souvent perforé par elles d'une manière définitive. Contrairement à ce qu'on voit pour la gomme vraie qui forme une ulcération large, unique, en plein voile, les syphilides ulcéreuses produisent sur le voile une série de perforations souvent disposées en demi-cercle et donnant au voile l'aspect d'une dentelle. On peut en voir dans la collection de Fournier plusieurs remarquables moulages.

Le pharynx, épargné ordinairement quoique non constamment par les syphilides secondaires, est un siége affectionné des lésions ulcéreuses. Elles peuvent y devenir phagédéniques et l'envahir en totalité ; d'autres fois, elles n'en occupent qu'une portion ; et, si c'est la portion supérieure, elles sont souvent plus ou moins dissimulées à l'observateur par le voile du palais. La forme arrondie des bords y est parfois très-marquée et contribue fortement au diagnostic en même temps que l'âge du malade et la rapidité de destruction de la lésion. Ces ulcérations sont remarquables, comme celles du voile du palais, par leur indolence et leur développement insidieux, par la douleur qu'elles occasionnent seulement quand elles sont devenues ulcéreuses, douleur qui est alors augmentée, sinon exclusivement causée, par la déglutition des aliments et par l'irritation qu'ils déterminent.

Il n'est pas rare que les syphilides ulcéreuses du pharynx soient suivies d'une cicatrice qui détermine l'adhérence du voile du palais et du pharynx. Cette *symphyse palato-pharyngée* peut causer, par la rétraction des fibres conjonctives qui la constituent, des troubles fonctionnels graves nécessitant, soit la dilatation, soit l'opération sanglante. Ce dernier mode d'intervention est facile, mais donne lieu à des résultats en général peu satisfaisants à cause de l'impossibilité où l'on se trouve de maintenir définitivement séparées les surfaces avivées par l'incision.

La trachée, les conjonctives, les gencives, l'anus, le rectum peuvent être atteints par des lésions de même ordre. Il nous est impossible de passer ici en revue les syphilides ulcéreuses de toutes ces régions. Celles de la verge, par exemple, et celles du gland principalement exigeraient seules un chapitre spécial. Rien n'est en effet plus remarquable que ces syphilides qui peuvent donner lieu aux erreurs de diagnostic les plus variées, puisqu'elles simulent des lésions de nature très différente, à savoir, le chancre simple ; — le cancroïde ; — les ulcérations dues à un *excès d'inflammation* (comme on en voit à la suite de pénitis et de balano-posthites simples, mais exaspérées) ou bien à certains sphacèles (*purpura, scorbut, embolies* ou *thrombose,* pustule maligne, *charbon,* etc., etc.) ; — les *ulcères tuberculeux;* — les *lupus* de la verge; — et enfin les *ulcérations diabétiques.* De même, à la vulve, les lésions syphilitiques ulcéreuses tiennent en outre une certaine place dans l'histoire de l'*esthiomène*.

Nous ne mentionnerons plus ici qu'une certaine variété de syphilide ulcéreuse dont la connaissance n'est pas assez répandue ; nous voulons parler de la *syphilide chancriforme*. Nous rappellerons que sa distinction avec le chancre simple est délicate. Cette syphilide tertiaire ne se multiplie pas, elle guérit plus difficilement, et elle laisse après elle une plus forte entamure que le chancre simple.

Les syphilides ulcéreuses sont souvent associées à d'autres types de syphilides, surtout quand elles se montrent dans la période secondaire de la vérole.

Ici encore on peut observer la forme en croissant ou bien voir la lésion s'étendre sur la périphérie au fur et à mesure qu'elle guérit au centre.

Certaines syphilides ulcéreuses laissent des *cicatrices vicieuses*. Tout récemment encore nous avions sous les yeux un exemple de ce que Ricord appelait le *strabisme de la verge*. Cette fâcheuse disposition, due uniquement à des brides, empêchait toute relation sexuelle depuis plus de six ans. Ces cicatrices déplorables sont la conséquence de ce que Fournier nomme le *phagédénisme tertiaire*. Un des malades de Fournier avait le corps criblé de mutilations n'ayant pas d'autre cause. Nous en avons vu plusieurs autres dont une grande partie de la verge avait été ainsi emportée et auxquels il ne restait plus qu'un pénis difforme, cicatriciel, fibreux et en tout cas très-compromis dans ses dimensions.

A la suite des lésions syphilitiques des muqueuses, nous devons signaler certains accidents de nature encore mal déterminée, mais qui se rencontrent assez souvent ; ce sont toutes lésions insidieuses, indolentes, latentes pendant leur évolution et ne se manifestant cliniquement que lorsqu'elles sont arrivées à une période avancée de leur évolution ; elles donnent lieu alors au *rétrécissement de l'organe atteint* et aux divers troubles fonctionnels consécutifs. C'est l'intestin qui est le siége le plus habituel, mais non pas exclusif, de cette variété de syphilides. On ne peut faire encore sur le mécanisme de cet accident que des hypothèses. Mais tout permet de supposer qu'il se développe un syphilome infiltrant toute l'épaisseur, non seulement de la muqueuse mais de la paroi intestinale elle-même ; que ce syphilome se compose d'une agglomération plus ou moins considérable de *gommes miliaires* (*Voy.* Syphilis). Ces petites lésions évoluent comme de plus vastes et donnent lieu à une sorte de cicatrice interstielle, sans avoir été précédée d'une ulcération vraie. C'est ce tissu cicatriciel qui, plus tard venant à se rétracter, engendre le rétrécissement intestinal. Le moulage 312 de la collection de Fournier en offre un exemple très-remarquable. Le retrécissement, formé non par une valvule, mais disposé sur une étendue de plusieurs centimètres, siégeait à l'union du tiers inférieur et du tiers moyen du rectum ; il était tellement serré qu'une plume de corbeau avait peine à le franchir.

Syphilides des nouveau-nés. — Quels que soient l'âge ou le sexe des syphilitiques, les syphilides se présentent toujours avec les carac-

.tères que nous venons de spécifier, soit sur la peau, soit sur les muqueuses. Nous les retrouverons donc sur le nouveau-né sans autre différence qu'une abondance plus grande et qu'une tendance beaucoup plus marquée à devenir humides et ulcéreuses. C'est ainsi que les papules spécifiques, au lieu de se présenter comme un néoplasme solide et plein, sont parfois transformées en *pustules humides* et creuses. Il se peut même qu'au niveau du point où le derme est infiltré de cellules embryonnaires, l'épiderme se soulève et forme une poche où s'amasse une collection purulente, peu considérable d'ailleurs. L'éruption réalise dès lors l'*aspect pemphigoïde*, sans avoir toutefois aucun des caractères du pemphigus vrai. C'est ce qu'Alibert avait fort bien jugé en créant le nom de *syphilides pustulantes pemphigoïdes*.

Il est en effet inadmissible de donner le nom de *pemphigus* à toute affection bulleuse. On s'exposerait ainsi à faire reposer toute une classification sur un symptôme qui n'a même pas le mérite d'être capital, puisqu'il est passager et non systématique, et à réunir sous un même chef des affections de nature toute différente.

On peut dire que l'étude du pemphigus exige impérieusement une analyse sévère et que nombre d'affections doivent être exclues de cette classe : telles sont, pour ne nommer que les principales, l'*érythème bulleux*, circiné ou non, le *cheiro-pompholyx*, les *affections phycténulaires*, (engelures, lymphangites, etc.), les *éruptions médicamenteuses* et particulièrement les *poussées iodiques* ; telles sont encore les éruptions, de nature encore mal connue, désignées sous le nom de *pemphigus épidémique des nouveau-nés* ; telles sont enfin les *éruptions syphilitiques*.

Nous avons déjà vu que, chez l'adulte, il n'existait pas d'affection spécifique qui méritât le nom de pemphigus ; il n'en existe pas non plus chez le nouveau-né, quelles que soient les apparences du contraire. C'est ce qu'ont très-bien compris Parrot et Letulle, en décrivant le *pseudo-pemphigus* des nouveau-nés.

Les éruptions bulleuses sont composées de papules identiques dans leur constitution à celles de l'adulte ; elles ne doivent leur infiltration liquide qu'à une disposition toute locale, à l'état spongieux, succulent, pour ainsi dire, des tissus de l'enfant ; ce qui ne saurait nullement modifier la nature de l'affection.

Quant aux bulbes de pemphigus que l'on observe si fréquemment sur les régions palmaires et plantaires des nouveau-nés atteints de syphilis héréditaire, rien ne prouve qu'il s'agisse là d'une affection directement spécifique. Personne ne doute que cette lésion ne soit fréquemment symptomatique de la vérole, mais tout le monde sait aussi qu'elle n'est pas exclusivement symptomatique de la syphilis. Jusqu'à preuve du contraire, nous refuserons donc le nom de syphilide à une affection qui ne reconnaît pas la vérole comme unique cause et nous considérerons ce prétendu pemphigus comme une expression de la dénutrition, de l'état général grave, mauvais, compromis, du nouveau-né. Et, en effet, il est peu de maladies qui entravent le développement et la vitalité des nouveau-nés aussi fréquemment et aussi profondément que la syphilis. Sans être une syphilide, le pemphigus des nouveau-nés devra donc rester un excellent signe, capable d'avertir le clinicien qu'il y a lieu de rechercher la syphilis.

Certaines autres affections du nouveau-né peuvent donner le change et faire croire à une syphilis qui n'existe pas. Tel est le cas d'*herpès vulvaire confluent* que Fournier a observé sur une enfant de 30 mois absolument indemne de syphilis. Telles sont les éruptions de *lichen,* soit cachectique, soit scrofuleux. Récemment nous avons vu un enfant de 11 mois qui était traité pour une syphilis qu'il n'avait pas, en raison d'une éruption papulo-squameuse de *lichen strophulus.* Tel est encore le cas de *lichen plan* observé par Tilbury Fox sur un enfant de 9 mois et simulant une syphilide papuleuse (*Lancet,* juillet 1876).

Nous signalerons encore les *éruptions vaccinales* comme pouvant donner lieu à des erreurs de diagnostic. Soit par le fait d'une éruption antérieure à la vaccine, telle qu'un eczéma par exemple, soit par toute autre cause, il arrive de temps en temps que l'éruption vaccinale se généralise et donne lieu à deux ou trois cents pustules au lieu des trois ou six qu'on attend. D'autres fois, les pustules vaccinales sont extraordinairement larges, profondes, entaillées, ulcéreuses. C'est dans ces cas que, si l'on n'a eu soin de distancer suffisamment les inoculations, il se forme une large plaie purulente qui constitue pour l'enfant une maladie grave. Le musée de l'hôpital Saint-Louis possède plusieurs intéressants moulages de faits de ce genre (n°s 531, 620, 850, 422). On doit se garder d'attribuer de telles lésions à la syphilis. Mais il ne faut pas tomber dans l'erreur opposée et rapporter les éruptions syphilitiques à la vaccine. Rappelons l'erreur inouïe de ce médecin qui, ayant pris une *pustule ecthymateuse syphilitique* pour une pustule vaccinale, s'en servit comme pustule vaccinale et inocula de la sorte la syphilis à plusieurs enfants.

Enfin, nous ne pouvons pas omettre de signaler ici, parmi les affections pouvant être confondues avec les syphilides des nouveau-nés, une éruption qui, jusque dans ces derniers temps, jusqu'aux observations de Fournier et de Lailler, a constamment été considérée comme d'origine syphilitique : nous voulons parler de l'*ecthyma térébrant infantile* dont le musée de l'hôpital Saint-Louis (n° 535) et la collection de Fournier (n°s 135 et 350), offrent de si remarquables moulages.

Nous en avons résumé, d'après les faits de Fournier et de Lailler, la description dans une des notes dont nous avons fait suivre la traduction du traité *des maladies de peau* de Duhring.

« Cette affection est une *poussée suraiguë,* ordinairement très-grave, de scrofulodermie. Elle débute assez brusquement et parfois attaque les enfants, même d'apparence robuste, au milieu d'une santé satisfaisante. C'est surtout aux membres inférieurs, puis à la face que sévit l'éruption ; d'ailleurs, elle peut être généralisée.

« Elle se présente sous la forme de papules plus ou moins nombreuses, plates, arrondies, du volume d'abord d'une lentille, puis d'un pois, d'un

haricot même. D'abord croûteuses et sèches, ces lésions ne tardent pas à
devenir humides, suintantes, ulcéreuses. A peine apparues d'hier les
papules sont aujourd'hui croûteuses, demain, elles seront déjà des ulcérations profondes, fortement creusées, entaillées à pic, remarquables par
leur fond lisse, leur coloration jaunâtre rappelant celle du chancre simple
et par leur caractère d'acuité. Pendant que ces lésions se creusent,
d'autres apparaissent, de sorte que l'éruption se multiplie; les cuisses,
les fesses, la face ne tardent pas à se couvrir d'éléments éruptifs de
diverses grandeurs et présentant différents degrés de développement. Des
régions entières peuvent ainsi être mises à nu et ne former qu'une vaste
plaie due à la confluence, à la fusion des ulcérations. 8 fois sur 10, les
enfants succombent à la fièvre, à l'épuisement, à l'insomnie, aux souf-
frances, à la diarrhée, à l'abondance de la suppuration, à l'athrepsie.
Quand les enfants résistent, les poussées deviennent de moins en moins
nombreuses, les ulcérations cessent de s'excaver, les éléments sont
moins larges, moins creux, moins vivaces, moins térébrants, et la guérison peut survenir au bout de 6 à 8 semaines. Ce sont les cas dans
lesquels les enfants ont conservé leur appétit et leur sommeil. La syphilis, héréditaire ou acquise, ne joue aucun rôle dans la production de
ces accidents, contre lesquels le traitement spécifique est inutile et nui-
sible.... »

Les syphilides ulcéreuses sont moins soudaines, moins disséminées,
moins nombreuses, plus grisâtres, moins luisantes, moins entaillées,
plus indurées, d'un caractère moins aigu, et s'accompagnent de symptômes généraux moins graves.

Les syphilides secondaires et notamment les syphilides papuleuses et
papulo-hypertrophiques ressortissent le plus habituellement à une syphilis acquise, car les syphilides héréditaires sont en général plus rapidement ulcéreuses. Cela dépend d'ailleurs de l'époque où, par rapport à
sa grossesse, la mère a contracté la syphilis. Cette différence dans les
effets n'implique nullement une distinction dans la nature des causes.
Elle prouve seulement que la syphilis héréditaire évolue plus vite que
celle qui est acquise, de telle sorte que, quand le nouveau-né vient à être
examiné, il est déjà arrivé dans le premier cas à la période des ulcérations
et des gommes (Voy. *Syphilis héréditaire*).

Les syphilides dues à l'infection héréditaire sont loin d'être toujours
congénitales. « Quelques auteurs, Rosen, Fabre, etc., admettaient que
le virus pouvait rester à l'état de latence ou de sommeil pendant un très-
grand nombre d'années avant de manifester sa présence chez l'enfant
infecté héréditairement. Cette opinion, poussée jusqu'à ses limites
extrêmes, a soulevé de vives critiques, et cependant il n'était pas plus
déraisonnable de penser avec Fabre que les effets de la constitution
syphilitique peuvent se développer seulement après un grand nombre
d'années que de dire avec tout le monde que la maladie scrofuleuse peut
ne se manifester qu'à une époque déjà éloignée de l'enfance. Pour mon

compte, je ne répugne nullement à admettre qu'un individu affecté héréditairement de syphilis peut arriver à un âge assez avancé sans s'être
trouvé dans les conditions nécessaires au développement des symptômes
syphilitiques. Toutefois, la règle est qu'ils se montrent dans les premiers
mois de la vie. » (Cazenave, p. 139.) On peut dire, en effet, que ce n'est
que dans les cas graves que les syphilides existent à la naissance. Le plus
souvent, ce n'est que vers le 45° jour, ou dans le 2° ou le 3° mois,
qu'elles apparaissent : mais on sait combien de nourrices et de vaccina-
teurs ont été victimes des débuts insidieux et plus tardifs des accidents.

D'après Williams, Cazenave cite un cas fort curieux de deux jumeaux
nés de parents infectés : l'un était couvert d'une éruption syphilitique,
l'autre était en apparence parfaitement bien portant.

Les syphilides héréditaires se rencontrent sur les cuisses, sur les fesses, sur la lèvre inférieure, au niveau du sillon médian où se voit une
gerçure profonde, plus rarement sur la lèvre supérieure où, de chaque
côté du lobule médian, on trouve deux gerçures moins marquées que la
précédente, au niveau des commissures de la région mentonnière et des
angles oculaires, ainsi qu'à l'entrée des narines où elles coexistent avec
le *coryza*.

D'après Parrot, les syphilides héréditaires ont en général une teinte
violette, variant depuis le rose jusqu'à la teinte enfumée. L'éruption athrep-
sique est rose tendre, la syphilide est plus violacée.

Le *pemphigus syphilitique* (*Voy.* Pemphigus) est considéré comme la
manifestation la plus précoce ; il peut apparaître (Voy. *Syphilis fœtale*)
dès le 6° ou le 7° mois de la vie intra-utérine ou bien se montrer, ce qui
est plus fréquent, quelques heures ou quelques jours après la naissance
(Voy. *Syphilis infantile héréditaire*). Nous avons déjà dit que l'élément
important de cette lésion n'est pas la bulle mais le plateau néoplasique,
le fond violacé sur lequel repose cette bulle. Après la 12° semaine, ce
pseudo-pemphigus devient rare. Le volume des bulles varie de la dimen-
sion d'une tête d'épingle à celle d'une petite noisette. Quelquefois les
bulles sont groupées. Parrot en a vu aux orteils, à la face dorsale des pieds,
sur les segments inférieurs des membres, sur le tronc et même aux oreilles.

Si l'élément éruptif consiste tout entier dans la bulle, s'il n'y a pas
de substratum spécifique, il s'agit alors du *pemphigus simple*, qui n'a
rien de spécifique et qu'on peut voir aussi vers le deuxième mois sur le
tronc et au pourtour des aisselles. Les bulles de ce pemphigus simple sont
plus considérables, le liquide en est plus transparent et la dessiccation est
rapide ; cela se comprend puisqu'il s'agit d'un simple soulèvement épidermique et qu'il n'y a pas de production morbide spéciale pour l'entretenir.

S'il en était autrement, on se demande à quelle lésion de l'adulte
correspondrait cette éruption spécifique de l'enfant ; elle est antérieure à
l'éruption papuleuse ou sa contemporaine ; et pourtant, elle n'est pas la
roséole puisque, chez les enfants, celle-ci, décrite par quelques auteurs
sous le nom de *syphilide maculeuse*, est bien reconnaissable à la petite
saillie qu'elle fait et à sa coloration violacée ou à la zone périphérique

qui revêt cette nuance. D'ailleurs l'éruption pemphigoïde a une signification toute différente d'une éruption quelconque, puisque Parrot n'a vu
guérir *que quelques* enfants atteints de ce pseudo-pemphigus; il est
vrai qu'ils succombaient, non pas au pemphigus, mais aux lésions viscérales dont celui-ci est vraisemblablement l'expression.

Les autres éruptions dues à la syphilis héréditaire, les syphilides *papuleuse* et *papulo-vésiculeuse*, ne diffèrent pas de celles de l'adulte. C'est
la forme pustulo-vésiculeuse qui, venant à se dessécher et à s'encroûter,
donne lieu à ce qu'on a appelé l'*impétigo syphilitique*. Cette forme est
intéressante chez l'enfant si sujet aux poussées d'impétigo lymphatique.
Parrot signale sa plus grande fréquence sur l'abdomen qui n'est pas un
siége affectionné de l'impétigo vulgaire. Fournier donne les autres signes
différentiels suivants : Les croûtes syphilitiques sont d'un ton ocreux
plus foncé; elles sont plus dures, plus sèches, plus cassantes; elles sont
plus disséminées et forment moins souvent de larges nappes; dans ces
cas, elles affectent parfois la forme circulaire, etc.

« Mais on se tromperait fort, ajoute le professeur. si l'on comptait
trouver à coup sûr dans les signes qui précèdent un témoignage démons-
tratif de la spécificité de l'éruption. Dans nombre de cas, le diagnostic
résidera moins dans l'appréciation d'une manifestation isolée et des
signes objectifs que dans l'examen complet du malade. »

Quant aux accidents plus graves, ils sont, chez l'enfant, fortement
humides et rapidement ulcéreux; ils laissent alors à leur suite des cicatrices qui sont parfois très-précieuses pour le *diagnostic rétrospectif* de
la vérole héréditaire, ainsi que Parrot l'a très bien démontré.

Les *syphilides ulcéreuses* peuvent se montrer à des époques très-
diverses, comme dans la syphilis de l'adulte. De plus, comme chez
l'adulte encore, elles peuvent récidiver. Aussi voit-on survenir des lésions
ulcéreuses d'ordre spécifique chez des jeunes gens et même chez des
adultes, alors que dans leur souvenir jamais aucun accident antérieur
de syphilis n'a été observé par eux. Il s'agit de *syphilides ulcéreuses
tertiaires* dues à une syphilis héréditaire qui manifeste encore son
existence après 15, 20, 30 années et plus, de même que la vérole acquise
peut le faire un demi-siècle encore après son début dans l'organisme
(Fournier). Ce sont là des accidents tardifs de syphilis héréditaire, car l'on
ne doit pas considérer comme telles des lésions qui apparaîtraient seulement vers le 12e ou le 14e mois après la naissance. Cette conclusion dé-
coule des travaux de Parrot, de Fournier et des auteurs anglais (Drysdale,
Hutchinson, Jackson, Fox, Coupland, etc.). On peut dire d'une manière
générale que la syphilis héréditaire et notamment ses lésions viscérales
sont des questions plus familières aux médecins anglais qu'aux médecins
français.

Ces faits sont très-importants à connaître, parce qu'ils viennent donner
une explication de la grande quantité de syphilis ignorées que l'on rencontre en pratique et, d'autre part, parce que, si la nature de ces lésions,
dont la puissance destructive est parfois effrayante, n'est pas méconnue,

leur guérison devient possible. Le contraire a lieu si, comme Fournier le démontre journellement, on persiste, à cause de l'absence d'antécédents, dans le diagnostic de scrofule. Quand on est initié à la possibilité des *syphilides héréditaires de l'adulte*, on est surpris de la fréquence des lésions qui doivent être considérées comme telles. Telle est la « *fausse scrofule* » dont la notion, due, en France, à la parole autorisée de Fournier, n'est pas un des moindres services rendus à la médecine par ce savant médecin (Leçons cliniques, avril 1883).

Il reste alors à faire le diagnostic entre une syphilis héréditaire et une syphilis acquise dans l'enfance, cette dernière étant, ainsi que l'a encore montré Fournier, beaucoup plus fréquente qu'on ne le croit généralement. On aura recours, pour ce diagnostic, aux neuf groupes de *signes* permettant de faire le *diagnostic rétrospectif de la syphilis héréditaire*, à savoir : l'habitus et le facies du malade; — son développement tardif et incomplet (infantilisme); — les déformations crâniennes et nasales (éboulement du nez, ozenne); — les lésions osseuses portant surtout sur les os longs et les os plats; — les cicatrices de la peau : cicatrices fessières, périanales, péribuccales (Parrot); — les vestiges de kératite, d'iritis, etc. (Hutchinson); — les troubles ou lésions de l'appareil auditif (Hutchinson) ; — les malformations dentaires (Hutchinson); — les lésions testiculaires : orchite scléro-gommeuse (Hutinel); — atrophie (Fournier); — la polyléthalité des enfants ou la multiplicité des fausses couches.

Anatomie pathologique. — L'étude des lésions de la peau et des muqueuses dans les syphilides n'a point montré jusqu'ici de caractères différentiels capables de les séparer d'une manière absolue des autres affections cutanées. L'érythème, la papule, la vésicule, la bulle, etc., sont constitués dans la syphilis comme dans les éruptions similaires de toute autre provenance. Les mêmes phénomènes se passent dans les diverses couches de la peau, dans le derme et dans l'épiderme; les lésions élémentaires, envisagées au point de vue histologique, ne présentent pas de différence essentielle et ne donnent pas toujours la raison des caractères si importants fournis par l'examen clinique. Cela est vrai surtout pour ce qui concerne les manifestations cutanées des premières phases de la syphilis; lorsqu'on arrive à la période tertiaire, l'anatomie pathologique rencontre des accidents plus spéciaux, plus caractéristiques, mais dont l'étude présente encore bien des obscurités.

I. Syphilides cutanées. — *Syphilides érythémateuses.* — Dans la *roséole*, les lésions atteignent un degré d'intensité plus considérable que ne le fait supposer l'examen clinique. La congestion, si légère et si superficielle qu'elle paraisse, s'accompagne d'une prolifération des cellules conjonctives, d'une exsudation de globules blancs dans les papilles et dans le derme et fréquemment aussi de l'extravasation d'une certaine quantité de globules rouges. L'épiderme ne paraît subir qu'une très-légère altération; l'hypérémie est la lésion dominante, caractéristique. L'exsudation de globules blancs qui l'accompagne devient plus abondante dans les formes intenses de la roséole. Il en résulte une saillie, un boursouflement des taches rouges (roséole ortiée, papuleuse), résultant de l'infiltration œdémateuse du derme. Les altérations ne dépassent guère ce summum, quelle que soit d'ailleurs l'intensité de la roséole.

Syphilides papuleuses. — Dans les *syphilides papuleuses*, au contraire, l'infiltration du derme est beaucoup plus profonde et détermine une *élevure* saillante et dure ; l'épiderme *s'érode* fréquemment, se *desquame;* l'exsudation intradermique peut être assez abondante pour l'atteindre, le pénétrer, et former des *croûtes* en se desséchant à sa surface. A chacun de ces degrés de la lésion correspondent des formes particulières de papules syphilitiques : *syphilides papuleuse, papulosquameuse, papulo-érosive, papulo-croûteuse.* Ces formes cliniques ont donc un substratum originel et fondamental, qu'il importe avant tout de bien connaître : c'est la *papule.*

Cette papule est constituée par une inflammation circonscrite du derme et de l'épiderme, toujours beaucoup plus intense, dit Cornil, que ne le ferait supposer l'apparence superficielle de la lésion. Les vaisseaux du derme sont vivement congestionnés, non-seulement dans le réseau superficiel, mais souvent jusque dans le réseau profond. Il y a, dans les cas intenses, exsudation de cellules lymphatiques autour des vaisseaux jusque dans l'hypoderme, autour des bulbes pileux et des glomérules sudoripares, jusque dans le tissu cellulo-adipeux sous-cutané (Cornil).

Dans l'épiderme, la couche de Malpighi est épaissie, principalement au centre de la papule, à ce niveau la couche cornée se désagrége et s'exfolie. Elle persiste seulement à la périphérie de la papule où elle forme la collerette de Biett. L'inflammation du réseau vasculaire superficiel du derme paraît toutefois être la lésion dominante au moins dans les syphilides papuleuses simples. Il se peut même qu'elle se localise au réseau vasculaire des papilles, comme cela paraît être le cas dans ces formes atténuées décrites sous les noms de *syphilides papulo-granuleuses* ou *lichénoïdes, syphilides papuleuses ponctuées.* L'hypérémie dans les syphilides papuleuses offre encore cette particularité qu'elle s'accompagne souvent de l'extravasation d'un certain nombre de globules rouges qui passent en même temps que les globules blancs à travers les parois vasculaires enflammées. Ces globules rouges cèdent leur matière colorante aux tissus et produisent ainsi la teinte brunâtre particulière à certaines papules. Les macules qui persistent après leur résolution ne s'effacent que très-lentement à mesure que le pigment sanguin est résorbé.

Les traits principaux de cette description de la papule envisagée comme type se retrouvent plus accusés dans l'examen des diverses variétés de syphilides papuleuses. La *syphilide à grandes papules* (S. papulo-lenticulaire ou nummulaire) et la *syphilide papuleuse en nappe* ne diffèrent de la papule type que par leur étendue en largeur et en profondeur.

Il en est de même pour la *syphilide papulo-squameuse* dans laquelle on observe aussi un épaississement de toutes les couches de la peau qui va en diminuant du centre à la périphérie de la papule. L'inflammation du derme est assez fortement accusée. « Dans les larges papules, dit Cornil, il ne s'agit pas seulement d'une inflammation des papilles et du réseau superficiel du chorion ; tout le derme — et avec lui le tissu cellulo-adipeux sous-cutané — est enflammé de la même façon. Dans le derme, les fibres du tissu conjonctif sont séparées par des cellules rondes rangées en séries ou par des cellules fixes tuméfiées. Plus profondément, les cellules adipeuses du tissu cellulaire sous-cutané sont enflammées, chaque cellule adipeuse est entourée d'une rangée circulaire de cellules lymphatiques et la graisse se résorbe ; des lobules graisseux tout entiers sont transformés en des îlots de tissu conjonctif embryonnaire où la graisse a disparu. » Il est évident toutefois que les altérations essentielles portent sur la région papillaire et sur le réseau de Malpighi de l'épiderme. Les papilles sont remplies de cellules lymphatiques qui forment autour des vaisseaux congestionnés de véritables manchons cellulaires. Ainsi distendues les papilles s'allongent et augmentent de volume. L'allongement des digitations interpapillaires du corps muqueux correspond à ce développement des papilles. Le corps de Malpighi est très-épais, « deux fois plus que le corps muqueux normal ou même plus » (Cornil). Dans la couche granuleuse et dans le réseau de Malpighi les cellules subissent souvent la *transformation cavitaire*. Enfin la couche cornée peut devenir quatre ou cinq fois plus épaisse qu'à l'état normal ; elle se détache facilement du corps muqueux. La transformation cavitaire des cellules est très-fréquente dans les syphilides cutanées et muqueuses. Étudiée d'abord par Leloir dans les végétations syphilitiques, elle a été vue par Cornil avec une grande constance dans les lésions syphilitiques de la peau. Précédée d'une tension vasculaire plus ou moins intense dans les papilles du derme, cette altération est due à l'imbibition des cellules du réseau de Malpighi par le sérum qui les pénètre ; il se forme un épanchement de sérosité autour du noyau. Celui-ci s'atrophie et il se forme une cavité qui le remplace et qui est bientôt remplie de leucocytes apportés par l'exsudation provenant des vaisseaux superficiels du derme. Les cellules cavitaires peuvent ensuite s'ouvrir les unes dans les autres et former de petits abcès intra-épithéliaux, d'où la production de vésicules et de pustules, ainsi que nous le verrons plus loin.

Les *syphilides psoriasiforme*, le *psoriasis syphilitique palmaire* ou *plantaire* ne sont, en somme, que des syphilides papulo-squameuses, lenticulaire ou en nappe (Fournier) dont l'aspect rappelle plus ou moins vaguement celui du psoriasis vulgaire. Elles ne le doivent qu'à leur localisation spéciale dans une région où leur évolution est rendue difficile dans un derme serré et résistant, surmonté d'une couche épidermique épaisse, très-adhérente qui s'oppose au développement de l'élevure papuleuse.

Dans les deux autres types de syphilides papuleuses, la *syphilide papulo-érosive* et la *syphilide papulo-croûteuse*, nous n'avons de même à signaler que des particularités peu importantes. Ainsi la syphilide papulo-érosive ne diffère de la syphilide papulo-squameuse que par le dépouillement plus profond du revêtement épidermique des papilles hypertrophiées. Il n'y a point érosion du derme, mais seulement chute partielle de l'épiderme. La couche de Malpighi seule persiste, d'où l'aspect humide, sécrétant que présentent ces papules ; aspect qui leur a valu encore le nom significatif de *plaques muqueuses de la peau*. En effet, elles ne diffèrent en rien, comme nous le verrons, des véritables plaques muqueuses. Leur analogie avec ces dernières vient de ce qu'elles se développent dans des régions dont l'humidité habituelle favorise la desquamation des papules (plis de flexion, anus, aisselle, etc.) et prévient ordinairement le desséchement de l'exsudation séro-leucocytique qui se produit à la surface des papilles dénudées et plus ou moins augmentées de volume par l'infiltration des jeunes cellules.

Cette exsudation caractérise aussi d'autres syphilides qui siégent de préférence au visage (Fournier). Sur ces parties découvertes le pus exsude dans le réseau de Malpighi, se concrète à la surface des papules, d'où le nom de *syphilides papulo-croûteuses*. Il arrive fréquemment d'ailleurs que ces deux lésions existent ou se succèdent, et que des croûtes se forment à la surface des syphilides papulo-érosives de la peau. La papule reste toujours, comme on le voit, la base, le point de départ de ces lésions ; ces diverses syphilides ne sont en dernière analyse que des papules transformées. Elles peuvent encore atteindre un degré d'exubérance plus grave sous l'influence des irritants, de la malpropreté ; elles deviennent alors *exubérantes* et forment ce que l'on appelle fréquemment les *condylomes plats* ou *végétants*. Dans ce cas, les papilles, considérablement allongées et recouvertes de couches épaisses d'épithélium, se dissocient en quelque sorte de manière à former de véritables choux-fleurs syphilitiques, tout à fait semblables comme structure aux choux-fleurs non syphilitiques, mais généralement moins exubérants.

Dans ces diverses syphilides la poussée inflammatoire atteint primitivement le derme, elle porte avant tout sur le réseau vasculaire superficiel dont la congestion s'accompagne d'une exsudation plus ou moins abondante de jeunes cellules. La participation de l'épiderme est beaucoup moins importante, peut-être même consécutive à l'inflammation dermique, elle semble en tous cas lui être subordonnée assez intimement. Le retentissement inflammatoire se fait sentir du côté de l'épiderme dans les syphilides les plus légères et les plus intenses. Il peut prendre des proportions considérables lorsqu'une action irritante extérieure vient compliquer la poussée éruptive, comme dans les syphilides hypertrophiques. D'autre part, la poussée congestive peut passer inaperçue et être suivie cependant de l'exfoliation épidermique. C'est ce qui se passe dans certaines roséoles, et c'est ce qui explique la formation de cette *syphilide pityriasiforme* décrite par Fournier et dans laquelle le processus hypérémique du derme est assez peu intense pour échapper à l'attention de l'observateur.

Syphilides vésiculeuses. — La lésion élémentaire de la *syphilide herpétiforme* ou *miliaire* est une papulo-vésicule. Dans un cas dont nous avons fait l'examen histologique, nous avons vu qu'elle offre à considérer, d'une part, des lésions du derme analogues à celle que nous avons vues dans toutes les syphilides, c'est-à-dire l'infiltration de la couche dermo-papillaire par des cellules rondes, d'autre part, le soulèvement de la couche de l'épiderme par un liquide séro-purulent. Ce liquide commence à s'amasser à la limite de la couche cornée et de la couche granuleuse. Il est compris dans des cloisons formées par les cellules épithéliales et dans des cavités qui sont le résultat de l'ouverture des cellules cavitaires. La transformation cavitaire se voit dans la plupart des cellules du corps muqueux voisines de la vésicule. Dans le cas auquel nous avons fait allusion plus haut, le contenu de la vésicule était déjà desséché et formait au sommet de la petite papule dermique une croûte compacte ayant à son centre un amas des leucocytes granuleux et déformés.

Syphilides pustuleuses. — Les syphilides à type *pustuleux* nous offrent les mêmes lésions à un degré plus accusé. L'infiltration dermique papuleuse est surmontée d'une collection purulente intra-épidermique plus considérable méritant le nom de *pustule*. Cette collection finit toujours par se dessécher, une croûte succède à la pustule. Cette évolution se présente avec divers aspects, avec une étendue et une intensité variables établissant des formes caractéristiques. Ce sont les *syphilides acnéiforme, varioliforme, impétigineuse, ecthymateuse.*

Au sommet de la saillie papuleuse, on voit se former une pustule conique, très-fréquemment traversée par un poil. C'est dans le voisinage des glandes sébacées ou des follicules pilo-sébacés qu'elle se développe et la suppuration intra-épidermique qui constitue la *pustule acnéique* se développe dans les gaînes du follicule qu'elle envahit plus ou moins complétement. La collection purulente se sèche assez rapidement et forme une petite croûte qui se détache plus tard en laissant une macule. La lésion dermique est ordinairement très-superficielle et ne diffère pas de l'infiltration papuleuse que nous avons décrite.

Cette infiltration occupe au contraire une grande surface dans la *syphilide impétigineuse* dans laquelle les pustules sont petites, mais plus nombreuses et groupées dans un petit espace. Aussi les croûtes sont-elles assez étendues et parfois assez épaisses. L'inflammation est plus tenace et plus profonde que dans les formes précédentes. Elle atteint les poils et les glandes sébacées, l'impétigo syphilitique affectant de préférence la face et les régions pileuses. Il en résulte que cette éruption s'accompagne fréquemment d'ulcération et qu'elle est suivie d'une cicatrice et de macules brunâtres.

Il faut encore ranger dans ce groupe l'*ecthyma superficiel* dans lequel la lésion élémentaire jusqu'ici ne diffère pas vraisemblablement des papulo-pustules telles que nous les avons présentées. Le type pustuleux parfait simulant à s'y méprendre les pustules de la variole, avec ombilication au centre de la pustule, s'observe assez souvent dans l'ecthyma superficiel. Les lésions histologiques ont de grandes ressemblances, comme le font penser les analogies évidentes dans le siége, l'évolution et les suites de ces deux éruptions. Suivant Leloir, la ressemblance serait complète pour cette forme particulière de syphilide pustuleuse désignée par les auteurs sous le nom de *syphilide varioliforme*. Dans la période papuleuse de cette syphilide, le derme offre la congestion et l'infiltration cellulaire caractéristiques de la papule et en même temps la transformation cavitaire des cellules de la partie supérieure du réseau de Malpighi. Dans la période vasculaire, les cellules cavitaires s'ouvrent les unes dans les autres et sont envahies par le pus. Ces lésions s'accentuent dans la période pustuleuse, et en même temps l'infiltration augmente du côté du derme, les papilles sont parfois détruites, et une cicatrice brunâtre survit à la pustule.

L'*ecthyma profond* se distingue du précédent par l'étendue en profondeur des lésions. Tandis que l'ulcération du derme et la cicatrice ne se produisent pas nécessairement dans l'ecthyma superficiel, et manquent même souvent, elles constituent des caractères constants de l'ecthyma profond. Il y a donc à considérer dans cette variété des lésions intenses des deux couches de la peau. En effet, au-dessous de la pustule et des croûtes qui lui succèdent, on trouve une ulcération du derme pouvant le détruire dans toute son épaisseur. Dans la première phase de l'ecthyma, il se forme une pustule dans l'épaisseur du corps de Malpighi, pustule qui détruit successivement la couche granuleuse et la couche claire et amincit la couche cornée qui le plus souvent est rompue ou détruite et finit par se confondre avec le pus desséché. Cette pustule se forme toujours suivant le mécanisme que nous avons décrit de la transformation cavitaire des cellules du corps muqueux. Les cavités se remplissent de pus et communiquent bientôt les unes avec les autres par suite de la destruction de leurs parois. Ces altérations destructives s'étendent en même temps dans le sens de la largeur et de la profondeur ; les cellules de la première rangée du réseau de Malpighi disparaissent d'abord au centre, la couche papillaire est mise à nu et baigne dans le pus. La lésion s'étend aussi à la phériphérie et à mesure que la première collection purulente se dessèche et forme une croûte, au-dessous et à la périphérie de celle-ci d'autres exsudations se produisent et augmentent son épaisseur et son étendue du côté du derme. Les papilles sont volumineuses, elles sont remplies de leucocytes et quelquefois de globules rouges par suite de la violence du raptus sanguin. Les capillaires sont, en effet, très-dilatés ; leurs parois sont altérées, infiltrées de cellules embryonnaires et par suite exposées à de faciles ruptures. Les petits épanchements sanguins se produisent fréquemment aussi à la superficie de la lésion et contribuent ainsi à augmenter l'épaisseur des croûtes et le décollement de l'épiderme. La partie moyenne du derme et même la couche sous-dermique sont envahies par la prolifération des cellules embryonnaires. Cette prolifération va en croissant des bords vers le centre ; là elle est tellement abondante que les faisceaux conjonctifs disparaissent. Il y a réellement destruction de tissu, portant principalement sur la couche dermo-papillaire et par suite il y aura cicatrice indélébile après la guérison. Les lésions ulcératives se produisent d'autant plus facilement que les vaisseaux sont profondément atteints par l'inflammation. C'est autour d'eux que se fait l'infiltration des cellules embryonnaires, qui envahit jusqu'à la tunique interne des artères, ainsi que nous l'avons vu dans un cas. Cette inflammation de la tunique interne des vaisseaux témoigne du rôle important qu'ils jouent dans l'évolution du processus ulcératif. Suivant l'étendue des désordres produits par l'ulcération, la cicatrice est plus ou moins fortement déprimée, maculeuse d'abord, puis blanche à mesure que le pigment se résorbe.

C'est sans doute par cette localisation spéciale du processus morbide dans les parois vasculaires que s'expliquent les formes phagédéniques et serpigineuses de l'ecthyma qui peuvent envahir des portions étendues de la peau. Il est vraisemblable, ainsi que l'admet le professeur Fournier, qu'elle s'applique aussi à la forme suppurative et ulcéreuse de l'impétigo syphilitique, désigné par les auteurs sous le nom d'*impetigo rodens*.

Syphilides bulleuses. — L'histoire des syphilides bulleuses doit, au moins en partie, se confondre avec celle de l'ecthyma profond aussi bien au point de vue anatomique qu'au point de vue clinique. Cela est vrai pour le *rupia* qui ne diffère de l'ecthyma que par l'étendue de sa lésion initiale, pustule qu'en raison de son étendue on est convenu de désigner du nom de *bulle*. C'est la même évolution du contenu purulent et sangui-nolent de cette bulle, qui en se desséchant forme une croûte noire, ru-gueuse, étagée de façon à rappeler l'écaille d'huître. Ce sont ces différences dans le début de la lésion et dans son aspect macroscopique qui seules justifient la distinction du rupia et de l'ecthyma. L'évolution du processus, l'ulcération, les lésions élémentaires, la cicatrisation ne diffèrent pas de celles de l'ecthyma.

C'est peut-être à tort que l'on décrit dans les ouvrages classiques le *pemphigus syphilitique* à côté du rupia. Ces deux syphilides n'ont qu'une lésion commune, la bulle, et encore elle présente dans les deux cas de notables différences. Ce qui sépare surtout le pemphigus du rupia et de l'ecthyma, c'est qu'il n'est pas ulcéreux. Non-seulement il n'entame pas le derme, mais bien plus il ne détruit pas l'épiderme, la couche profonde du réseau de Malpighi n'est pas détruite à la surface des papilles. La bulle se forme par le décollement de la couche cornée et du corps muqueux. La collection séro-purulente s'amasse rapidement dans cet espace résultant de la dissociation et de la trans-formation cavitaire des cellules. La couche cornée bientôt distendue se rompt fréquemment et le contenu liquide s'écoule et se dessèche. La couche papillaire du derme est congestionnée, et les vaisseaux laissent exsuder un assez grand nombre de cellules lymphatiques, mais cette in-flammation est superficielle et n'occupe guère que le réseau vasculaire dermo-papillaire. Ainsi qu'on l'a dit avec raison, le pemphigus appartient plutôt aux lésions superficielles qu'aux lésions profondes et devrait être rapproché des éruptions papuleuses ou papulo-vésiculeuses et cela aussi bien au point de vue clinique qu'au point de vue anatomique, puisque le pemphigus est une éruption secondaire.

Syphilides gommeuses. — « Les gommes cutanées, dit Cornil, sont des tumeurs inflammatoires du tissu sous-dermique et du tissu conjonctif cellulo-adipeux qui finissent par s'ouvrir en donnant lieu à une perte de substance profonde, plus considérable à son fond qu'à son orifice cutané et qui s'élimine lentement à la façon du bourbillon d'un furoncle. » Nous en donnons la description d'après l'examen d'une pièce dont le moule a été fait à l'hôpital Saint-Louis dans le service de Fournier. Cette pièce représente la jambe d'une femme, couverte de cicatrices déprimées et de saillies molles, arrondies et lisses, ayant l'aspect du mycosis; quelques-unes de ces saillies étaient ramollies, présentaient une ulcération à leur sommet et laissaient écouler un liquide puriforme. D'autres étaient fluctuantes et ramollies; l'une d'entre elles fut excisée et l'on vit sur la coupe que, malgré cette fluctuation, le tissu était encore ferme et compacte, d'une couleur rosée, sauf dans quelques points où il commençait à prendre une teinte jaunâtre. On avait donc sous les yeux les quatre degrés de l'évolution des gommes cutanées, crudité, ramollissement, ulcération, cicatrisation. Les petites tumeurs arrondies donnaient à la jambe un aspect tout à fait spécial, mycosiforme suivant l'expression de Fournier, et cette apparence n'avait pas peu contribué à faire méconnaître la nature de la maladie survenue d'ailleurs chez une femme dont la syphilis était restée ignorée depuis son entrée à l'hôpital Saint-Louis.

Sur les coupes de la petite tumeur enlevée les parties dégénérées se voient dans les plus profondes du derme; c'est là, comme on le sait, que débutent habituellement les gommes. Les différentes couches de l'épiderme sont amincies, mais saines. On voit sur les coupes deux, trois, quatre foyers ramollis qui s'étendent à peu près autant dans le sens vertical que dans le sens transversal. Le centre de ces foyers est constitué par des cellules très-granuleuses dont le noyau cesse de se colorer par le carmin : il y a aussi des gouttelettes de graisse, et d'assez nombreux corps brillants et réfringents dont la réaction rappelle celle de la matière colloïde. Autour de cette zone dégénérée se voit une zone constituée par du tissu embryonnaire, par des cellules rondes, à noyaux volumineux et bien colorés par le carmin. En beaucoup de points, cette zone embryonnaire est devenue scléreuse et l'on voit des tractus fibreux qui s'avancent jusqu'au contact du centre dégénéré. Ce sont là des altérations avancées ; la gomme est déjà parvenue à la période de dégénération et de ramollissement. Mais les altérations du voisinage de ce foyer sont plus récentes et leur évolution est plus facile à reconnaître. Elles envahissent tout le derme jusqu'à une grande profondeur et elles portent principalement sur le système vasculaire qui est évidemment *leur siége primitif et leur point de départ*. Dans la zone embryonnaire et dans son voisinage immédiat, on voit un grand nombre de vaisseaux oblitérés. Les éléments de leurs parois ont proliféré, formant des couches concentriques de cellules fusiformes qui ont fini par effacer complétement la lumière du vaisseau. Cette évolution peut se suivre dans certains vaisseaux entourés par un manchon plus ou moins épais de cellules embryonnaires qui contribuent à remplir la lumière des vaisseaux. Ceux-ci sont souvent remplis de globules blancs englobés dans un mince réseau de fibrine. Dans les intervalles qui séparent les vaisseaux, le tissu conjonctif est très-altéré; souvent ses faisceaux ont disparu, ou bien on les voit réduits en petits filaments très-minces qui cessent de se colorer sous l'influence des réactifs.

Il est à noter aussi que dans ces intervalles les cellules embryonnaires sont moins abondantes que dans le voisinage des vaisseaux; elles paraissent présenter moins de vitalité, leur noyau se colore mal. Certaines cellules conjonctives deviennent granuleuses et finissent par former une petite masse granulo-graisseuse qui conserve encore la forme de la cellule. Enfin à une certaine distance, dans le derme sain, on trouve des inflammations vasculaires et périvasculaires analogues à celles qui ont été décrites plus haut, mais seulement à leur début. Les cellules embryonnaires se groupent autour du vaisseau et lui forment un manchon nodulaire plus ou moins épais.

C'est là le mode de formation primitive du *nodule gommeux*. Il résulte de l'inflammation de la paroi vasculaire et du tissu conjonctif avoisinant. Toutefois le *vaisseau reste perméable pendant longtemps* et ne s'oblitère qu'à la longue par prolifération des cellules de la couche interne. Un fait intéressant, c'est que la dégénération ne débute pas au centre du nodule, mais à une certaine distance. Les éléments embryonnaires conservent leur vitalité autour du vaisseau, tandis que les éléments plus éloignés, mal nourris, s'atrophient ou entrent en régression graisseuse.

C'est à cette période que le traitement peut agir d'une manière efficace. Plus tard le vaisseau s'oblitère, il dégénère lui-même et se caséifie. En résumé, les nodules inflammatoires constituant la gomme se développent autour des vaisseaux, qui restent longtemps perméables ou susceptibles de se désobstruer. La dégénérescence commence à la périphérie du nodule et suit par rapport au vaisseau une marche centripète; lorsque le vaisseau est définitivement oblitéré, tout le nodule entre en régression. Le processus, comme on le voit, se rapproche des formes chroniques de l'inflammation et n'en diffère guère à l'examen microscopique tant que l'apport nutritif se fait suffisamment par le vaisseau.

On pourrait donc distinguer, au point de vue histologique: 1° une phase inflammatoire correspondant à la période de crudité et dans laquelle il y a inflammation des vaisseaux et formation des nodules; 2° oblitération vasculaire et phase de dégénérescence atteignant un certain nombre de nodules qui forment une masse entourée de nodules encore à la période inflammatoire et constituant une zone embryonnaire périphérique; 3° envahissement progressif des zones embryonnaires par la dégénérescence et ramollissement au centre des foyers caséeux; 4° cette évolution se poursuit jusqu'à ce que l'inflammation atteigne l'épiderme et le détruise. Il y a alors ulcération et élimination du contenu ramolli des gommes, du bourbillon caséeux.

Ces altérations des vaisseaux sont la règle dans les tumeurs gommeuses. Elles s'étudient bien surtout sur les artères, dont on voit les parois interne et externe, d'abord infiltrées de cellules embryonnaires, s'épaissir et se scléroser plus tard de manière à combler la lumière du vaisseau. Nous avons pu voir de remarquables exemples de cette artérite syphilitique dans des gommes que Malassez a eu l'obligeance de nous montrer.

Cette évolution a toujours lieu sur un certain nombre de vaisseaux voisins, en sorte que les nodules fusionnent de manière à former cette tumeur si caractéristique qu'on appelle la gomme. Il n'est pas rare que la lésion atteigne un ou plusieurs vaisseaux de gros calibre ; la gomme peut alors *se sphacéler* en masse.

Dans les cas d'ulcération, le contenu ramolli s'élimine lentement, les parois du foyer caséeux étant elles-mêmes le siége de l'inflammation gommeuse, ne s'affaissent pas et ont peu de tendance à la cicatrisation. Celle-ci se fait toujours avec perte de substance plus ou moins considérable et résulte du bourgeonnement de tissu embryonnaire qui comble toute la surface ulcérée.

Les *syphilides tuberculeuses* se rattachent par leur évolution et leurs caractères microscopiques aux gommes cutanées, mais avec de notables différences. L'inflammation ne débute pas par les parties profondes de la peau, elle est localisée dans le derme. Elle a également les vaisseaux comme point de départ et comme siége et détermine autour d'eux la formation de nodules diffus composés de cellules embryonnaires et parfois volumineux. Mais la lésion est moins bien circonscrite que dans la gomme ; elle envahit aussi des vaisseaux moins importants au point de vue de la nutrition de la peau. C'est pourquoi il n'y a pas destruction de l'épiderme, pas d'ulcération ; les produits caséifiés peuvent se résorber, la production d'une cicatrice légèrement déprimée indique seule qu'il y a eu perte de substance. En outre, la production des squames à la surface des tubercules, la dépigmentation de la cicatrice démontrent que l'épiderme a participé aux phénomènes inflammatoires. En résumé, comme on le voit, la *syphilide tuberculeuse sèche* est caractérisée par une inflammation gommeuse du derme. Son histologie rappelle beaucoup celle de la papule ; mais il y a en plus des altérations profondes et chroniques des vaisseaux qui sont sclérosés et tendent à l'oblitération comme dans la gomme.

Les analogies deviennent encore plus complètes dans la *syphilide tuberculo-ulcéreuse* caractérisée par l'infiltration de cellules embryonnaires qui remplit tout le derme et peut même s'étendre aux tissus sous-cutanés, périoste, fibro-cartilage, etc. On retrouve ici les mêmes altérations vasculaires et péri-vasculaires que dans la gomme, la sclérose des tuniques internes, l'infiltration de cellules embryonnaires dans le tissu périphérique, la dégénérescence granulo-graisseuse des tissus infiltrés. La vitalité des tissus est plus rapidement compromise, l'inflammation gagne l'épiderme, les cellules du corps muqueux deviennent cavitaires et suppurent. L'épiderme finit par s'ulcérer pour livrer passage au contenu des petits foyers gommeux ramollis ; il en résulte des ulcérations en cupules, taillées à pic, et dont les parois sont constituées par des cellules embryonnaires ou par du tissu scléreux. Ces ulcérations peuvent se produire sur toute la surface infiltrée ; elles affectent souvent la disposition circinée. Lorsque l'infiltration atteint les tissus profonds, elle peut se propager aux organes sous-jacents au périoste, à l'os, qui s'ulcère et se nécrose. C'est ainsi que se produisent les ulcères syphilitiques qui rongent les lèvres, le nez, la cloison des fosses nasales et les os du nez, les cartilages de l'oreille, etc. Des cicatrices rayonnées et fibreuses succèdent à ces lésions et occasionnent souvent des difformités très-graves.

Ces diverses syphilides tuberculeuses ont, comme on le voit, une évolution analogue à celle des gommes. L'inflammation qui les détermine peut aboutir, en effet, à la production de gommes typiques sur beaucoup de points. Les caractères histologiques sont presque identiques, et quant aux caractères différentiels qu'elles présentent au point de vue clinique, ils dépendent du siége et de l'évolution. On pourrait presque dire que ces syphilides tuberculeuses sont à la gomme circonscrite ce que les lupus paraissent être au tubercule congloméré. Les uns et les autres sont des néoplasies atténuées, et n'aboutissant qu'incomplétement aux lésions caractéristiques, gomme et tubercule, qu'elles montrent à l'état d'ébauche.

Syphilide pigmentaire. — A la suite des diverses syphilides il est fréquent d'observer une pigmentation plus ou moins accusée de la peau. On l'attribue selon toute vraisemblance à la congestion suivie de l'extravasation des globules rouges dont la matière colorante se transforme en pigment et va se fixer dans les premières couches du réseau de Malpighi. Cette pigmentation s'observe non-seulement dans les syphilides superficielles, mais aussi dans les syphilides profondes ; elle est très-accusée à la suite de l'ecthyma.

Cette hyperchromie si particulière à la syphilis n'est ici qu'un épiphénomène, mais elle paraît constituer toute la lésion dans la *syphilide pigmentaire*. Cornil croit qu'elle doit être précédée dans ce cas d'une roséole fugace et inaperçue. Nous ne repoussons pas cette hypothèse, et nous croyons que l'idée d'une lésion très-superficielle de la peau retentissant spécialement sur les cellules pigmentaires, c'es t-à-dire sur celles de la première rangée du corps muqueux, n'est pas inacceptable. La facilité singulière avec laquelle se produit la pigmentation cutanée dans la syphilis est peut-être exagérée, d'autre part, chez la femme. Il est possible même qu'il existe chez elle une prédisposition constitutionnelle à ce travail de pigmentation que la syphilis parfois pourrait éveiller au même titre que la grossesse.

II. Syphilides des muqueuses. — Il est vrai, d'une manière générale, que les syphilides des muqueuses reproduisent les syphilides de la peau. Cela ne peut être contesté surtout pour quelques-unes d'entre elles. « La papule des muqueuses, par exemple, est le représentant fidèle de la papule qui se produit à la peau. » (Fournier.)

On retrouve dans la description de leurs caractères histologiques la reproduction presque absolue des syphilides cutanées, et l'on peut dire que cette division des syphilides cutanées et muqueuses n'a réellement de raisons d'être qu'au point de vue clinique.

1° *Plaque papulo-érosive.* — Comme la papule cutanée, elle est caractérisée par une augmentation d'épaisseur régulière de toutes les parties superficielles de la muqueuse. Les papilles sont hypertrophiées, doublées ou triplées de volume et de hauteur principalement au centre de la lésion. Ces papilles sont remplies de cellules embryonnaires que l'on retrouve également dans les couches superficielles du derme, formant des gaînes aux vaisseaux congestionnés et remplissant les espaces lymphatiques interfasciculaires, L'épithélium de revêtement participe au même processus hyperplasique. Ses diverses couches sont considérablement augmentées d'épaisseur ; les cellules du corps de Malpighi se multiplient, se tuméfient et subissent la transformation cavitaire. Le plus souvent elles restent seules à tapisser les papilles, les couches superficielles étant emportées par la desquamation. Cornil et Leloir insistent sur la fréquence des petits abcès cavitaires, parfois vésico-pustules véritables, résultant de l'accumulation des leucocytes dans les cellules partiellement détruites. Les leucocytes infiltrés entre les cellules expliquent la couleur blanchâtre et l'imbibition apparente des couches de revêtement des papules muqueuses, qui ont valu à certaines d'entre elles le nom de *plaques opalines.*« Il semble qu'il y ait un courant de liquide qui des vaisseaux capillaires se dirige à la surface libre de la muqueuse et entraîne au dehors les corpuscules de pus siégeant dans les couches de l'épithélium. » Cette suppuration de l'épithélium explique, sans qu'il soit besoin d'insister, le suintement incessant qui se produit à la surface des plaques muqueuses.

Les altérations cavitaires des cellules épithéliales se voient avec une grande constance dans les plaques muqueuses et paraissent tenir une grande place dans leur évolution. Dans les formes atténuées, dans la *plaque muqueuse érosive*, elles dominent presque les lésions du derme. C'est ainsi que dans la syphilide érosive de la langue, par exemple, on ne trouve guère d'autre lésion que la chute des prolongements cornés des papilles. L'hyperplasie inflammatoire des éléments du derme traduite cliniquement par son épaississement et la formation d'un ménisque papuleux et rénitent, est ici très-secondaire, et c'est tout au plus si une congestion légère se voit à la surface de la muqueuse dénudée. Cette superficialité des lésions se bornant à intéresser l'épithélium sans le détruire dans toutes ses couches, nous explique aussi la *facile curabilité* habituelle des plaques muqueuses, non-seulement des plaques érosives, mais encore de celles qui intéressent le derme et qui ont parfois des apparences véritablement effrayantes, comme c'est le cas dans la *syphilide muqueuse papulo-hpertrophique.*

On trouve dans cette syphilide les mêmes lésions que dans la forme papulo-érosive, mais avec une ampliation *gigantesque.* Les papilles sont allongées et augmentées de volume. Ces papilles sont de longueur inégale, ce qui donne à la plaque un aspect bourgeonnant. Elles renferment de nombreuses cellules embryonnaires qui, à l'union des papilles et de l'épiderme, semblent se continuer avec les cellules du corps muqueux. Du côté de l'épiderme, en effet, on remarque également des lésions non moins intenses : d'abord l'épaississement considérable du corps muqueux et les prolongements dans les tissus dermo-papillaire sous forme de colonnes allongées, parfois bifurquées (Hayem). La couche granuleuse est plus épaisse qu'à l'état normal ; les cellules superficielles présentent souvent la transformation cavitaire. On trouve là des abcès épithéliaux dont les parois sont entourées souvent de couches cornées et s'ouvrent à la surface de la plaque (Cornil). Comme on le voit, sauf l'exubérance, ce sont les mêmes lésions que dans la plaque papulo-érosive, c'est aussi la même bénignité réelle, la même curabilité facile.

Les *syphilides ulcéreuses* (ecthyma, impétigo, etc.) peuvent aussi atteindre les muqueuses des organes génitaux. Leur anatomie pathologique doit être identique, selon toute vraisemblance, à celle des mêmes lésions cutanées.

Complications des plaques muqueuses. — Il faut peut-être ranger au nombre des complications le développement assez fréquent de fausses membranes blanchâtres, grises ou jaunâtres, qui ont fait imposer à certaines plaques muqueuses l'épithète de *diphthéritiques.* On n'est pas encore bien fixé sur la question de savoir s'il s'agit là réellement de pseudo-membranes formées à la surface des plaques ou s'il s'agit de modifications particulières du revêtement épithélial. Cette fausse membrane se détache difficilement. En l'examinant par dissociation, on voit qu'elle est constituée principalement par des globules du pus et des cellules épidermiques atrophiées ou cavitaires. Sur une coupe, on trouve d'abord une première couche formée de cellules cornées en voie d'atrophie avec beaucoup de fines spores d'algues microscopiques. On trouve au-dessous un réticulum fibrillaire très-élastique qui a été considéré par Charles Robin comme étant fibrineux. Cornil et Leloir ne nient pas l'existence de la fibrine dans ces pseudo-membranes, mais admettent cependant que le réticulum fibrillaire est formé en grande partie par les prolongements rameux des cellules en voie de destruction. Plus profondément on retrouve encore ces fibrilles rameuses au milieu de cellules en voie de transformation cavitaire et de nombreux globules de pus. Cette suppuration se retrouve même au contact des papilles, interposée entre elles et le corps muqueux. En résumé, les couches épidermiques transformées et dissociées par la suppuration s'affaissent et se tassent à la surface de ces plaques muqueuses de manière à former une membrane qui peut englober parfois un peu de fibrine. Les analogies de cette membrane avec celle de la diphthérie vraie sont purement anatomiques, les pansements la font d'ailleurs disparaître avec une grande rapidité.

Les plaques muqueuses peuvent *s'ulcérer*, mais dans un grand nombre de cas, cet accident ne mérite pas le nom de complication. L'ulcération ne porte en effet, que sur le bourgeonnement épithélial, et la plaque muqueuse finit par guérir sans laisser de cicatrices indiquant une perte de substance.

La production de ces végétations peut être considérée comme une véritable complication de ces lésions. Elles se présentent avec les caractères que nous avons indiqués pour les papules hypertrophiques de la peau, et nous n'avons pas à y revenir.

Il arrive parfois aussi qu'elles siégent sur une base œdémateuse et indurée, par exemple, dans les cas où elles se sont développées sur un tissu déjà enflammé ou qui a été le siége d'un chancre. On trouve dans ces cas une *dermite* plus ou moins étendue avec des vaisseaux épaissis et sclérosés. De plus, les espaces du tissu conjonctif sont remplis de cellules lymphatiques ; on trouve, en résumé, les lésions de l'œdème exagérées souvent par le fait de l'engorgement des ganglions lymphatiques voisins.

L'inflammation du derme et des tissus sous-jacents peut être parfois encore plus intense ; elle peut se compliquer de la production de *petits abcès*, quelquefois même de *sphacèle*. Ces diverses complications n'ont été guère étudiées jusqu'ici que par les cliniciens.

Nous ne pouvons être que très-bref en ce qui concerne la question des microbes. Birch-Hirchfeld a vu de très-petits bâtonnets et des micrococcus un peu allongés. Mais ces recherches, ainsi que celles de Klebs d'Aufrecht, n'entraînent pas encore la conviction. Babes a répété toutes les expériences dans le laboratoire de Cornil, et en arrive à conclure qu'il n'existe pas encore de méthode démontrant absolument les microbes particuliers à la syphilis (comm. orale).

III. **Symptômes concomitants.** — Toutes les divisions que nous avons établies dans l'étude des syphilides ne sont pas toujours respectées par la diathèse. En pratique on voit la hiérarchie des accidents souvent troublée et, d'autre part, les diverses variétés de syphilides souvent coexister. En même temps que les syphilides, s'observe et doit se traiter la syphilis avec ses accidents de divers ordres, avec son état général plus ou moins accentué (*Voy.* Syphilis). Dans certains cas, l'apparition des éruptions syphilitiques s'accompagne de fièvre prodromique tellement vive et intense que le diagnostic syphilis fait place dans l'esprit du médecin à celui d'une fièvre éruptive.

La 65e observation de Cazenave se rapporte à un accoucheur qui avait été atteint d'un chancre du doigt. La syphilis ne fut pas traitée, car elle fut méconnue. Des accidents fébriles ne tardèrent pas à se montrer, si aigus et suivis de très-près par une éruption si brusque, que l'on crut d'abord à une rougeole, puis à une varioloïde. Un certain nombre de faits analogues ont été observés notamment par Millard, par Fournier, par Guntz, par Courteaux et par nous-mêmes dans nos recherches sur la variole.

A chaque poussée nouvelle de syphilides il se fait une notable aglobulie (Martineau); mais ce n'est pas ici lieu d'insister sur ces divers points (*Voy.* Syphilis).

Diagnostic. — Le diagnostic des syphilides a une importance sociale et médicale. Il peut être aussi préjudiciable de les supposer là où elles ne sont pas que de les méconnaître quand elles existent.

D'autre part, l'esprit du médecin doit souvent résister à l'entraînement né du fait de la connaissance d'antécédents spécifiques.

Comme l'a montré Fournier, méconnaître la syphilis est grave non moins à cause de l'accident présent qu'à cause de l'avenir ; car la syphilis ne s'éteint pas seule ; elle a au contraire tendance à déterminer des manifestations de plus en plus sérieuses. Il faut donc, à l'occasion, savoir tenir compte de l'enseignement qui est fourni par l'apparition d'une éruption syphilitique.

Enfin, si l'on traite rationnellement une syphilide bénigne, on a toute chance d'éviter l'apparition de syphilides plus graves et par conséquent les cicatrices indélébiles et les diverses déformations ou destructions consécutives.

Les syphilides ne doivent pas être confondues les unes avec les autres, parce que telle variété indique mieux que telle autre la période où en est arrivée l'infection.

Le diagnostic comprendra donc le diagnostic de la nature de l'affection, de la variété et de la forme de la syphilide, par conséquent de l'âge et même de la gravité de la syphilis. Il faudra savoir aussi si la vérole est dissimulée ou réellement ignorée et, dans ce cas, si elle a été acquise dans l'enfance ou si elle est héréditaire. On n'oubliera pas les syphilides héréditaires de l'adulte et l'on se gardera de les attribuer à la scrofule. Le médecin devra souvent faire le diagnostic des syphilides en dehors de tout renseignement fourni par le malade et parfois même, plus souvent qu'on ne le croit, en dépit des dénégations du malade qui peut ignorer, nier sciemment ou bien avoir oublié. Comme le professent avec tant de raison Ricord et Fournier, *la science du médecin et l'assurance que lui donne la connaissance des signes objectifs sont dans ces cas au-dessus des allégations* même des malades ; elles sont plus fortes par conséquent que l'absence de tout antécédent.

Considérations cliniques. — Nous avons vu ce qu'étaient les syphilides cutanées et muqueuses quand elles évoluent librement. Mais un certain nombre de circonstances peuvent influencer leur marche soit heureusement, soit défavorablement. Nous ne pouvons ici entrer dans tous les développements que comporterait cette intéressante question. Nous nous bornerons à formuler un certain nombre de propositions basées sur une observation certaine.

Les *maladies aiguës fébriles* font momentanément disparaître les syphilides. On les voit pâlir, s'affaisser et s'atténuer considérablement ; mais dès que la fièvre est tombée, la lésion reparaît, la syphilis reprend ses droits. Il se passe ici un fait analogue à ce qu'on observe quand un galeux est atteint de pneumonie par exemple. Les dermatoses non parasitaires sont moins modifiées : récemment, nous avons vu une éruption psoriasique à peine pâlie par une dothienentérie, bien que la fièvre fût intense.

Les *érysipèlès* ont une action encore plus remarquable. Non seulement ils sont bien tolérés en général par les syphilitiques, mais il peut même arriver qu'ils guérissent radicalement une syphilide qui résistait au traitement et au temps. On a vu de même les érysipèles amener la cicatrisation de lésions phagédéniques et de scrofulides. Ces faits sont incontestables. Mais ils ont été beaucoup exagérés dans leur fréquence : En tout cas rien n'est moins constant que cette action salutaire. Non seulement nous avons vu des érysipèles ne pas produire la cicatrisation du lupus par exemple, mais nous les avons vu tuer ces mêmes malades qu'on eût pu d'abord se réjouir de voir atteints d'érysipèle. Nous avons vu de même des syphilides, même ulcéreuses, résister opiniâtrement, non pas à un, mais à plusieurs érysipèles.

Au contraire les syphilides sont exaspérées par l'impaludisme (Martineau, Ott), par le *tempérament scrofuleux*, par la *misère physiologique*, par la *tuberculose*, par les *convalescences longues et pénibles*, par la *puerpéralité* et même par la *grossesse* (Dubuc, Ory, Renaut). Dans ce dernier cas, on tiendra compte de l'action locale irritante produite par les sécrétions qui s'écoulent de la vulve sur les syphilides voisines. La *malpropreté* est en effet une des conditions qui exagèrent le plus vivement les syphilides. L'*incurie*, la *saleté* les provoquent et les entretiennent dans les conduits auditifs, comme au nombril, comme à l'anus, de même que le *tabac* et le *défaut de soins* les déterminent et les éternisent dans la bouche. On distinguera parmi ces agents exaspérateurs ceux qui ont une action directe, locale sur la lésion, et ceux qui agissent d'une manière générale, sur la diathèse elle-même. Quant à l'*alcoolisme*, on sait qu'il constitue un des stimulants les plus énergiques de la syphilis. Non seulement il rend les lésions plus nombreuses, plus fréquentes, plus profondes, mais il les rend plus résistantes au traitement. Indépendamment de l'action générale sur la diathèse qui est manifestement rendue plus intense, maligne comme on a dit, il est créé de par l'alcool un état spécial des téguments, qui favorise le développement des syphilides au même titre que celui des autres affections cutanées (Lailler, Fournier, E. Vidal, Besnier, Renaut). L'alcool est un puissant provocateur des dermatoses et des syphilides (Barthélemy). Les agents qui agissent directement sur la peau sont ceux auxquels Cazenave attachait une si grande importance, qu'il croyait — à tort pensons-nous — qu'une cause occasionnelle préside toujours à l'apparition d'une syphilide. C'était accorder aux secousses physiques et morales un rôle excessif. Nous l'avons dit, dans la plupart des cas, la *vis nociva* est suffisante, de par la syphilis, pour produire les syphilides. Quand la diathèse s'atténue, soit par la force réactionnelle de l'organisme, soit par le temps, soit surtout par le traitement spécifique, peut-être le *rôle des causes occasionnelles* devient-il plus accentué. C'est même sur la puissance qu'on leur prête que repose un traitement qui, à tort ou à raison, a une grande vogue contre la syphilis ; je veux parler du traitement par les eaux sulfureuses. Mais des considérations intéressées sont venues fausser la portée de ce moyen thérapeutique, et, par des promesses impossibles à tenir, jeter peu à peu le discrédit sur le soufre.

On a prétendu que les eaux sulfureuses constituaient un réactif sûr, fidèle, presque infaillible, une *pierre de touche* capable de mettre avec certitude en lumière les moindres parcelles du virus syphilitique restées dans l'organisme. Il n'en est rien. Tel malade qui revient de faire une saison aux eaux sulfureuses avec des téguments indemnes de syphilides et qui par conséquent se croit guéri et délaisse le traitement, est tiré brutalement de la sécurité où il vivait depuis quelques mois ou même quelques années, en constatant la réapparition de syphilides. Qu'on tente alors de le rénvoyer aux eaux sulfureuses, il refuse: comme le médecin, il a perdu en elles toute confiance. La déception eût été évitée si le malade n'avait pas été bercé d'espérances exagérées et si l'on n'avait pas demandé aux eaux sulfureuses plus qu'elles ne pouvaient donner : c'est-à-dire une certitude au lieu d'une présomption. La vérité en effet est celle-ci : Les eaux sulfureuses provoquent une notable excitation cutanée. A l'occasion de cette provocation, une syphilide peut apparaître, mais il arrive bien souvent aussi qu'en dépit de la répétition et de l'augmentation des excitations cutanées, rien ne se montre, alors que pourtant le malade n'est certainement pas guéri. La preuve en est que des accidents se montrent ultérieurement. La valeur de la pierre de touche, fournie par les eaux sulfureuses, n'est donc pas absolue. Elle n'est ni meilleure, ni moins bonne d'ailleurs que celle de toute autre excitation cutanée vive ou prolongée.

C'est ainsi que, comme l'a montré Verneuil, un *traumatisme* soit accidentel, soit chirurgical, est fréquemment le signal du réveil de la diathèse. Nous avons récemment observé avec Fournier un malade, syphilitique depuis 4 ans, qui, brûlé au niveau du sternum par un fer rouge, vit au bout de 3 semaines sa plaie se transformer en une vaste syphilide ulcéro-croûteuse à bords nettement circinés et à fond cratériforme ; cette lésion ne céda qu'au traitement spécifique, alors que, pendant plusieurs mois, elle avait résisté à tous les topiques employés en ville. Cazenave rapporte que des piqûres de sangsues ont subi la même transformation.

La simple irritation cutanée causée par un vésicatoire volant peut stimuler l'éruption syphilitique comme elle stimule l'éruption variolique. Dernièrement encore, dans le service de Fournier, se trouvait un malade atteint d'une syphilis dont le début avait en ville passé inaperçu. Comme il arrive si souvent dans ces cas, les douleurs rhumatoïdes secondaires symptomatiques de l'affection avaient été prises pour du rhumatisme et deux vésicatoires avaient été appliqués. Survinrent en leur temps les syphilides papuleuses ; l'éruption était généralisée, modérément abondante sur toute la surface du corps, excepté en deux endroits où elle était littéralement confluente ; or, ces deux points étaient précisément ceux où plusieurs semaines auparavant les vésicatoires avaient été appliqués.

Des irritations moins vives encore mais plus prolongées peuvent être suivies d'effets analogues. C'est ainsi que nous avons vu une éruption syphilitique psoriasiforme très-abondante se limiter exclusivement aux membres thoraciques et surtout aux régions postéro-externes chez un maçon qui travaillait toujours les bras nus ; à la portion supérieure du corps (face, thorax et abdomen) chez un forgeron qui, nu jusqu'à la ceinture, s'exposait journellement aux ardeurs d'un feu violent. Une raison analogue avait déterminé chez un autre malade une éruption papuleuse absolument hémiplégique. De même on a vu des fatigues excessives, une campagne épuisante, des excès de chagrin ou de travail, devenir l'occasion d'une poussée de syphilide tout aussi bien qu'eût fait une saison aux plus actives des eaux sulfureuses. Tous ces faits ont la même portée. La thérapeutique ne doit certes pas négliger les ressources que les eaux sulfureuses peuvent lui procurer soit pour tonifier le malade, soit même pour *sonder* la diathèse ; mais il ne faut pas considérer leurs résultats comme absolus ni leurs arrêts comme sans appels. Ces efforts pour rappeler la diathèse parfois seront utiles ; le plus souvent, ils n'apprendront rien.

Dans certains, la syphilis linguale peut dégénérer, comme il arrive pour toute lésion irritative prolongée. On voit la syphilide ulcéreuse résister au traitement, ne subir plus aucune modification salutaire et rester stationnaire ; au bout d'un certain temps, la base s'indure, la plaie devient saignante et plus sensible, les végétations papillomateuses se montrent, les adénopathies apparaissent et l'*épithélioma est constitué*. Nous avons vu, dans le service de Fournier, un malade dont le syphilome lingual a présenté cette transformation : Depuis deux ans la lésion s'était immobilisée, se montrant réfractaire à toute espèce de traitement soit local soit général, mais acquérant une induration extrême. Notons qu'en même temps qu'une syphilis très-accentuée ayant laissé son cachet indélébile sur les deux iris, le malade présentait une cachexie paludéenne marquée et une tuberculose pulmonaire non douteuse. Verneuil rapporte un cas où *six états constitutionnels coexistaient :* le malade était syphilitique, cancéreux, arthritique, alcoolique, tuberculeux et paludéen. Verneuil insiste sur la difficulté de traiter ces états et sur la gravité des conséquences. Le Fort considère comme un fait exceptionnel la coexistence de la syphilis et du cancer ; il serait même porté à croire (*communication orale*) que les cas de cancer sont d'autant plus rares que les cas de syphilis sont plus fréquents. Toutes ces questions offrent le plus grand intérêt, mais, on le voit, elles sont encore entourées d'obscurité et appellent de nouvelles recherches ; car il est probable que la gravité d'une syphilis dépend des facilités de culture que rencontre le parasite dans un organisme ou dans un état constitutionnel donné.

Verneuil a beaucoup insisté sur les relations de la syphilis avec les divers états constitutionnels, soit acquis soit congénitaux, du sujet syphilisé. Ce sont les phénomènes de l'*hybridité* et notamment ceux qui résultent du mélange de la syphilis et du cancer qui ont été le plus étudiés. Verneuil croit que la syphilis survenant dans le cours d'un cancer, du sein par exemple, accélère la marche du cancer. D'autre part, sa proposition s'appuyant sur l'observation d'un certain nombre de lésions linguales, il pense que la syphilis rend le cancroïde indolent.

Pronostic. — Les syphilides sont peu graves par elles-mêmes ; elles comportent donc un pronostic favorable. Elles n'exposent qu'à des maculatures et à des cicatrices, ou tout au plus à des destructions ou à des mutilations d'organes, et n'entraînent que des accidents (laryngite, et trachéite ulcéreuses, syphilome intestinal) tenant plus à leur localisation qu'à leur nature.

Autrefois les observateurs dévoyés par l'extrême variété de syphilides, étaient tombés dans la faute de créer des entités là où il n'y a que des symptômes. Chaque syphilide était une affection indépendante pour laquelle était établi un pronostic spécial. Aujourd'hui une syphilide n'a pas d'autre pronostic que celui de la syphilis, dont elle dépend (*Voy.* SYPHILIS). Car, même dans le cas de phagédénisme tertiaire, les syphilides sont bien rarement la cause directe de la mort.

Certaines conditions doivent être définies pour établir un pronostic exact des syphilides.

La signification d'une syphilide variera suivant l'époque de son apparition, sa forme, son siége, suivant qu'elle est accompagnée ou non de complication (phagédénisme, sphacèle, érysipèle, etc.), suivant les récidives (certaines sont subintrantes), suivant la ténacité de la lésion (certaines sont réfractaires au traitement le mieux dirigé), suivant leur état passager (alopécie) ou leur état définitif (cicatrices indélébiles, difformes), suivant les accidents antérieurs, les intervalles plus ou moins longs de santé.

Par elle-même, une syphilide, quelle qu'elle soit, indique que l'infection n'est pas éteinte et que le malade reste exposé aux divers accidents lointains de toute syphilis encore en activité. Toute syphilide impose donc la nécessité de reprendre un traitement, non pas local, mais général, non pas momentané, mais long et répété.

Certaines syphilides empruntent leur gravité à diverses circonstances qui ne leur sont pas inhérentes. Par exemple, si le sujet infecté est marié, les accidents secondaires, sans grande importance pour un célibataire, tirent une certaine gravité de leur contagiosité, par suite des dangers qu'elles font courir à l'épouse et aux enfants ; s'agit-il d'un nouveau-né, ce sera la nourrice qui sera en péril ; ce sera au contraire le nourrisson s'il est sain et si les syphilides siégent sur les mamelons de la nourrice. Certaines syphilides sont d'ailleurs beaucoup plus contagieuses les unes que les autres.

Enfin toute syphilide comporte le pronostic de la syphilis, dans le cours de laquelle elle survient ; or ce pronostic varie avec l'âge du malade, avec ses antécédents morbides, avec sa constitution, avec la qualité du virus, avec le défaut de soins, l'absence de tout traitement spécifique, de toute hygiène, la présence de l'alcoolisme, de la scrofule, de la tuberculose ou de toute autre cause de débilitation. Cazenave admettait encore l'influence du climat. Jadis on eût invoqué aussi le mode d'infection. On sait aujourd'hui qu'il est sans importance sur l'évolution du mal. Quant au pronostic particulier des syphilides, on peut dire que les premières sont moins graves que les suivantes et que les poussées tardives trahissent chaque fois une contamination plus profonde. La période tertiaire est celle des formes perforantes par excellence.

Toutefois, ces lésions cèdent en général facilement au traitement. La forme serpigineuse est remarquable par sa tendance à la destruction et plus encore à l'extension. Elle peut laisser des cicatrices indélébiles sur une étendue vraiment surprenante. Certaines cicatrices sont hideuses à voir, soit à cause de leur étendue, soit à cause des difformités qu'elles entraînent; une d'elles occupait toute la face, à la façon d'une brûlure affreuse, une autre la joue, l'œil, la lèvre d'un côté et la totalité du nez; car il faut savoir que les syphilides ont pour le visage une prédilection marquée et que le nez notamment est doué du fatal privilége de leur convenir. On peut dire que la plupart des cicatrices du nez n'ont pas d'autre origine; déprimées, groupées en éléments séparés, les cicatrices syphilitiques y sont caractéristiques. Certaines variétés de syphilides trahissent une constitution épuisée. D'autres persistent sous une même forme ou récidivent, en dépit de toute médication, sans que pourtant la constitution soit profondément ébranlée ni que les accidents soient très-graves; telles sont les syphilides papulo-érosives de la bouche dans la période secondaire; telles sont certaines syphilides tuberculeuses sèches et plates, soit du visage, soit du cuir chevelu, parmi les lésions tardives. D'autres sont ulcéreuses et finissent par cribler le corps de cicatrices, comme on peut en voir assez fréquemment à Saint-Louis. Toutefois nous devons dire que, en 1882, nous avons vu un sujet peu à peu épuisé par des syphilides ecthymateuses, ulcéro-croûteuses incessamment récidivantes, atteint, il faut dire, de symptômes concomitants graves et multiples, subir une dénutrition profonde, caractérisée par la diarrhée, une faiblesse extrême, des sueurs profuses, des hémorrhagies répétées, de l'anorexie, de la fièvre hectique, une émaciation vraiment effrayante, et succomber enfin, maigré le traitement, à l'un de ces cas de syphilis qui viennent de temps en temps rappeler l'épidémie du quinzième siècle (en admettant que cette fameuse épidémie n'ait pas été exagérée). Ce sont là d'ailleurs des faits heureusement très-rares. — En résumé, à part de terribles éruptions, tout le pronostic dépend du traitement.

Certains auteurs ont décrit des *affections syphiloïdes*, qui seraient aux syphilides communes ce qu'est à la variole la varioloïde. Ces auteurs admettent que la disposition acquise par une première vérole a pu s'atténuer et finir par s'éteindre au point de rendre possible une nouvelle infection, laquelle produirait des accidents constitutionnels modifiés et atténués. Ce sont là des faits que l'observation n'a pas encore établis.

Si certaines syphilides peuvent renouveler leurs manifestations après des trêves de durée parfois considérable, il n'est pas douteux cependant que le traitement n'ait parfois raison complète de l'intoxication. Ainsi, tel malade, après avoir eu un certain nombre d'éruptions spécifiques, pourra parcourir le reste d'une longue existence sans jamais revoir aucun nouvel accident spécifique.

Traitement. — Le *traitement hydrargyrique* (*Voy.* art. SYPHILIS) *est indispensable à la guérison des syphilides*; non seulement il atténue leur fréquence ou leur ténacité, mais il peut parfois suffire à les guérir complétement. Toutefois, dans les périodes jeunes de la syphilis, c'est-à-dire quand les syphilides cèdent facilement mais récidivent presque coup sur coup, il faut ne pas se tromper sur la nature de l'influence thérapeutique. La puissance du traitement est grande, incontestable sur les accidents actuels, elle s'oppose à leur augmentation et diminue leur durée; mais, selon l'expression de Besnier, pour l'avenir, rien n'est fait; en ce sens du moins que les récidives presque inévitables des premiers temps de la syphilis, sont peut-être amoindries mais non empêchées. La force éruptive est trop grande alors pour qu'il soit possible de supprimer toute manifestation. Toutefois, il faut persister dans le traitement; car il est incontestable que c'est le seul moyen de garantir l'avenir et de procurer l'immunité contre des lésions graves qui ne feraient certainement pas défaut dans l'avenir si la syphilis était abandonnée à elle-même. C'est même en ce sens que la survenue d'une syphilide après une trêve plus ou moins longue peut être d'un précieux enseignement. On croyait la diathèse éteinte, on la retrouve en activité ; il faut de nouveau, pour la combattre, recourir à la médication interne. Mais ce qu'il faut bien dire au praticien, c'est que son rôle ne peut, ne doit pas se borner à soigner et à guérir l'accident présent; il faut que le malade s'occupe de nouveau de sa diathèse, qu'il ne perde plus de vue l'infection subie jadis, et qu'il poursuive par une reprise prolongée ou répétée, en tout cas méthodique, du traitement spécifique la disposition morbide ; car, puisqu'elle donne encore lieu, fût-ce 25 ou 30 ans après le chancre, à des accidents, elle pourra en faire naître d'autres plus graves, peut-être irrémédiables, dans un temps plus où moins éloigné. Or, ce sont ceux-là que le médecin doit viser d'avance et prévenir par tous les moyens en son pouvoir.

Contre la plupart des syphilides le *traitement local* est indispensable. Il est évident qu'il varie selon les accidents; toutefois on sera frappé de voir les mêmes moyens réussir contre presque toutes les variétés de syphilides. Les bains agiront à titre de moyens hygiéniques et émollients généraux. Les bains de sublimé ne donnent pas sensiblement de meilleurs résultats que les bains d'amidon; semblables en cela aux gargarismes trop vantés au sublimé, qui provoquent le dégoût au suprême degré et sont beaucoup moins utiles que les gargarismes émollients.

Quelques bains de vapeur seront parfois utiles pour *décaper* l'éruption et faire tomber les croûtes ou les squames accumulées.

Enfin quelques pommades adoucissantes, telles que le glycérolé d'amidon associé au calomel, la vaseline salicylée ou boriquée, pourront contribuer à dissiper les éruptions spécifiques du tronc et des membres. Mais contre les syphilides des régions où la peau est chaude, fine, humide, telles qu'aux organes génitaux et à l'anus, il faut d'autres moyens : les lotions détersives, légèrement modificatrices, et les poudres isolantes, dessiccatrices, constituent de beaucoup les meilleurs topiques. C'est ainsi que Ricord et Fournier recommandent la liqueur de Labarraque très-largement coupée d'eau pour faire plusieurs lotions quotidiennes. Dans l'intervalle, les régions malades seront abondamment saupoudrées de poudres, soit de talc, soit d'oxyde de zinc, soit de bismuth, soit de toute autre substance inerte finement pulvérisée.

Dans quelques cas rares, il sera utile de recourir aux lotions de nitrate d'argent au centième.

Au contraire, les syphilides ulcéreuses seront pansées avec de la charpie trempée dans la solution de nitrate d'argent au cinquantième. Dans la plupart des cas, la guérison sera ainsi obtenue. Si la plaie est très-torpide, ou si sa tendance à la destruction persiste, il faudra alterner le nitrate d'argent et l'iodoforme ou la résorcine ou bien encore recourir à l a teinture d'iode, qui est un des topiques les plus recommandés par Fournier.

Contre les syphilides ulcéro-croûteuses, le traitement local consistera en ceci : faire tomber les croûtes par des bains, des cataplasmes, des applications grasses et des douches de vapeur, puis toucher de temps en temps les ulcères soit avec le crayon, soit avec la teinture d'iode, soit dans les cas graves, avec le nitrate acide de mercure, la pommade au biiodure ou le sublimé pulvérisé presque pur, comme souvent on fait contre la pustule maligne.

Enfin, on emploiera le pansement utile et actif par excellence, vanté avec si juste raison par Chassaignac, le pansement par occlusion. *Voy.* t. I, p. 432. L'occlusion sera permanente ; tous les deux ou trois jours, selon l'abondance de la suppuration, elle sera momentanément interrompue, soit pour les bains, soit pour les lotions. Puis, sans retard, elle sera reconstituée. On peut employer, pour la pratiquer, les compresses enduites soit d'onguent napolitain, soit de pommade au biiodure, mais le topique, de beaucoup le meilleur, le plus pratique et le plus justement usité est le taffetas de Vigo coupé par bandelettes étroites. On applique ces bandelettes immédiatement sur la plaie en les disposant parallèlement, mais de façon que la plus superficielle recouvre une petite partie de la plus profonde, à la manière des tuiles d'un toit. Tel est le *panse-ment par occlusion au moyen des bandelettes imbriquées de taffetas de Vigo*, qui est si fréquemment suivi des plus heureux résultats.

D'après Martineau, E. Vidal et Besnier recommandent les injections de peptones mercuriques ammoniques toutes les fois que l'on aura à combattre une syphilide buccale ou linguale que le contact des préparations mercurielles pourrait irriter.

Pour nous, nous avons récemment eu recours à ce mode d'administration du mercure contre une syphilide ulcéro-gommeuse de la cuisse. La lésion était étendue et s'était rapidement développée. Tout en faisant le pansement local par la charpie imbibée de nitrate d'argent au cinquantième, puis par l'iodoforme, nous avons circonscrit l'ulcération par des injections biquotidiennes de peptone mercurique et ammonique, à la façon dont Davaine conseillait d'entourer les lésions charbonneuses d'injections hypodermiques de teinture d'iode. La guérison fut promptement obtenue.

On a récemment préconisé le pansement des plaies de mauvaise nature par l'eau oxygénée ; mais, dans le traitement des ulcérations syphilitiques, ce topique n'a pas encore été consacré par l'usage.

Un certain nombre d'ouvrages généraux seront signalés à la bibliographie de l'article *Syphilis;* nous y renvoyons le lecteur, nous réservant de mentionner ici les travaux qui ont trait plus spécialement aux syphilides. La plupart des renseignements qui suivent proviennent de la riche collection bibliographique de Fournier :

CULLERIER et RATIER, *Dict. de méd. et de chir. pratique,* Paris, 1836, t. XV, art. S. — DELANGLE, S., thèse de Paris, 1836, t. V, n° 140. — MARTINS (Ch.), Mémoire sur les causes générales des s. et sur les rapp. qui existent entre ces aff. cut. et les sympt. primit. de la mal. vén. (*Rev. méd.,* 1838, t. I, et tirage à part., Paris, 1838, in-8). — LEGENDRE (Ad.), Diss. sur les s., thèse de Paris, 1840, in-4. — RATTIER (J. Léon), Considérations sur les s., thèse Paris, 1840. — GIBERT, Mémoire sur les s. (*Bulletin Acad. de méd.,* sept. 1840, p. 575). — Lettre à l'Acad., Rapport sur le mém. de Gibert par Jolly (*Bull. de l'Acad. de méd.,* janv. 1843, t. VIII, p. 594. — GROGNOT, Faire connaître ce que l'on doit entendre par s., thèse de doctorat. Paris, 1841. — CAZENAVE (Alphée), Traité des s. ou mal. vénér. de la peau, précédé de considér. sur la s., son origine, sa nature, etc., Paris 1843, gr. in-8, p. 630, et atlas in-fol. de 12 pl. gr. et color. — MAC CARTHY, Du diagnostic et de l'ench. des sympt. s., thèse de Paris, 1844. — CAZENAVE, Art. S. (*Dict. de méd.* en 30 vol., Paris, 1844, t. XXIX. — DEVILLE et DAVASSE, Études clin. sur les mal. vén.; des plaques muq. (*Archiv. de méd.,* oct. 1845). — WILSON (Erasmus), On Syphilis and syph. Eruptions, London, 1852. — HUTCHINSON, On s. Eruptions, etc., with special reference to the use and abuse of Mercury. London 1854. — LEUDET, Recherches sur les s., d'après les observations recueillies à l'hôpital du Midi (*Union médicale,* 1849, p. 260; *Gazette médicale,* 1849, p. 369). — COOPER (Bransby), On venereal cutaneous Eruptions (*Braithwaite's Retrospect of Med.,* 1850, t. XXI, p. 298). — BASSEREAU (L.), Traité des affections de la peau symptomatiques de la s., Paris, 1852. — BAZIN, Leçons th. et clin. sur les s., Paris, 1860. — DE MERIC, On s. Eruptions (*The Lancet,* 1862, vol. II, p. 586). — HARDY (A.), Leçons sur la scrofule et les scrofulides, sur la s. et les s., Paris, 1864. — DURRANT, S. Eruptions (*Brit. med. Journ.,* 1865, t. I, p. 318). — SQUIRE. Diagn. of cutaneous S. (*Med. Times,* 1865, vol. I, p. 103). — GAMBERINI, Du Prurit dans les s. (*Gaz. méd. de Lyon,* p. 63, 1866; *Gaz. hebd.,* 1866, p. 264). — SZABADFOLDY (G.), Contractile Cells of s. Pust. (*The Lancet,* 1866, t. I, p. 48). — BIESIADECKI, Beiträge zur physiol. u. pathol. Anat. der Haut. (*Sitzb. d. mathem. naturw. Kl.,* Bd. LVI, Abth. II, Wien 1867). — HUTCHINSON, Relation of to Skin disease to the S. (*Brit. med. Journ.,* 1868, vol. I, p. 52, 99). — SCHWEICH, Classificat. des s., thèse de Paris, 1869, *Fr. méd.,* 1870, p. 118. — HANCOCK, S. (?) disease of the Neck (*The Lancet,* 1869, t. II, p. 573). — WILSON, Specific Inflammation of the Skin (*Med. Times,* 1870, vol. I, p. 628, 656). — FOX (T.), Chronic skin Diseases and the s. Taint. (*Brit. med. Journ.,* 1871, vol. I, p. 476). — DIDAY, Étude sur la classific. des s. (analyse), *Ann. de derm. et syph.,* 1870-71, t. III, p. 47. — HUTCHINSON, Obscure case of Skin Disease (of syph. or non syph. origin.) (*British med. Journ.,* 1872, t. I, p. 185). — KAPOSI (M.), Die Syphilis der Haut und der angrenzenden Schleimhaute. Mit Tafeln in chromo lithogr. ausgefuhrt von C. Heitzmann, Wien 1873-1875, mit 76 Tafeln, in-4, Braumüller. — FOURNIER, Leçons sur la s. tert., faites à Lourcine en 1874. — HARDAWAY, Pathology of early S. (*Arch. of Dermat.,* 1874, p. 260, 1878, p. 19). — RATHERY, Note sur le diagnostic des éruptions arsen. et des éruptions s. (*Union méd.,* 1874, p. 326, t. I). — DUHRING, Atlas des maladies de la peau, Philadelphia, 1875. — OCTOBONY, On the Diagnosis of s. Affections of the Skin (*Arch. of Derm.,* 1876, p. 362). — HYDE (Nevins), On a case of frambœsioid condylomatous syphiloderm of the hairy scalp, cured by the hypodermic injection of corrosive sublimate (*Arch. of Derm.,* oct. 1876, p. 39, id., 1878, p. 19). — DOANE, A cas de yaws, frambœeia or fungoid Growth arising from S. (*Arch. of Dermat.,* 1877, vol. II, p. 143). — NEUMANN, Diagn. et Trait. des s. cut. (*R. des sc. méd.,* 1877, t. X). — BESNIER, S. diffuse de la face (*Gaz. hebd.,* 1878, p. 172). — HARDY, Érupt. s. à forme rare conséc. à un ch. amygdal. (*Gaz. d. hôp.,* 1878, p. 833). — HEITZMANN, Die S. der Haut und der Schleimhaute (*Arch. of Derm.,* 1878, p. 19). — RAYNAUD, S. diffuse de la face (*Gaz. hebd.,* 1878, p. 172). — HUTCHINSON, On s. Erupt. of Skin (*Brit. med. Journ.,* 1879, t. I, p. 499). — PARROT, Éryth. s. (*Gaz. d. hôp.,* août 1877, p. 754). — ATKINSON, Des syphilodermes s. (*Rev. des sc. méd.,* 1879, t. XIV, p. 393). — CORNIL (V.), Leçons sur la s. faites à l'hôpital de Lourcine, Paris, 1879, p. 102 et suiv., acompagnées de 9 planches lithogr. d'après les dessins de l'auteur. — HORTELOUP, Des s. de la peau (*Gaz. des hôp.,* 1879, p. 435, 442 et 994). — JULLIEN (Louis), Traité des maladies vénériennes, 1879, indic. bibliogr. — NÉGUY, Du lichen plan, thèse de Paris 1880. — FERRARI, Della ninfoelefantiasi s. (*Arch. of Derm.,* 1880, p. 306). — GAMBERINI, Un caso d'idrosadenite s. (*Arch. of Derm.,* 1880, p. 306). — VIDAL (E.), Des s. cut. (*Gaz. d. hôp.,* 1879, p. 977, 994). — JARISCH (A.), Ueber die Coincidenz von Erkrankungen der Haut und der grauen Achse des Rückenmarkes (*Sitzgsber. der k. Akad. d. Wissensch.,* LXXXI, Bd III, Abth., mai Heft Jahrg., 1880; *Vierteljahreschrift f. Derm. und Syph.,* Wien 1880). — WILLIAMSON, Pathology of Scrofulides and S. (*Arch. of Derm.,* 1880, p. 307). — GAMERO, Caracteres diferenciales entre las Ilagas venereas y sifilogenicas (*Arch. of Derm.*, 1880, p. 306). — Piffard, Keloid following an ulcerating S. (*Arch. of Derm.*, 1880, p. 270). — Iznabl, « Uta » a skin disease prevailing in Pern ; perhaps a S. (*Arch. of Derm.*, 1880, p. 307). — Fox (H.), Diagn. des s. cut. (*Rev. des sc. méd.*, 1881, t. XVII, p. 392). — Desprès, Lannelongue, Trélat, Affection simulant la s. (*Bullet. de la Soc. de chirurg.*, mai 1881). — Guibout, Étude compar. des manifestations cutanées de la s., de la scrofule et de la dartre (*Union médicale*, 1881, 2 juillet). — Mauriac (Ch.), Mémoires sur les affections s. précoces du tissu cellulaire sous-cutané (*Ann. de Dermat.*, Paris, 1881, repr. avec additions in Leçons sur les maladies vénér., Paris, 1883). — Parrot, Cicatrices des s. en plaques (*Gaz. des hôp.*, 1881, p. 866). — Petit, Des lésions traum. chez les s. (*Bull. de thérap.*, 1881, t. II, p. 48). — Fox (G. H.), Photographic Illustrations of cutaneous S., New-York, 1881, 48 phot. in-4, E.-B. Treat. — Quinquaud, Études clin. sur la s. des vieillards (*Ann. de dermat.*, Paris, 1881). — Finger, De la coïncidence des accidents secondaires et tert. de la s. (*Wiener medizinische Wochenschrift*, 1882). — Mauriac, Des s. (*Gaz. méd. des hôp.*, du 25 mai au 29 juillet 1882). [Extrait anticipé des leçons sur les maladies vénériennes publiées en 1883, 1 vol gr. in-8]. — Keyes, Traitement des s., Congrès médical international de Philadelphie, 1876. — Duhring, Traité des maladies de la peau, traduction Toussaint Barthélemy et Colson, Paris, 1883. — Trélat, Cancroïde de la vulve, tubercules de la langue, crevasses, ulcérations (*Gaz. des hôp.*, nos 92 et 94, 10 et 17 août 1882). — Martineau, Bactérie s. (*Rev. de thérap. méd.-chir.*, juillet 1882, p. 364). — Kitaenski, Ulcérations gommeuses du genou et arthrite s. (*Rev. des sc. méd.*, 1883, t. XXI, p. 394). — Gougenheim et Soyer, Des folliculites vulv. ext. (*Rev. des sc. méd.*, 1883, t. XXI, p. 255). — Behrend, Zur Lehre von der Vererbung der S. (*Rev. des sc. méd.*, 1883, t. XXI, p. 244).

Delacour, Roséole s. (*Gaz. des hôp.*, 1850, p. 105). — Pillon, Exanthèmes s., thèse de Paris 1857. — Fox (T.), S. Erythema of the Face (*The Lancet*, 1868, vol. I, p. 466). — OEdmansson, Erythème multiforme et s. (*Rev. des sc. méd.*, t. IV, p. 556, 1874). — Shuttleworth, Réflexions sur une série de cas de roséole (*Rev. des sc. méd.*, 1876, t. VII, p. 429). — Parrot La s. érythémateuse (*Gaz. des hôp.*, 1877, p. 754). — Dyminicki, S. pityriasiforme (of Fournier), *Arch. of Derm.*, 1879, p. 89. — Hutchinson, Roseola s. (*British med. Journ.*, 1879, t. I, p. 499).

Gilée, Des accidents primitifs et consécutifs de la s., thèse de Paris 1845. — Vidal (de Cassis), De l'accident s. dit secondaire (*Bull. de la Soc. de chir.*, Paris, 1848, 1849-50, t. I, p. 738). — Garson, S. second. (*Gaz. méd.*, 1849, p. 446). — Zeissl, Das sogenannte subcutane Kondylom. Des causes de la coloration spéciale des s. (*Un. méd.*, 1855, p. 516). — Sigmund, Durée de l'incubation de la s. second. (*Monit. des hôp.*, 1856, p. 837). — Pochon, Les accidents secondaires de la s. sont-ils contagieux? Qu'est-ce que les plaques muqueuses? thèses de Paris 1858, t. XII, n° 185. — Soresina, Mucous patches of the vulva and anus (*France méd.*, 1865, p. 60, *Journ. de Henry*, 1870, vol. I, p. 338). — Barrié (E.), Des plaques muqueuses de la peau, thèse de doctorat de Paris, 1866. — Féréol, Accidents secondaires de la s. (*Bull. Soc. méd. des hôp.*, 1866). — Gieure (F. A.), Caractères diagnostiques des plaques muqueuses de la peau, thèse de doctorat, Paris, 1870, n° 202. — Hutchinson, Secondary S. simulated (*Brit. med. Journ.*, 1872, vol. I, p. 288). — Petters, La plaque muqueuse (*Rev. des sc. méd.*, 1873, t. I, p. 816). — Goodhart. Condylomata of the penis s. (*British med. Journ.*, 1873, vol. I, p. 657). — Moore, S. second. (*Rev. des sc. méd.*, 1874, t. III, p. 262). — Kohn, Clinical and histological Character of the S. (*Arch. of Derm.*, 1874, p. 343). — Wenning, Secondary s disease occurring twenty-tree years after primary Infection (*British med. Journ.*, 1874, t. II, p. 820). — Gunfeld, Casuistique de condylomes acuminés (*Rev. des sc. méd.*, 1875, t. VI, p. 733 ; *Arch. of Derm.*, 1876, p. 361). — Behrend, Trois cas de tumeurs du clitoris (2 papillomes consécutifs à des ulcérations s., sarcome mélanique avec généralisation (*Rev. des sc. méd.*, 1876, t. VII, p. 812). — Allen, Syph. Condylom, S. (*Arch. of Dermat.*, 1876, vol. III, p. 81). — The Management of Condylomata (*Arch. of Derm.*, 1876, p. 360). — Harris, Secondary S. (*Arch. of Derm.*, 1876, p. 362). — Vayda, Contributions à l'anatomie des papules s. des part. génitales (*Rev. des sc. méd.*, 1876, t. VII, p. 655). — Zannini, Case of gummous Glossitis (*Arch. of Derm.*, 1876, p. 364). — Guntz, On the question of the contagiousness of venereal warts, the so called condylomata acuminata (*Arch. of Derm.* oct. 1876, p. 14). — Stetzer, Clinical Communications pointed condylomata in S. (*Arch. of Derm.*, 1876, p. 362). — Richard, Des conditions dans lesquelles se dévelop. les accid. second. de la s. (*Rev. des sc. méd.*, 1877, t. IX, p. 441). — Leloir et Cornil, Altération des cellules épidermiques dans les végétations s. (*Gaz. hebd.*, 1878, p. 233 et 337). — Desprès (A.), Note sur les variétés de siège des plaques muqueuses du conduit auditif (*Rev. des sc. méd.*, 1878, t. XIII, p. 794; *Ann. des mal. de l'oreille*, 1878, p. 311). — Boyd, S.

and other Tumours of the Labia and Clitoris (*Arch. of Derm.*, 1879, p. 88). — Gross; Tumeurs s. et autres, des lèvres et du clitoris (*Rev. des sc. méd.*, 1878, t. XII, p. 394; *Arch. of Derm.*, 1879, p. 89). — Angelon, Chancriform S. of the genital organs (*Arch. of Derm.*, 1879, p. 88). — Bryce, Mucous Tubercle (*Arch. of Derm.*, 1880, p. 307). — Neumann, S. cutanea vegetans condylomata lata, breite Condylome; papules humides, plaques muqueuses (*Arch. of Derm.*, 1880, p. 307).

Taylor, Observations on the papular S. (*Arch. of Derm.*, 1878, p. 21; *Journ. de Henry*, 1870, vol. I, p. 105; *ibid.*, 1873, vol. IV. p. 107). — Maury, Early Forms of S. Lichen (*Arch. of Dermat.*, 1876, vol. III, p. 82). — Griffini, Anat. path. de deux cas de lichen s. (*Revue des sc. méd.*, 1875, t. VI, p. 572). — Parrot, Les s. papuleuse et ulcéreuse (*Gaz. des hôp.*, 1877, p. 818). — Parrot, Papular and S. Ulcerating (*Arch. of Derm.*, 1879, p. 89). — Duhring, Papulo-squamous Syphiloderm. (*Arch. of Dermat.*, 1878. p. 17). — Griffini, Cas nouveaux de lichen s. avec nodules tuberculeux (*Revue des sc. méd.*, 1879). — Weber, S. cutanées orbiculaires de Kaposi (*Revue des sc. méd.*, 1879, t. XIV, p. 258). — Harby, Des s. papuleuses (*Arch. of Derm.*, 1880, p. 307).

Tanturri, De la s. pigmentaire à fond jaune (*Gaz. des hôp.*, 1866, p. 26; *Gaz. méd.*, Paris 1865, p. 757); Etude chimique sur l'acné s. (*Gaz. méd.*, Paris 1866, p. 134). — Langlebert, Removal of pigmentary Stains after venereal Eruptions (*Med. Times*, 1873, vol. II, p. 256). — Montmeja (de), Modifications que peut subir la coloration des éruptions syphilitiques par la grossesse (*France médicale*, 1875, p. 531). — Cresswel, S. copper coloured Stains (*the Lancet*, 1876, vol. II, p. 917). — Pirocchi (Paschali), S. Discoloration of the Skin (*Arch. of Derm.*, 1876, vol. III, p. 82). — Drysdale, Pigmentary S. (*the Lancet*, 1877, vol. II. p. 750, 826). — Taylor, Clinical s. leucodermatous Spots following s. Roscola : reinfection with constitutional S. (*Arch. of Derm.*, 1877, vol. II, p. 118). — Fox (G.-H.), S. pigmentaire (*Amer. Journ. of the med. sc.*, avril 1878; *Arch. of Derm.*, 1878, p. 377; *Rev. des sc. méd.*, t. XIII. p. 587). — Atkinson (I.-E.), S. pigmentaire (*Chicago med. Journ. and Exam.*, oct. 1878). — Parrot, S. maculeuse et s. en plaque (*Revue des sc. méd.*, 1878, t. XII, p. 594, *Arch. of Derm.* 1879, p. 90). — Campbell, Pigmentary S. (*Arch. of Derm.*, 1878, p. 239). — Hill (Berkeley), Pigmentary S. (*Arch. of Derm.*, 1879, p. 89). — Drysdale, S. pigmentaire à la société méd. de Londres (*Revue des sc. méd.*, 1879, t. XIII, p. 587; *Arch. of Derm.*, 1879, p. 89). — Schwimmer, S. pigmentaire, deux observations (*Revue des sc. méd.*, 1880, p. 792). — Bulkley, Pseudo-pigmentary Syphiloderm (*Arch. of Derm.*, January 1879, p. 49). — Schwimmer (Ernst), in Budapest Pigment S. (*Wiener medizin Blatter*, 1880).

Wilson, Cases of s. Lepra with observations (*Braithwaite's Retrospect of med.*, 1850. vol. XXI, p. 398). — Anderson, How is s. to be distinguished from non s. psoriasis (*Braithwaite's Retrospect of med.*, 1861, vol. XLIV. p. 247). — Lagneau, S. squamo-ulcéreuse (*Gaz. des hôp.*, 1865, p. 518). — Taylor, Lepra s. (*the Lancet*, 1866, t. II, p. 142). — Azemar (E.), De la s. squameuse, thèse de Paris, 1868. — Hutchinson, Psoriasis palmaris in the secondary stage of S. (*Med. Times*, 1867, vol. II, p. 540). — Madier-Champvermeil, Des s. palmaires et plantaires, étudiées spécialement dans la s. héréditaire, thèse de Paris, 1874, t. II, n° 12). — Browne, On the treatment of Psoriasis palmaris (*Braithwaite's Retrospect of med.*, 1875, vol. LXXI, p. 244). — Ricord, Psoriasis chez un syphilitique (*Journ. de méd. et de chir. prat.*, 1875, p. 222). — Kohn, On Psoriasis palmaris and plantaris due to S. (*Brit. med. chir. Review*, 1876, vol. LVII, p. 225). — Gaskoin, Psoriasis palmaria in Milkers (*Brit. med. Journ.*, 1878, t. II, p. 950). — Anderson, Psoriasis palmaris (*Brit. med. Journ.*, 1879, t. II, p. 9). — Besnier, Traitement local des s. palmaires (*Jour. de méd. et de chir. prat.*, 1879, p. 555). — Spender, Psoriasis palmaris (*Brit. med. Journ.*, 1879, t. I, p. 932). — Morris, S. palmaris psoriasis (*Brit. med. Journ.*, 1879, t. II, p. 171). — Cottle, S. Psoriasis palmaris (*Brit. med. Journ.*, 1879, vol. II, p. 85). — Bulkley, S. of the Palm (*Arch. of Derm.*, 1880, p. 307). — Cabarrou, Psoriasis chez un syph., thèse (*Ann. de derm. et de syph.*, 1880, t. I, p. 592). — Crocker, S. Psoriasis palmaris (*Brit. med. Journ.*, 1879, t. II, p. 85; *Arch. of Derm.*, 1880, p. 82). — Sigmund, Trait. du psoriasis palmaire et plantaire s. (*Lyon médical*, 1880, t. XXXIV, p. 100, et *Revue des sc. méd.*, 1881, t. XVII, p. 209). — Startin, Psoriasis palmaris (*Lancet*, 15 febr. 1879, p. 250. *Arch. of Derm.*, 1880, p. 82). — O'Connor, S. Psoriasis of head and neck (*the Lancet*, 1881, vol. I, p. 661).

Sisson, Chancre and syphilitic Lichen attended with intense Pruritus (*the Lancet*, 1864, vol. II, p. 743). — Tanturri, S. acné, (*Brit. med. Journ.*, 1866, vol. I, p. 522). — Fox (T.), S. acné (*Brit. med. Journ.*, 1868, vol. II, p. 250). — Grouille, Essai sur l'acné punctata s. thèse de Paris, 1872. — Luca (de), Sur le lichen s. (*Lo Sperimentale*, 1880, p 113; *Ann. de derm. et de syph.*, 1880, t. I, p. 792).

Roth, Herpes and vesicular affections in s. patients (*Brit. med. chir. Review*, 1862, vol. XXIX.
p. 551). — Dron, La s. herpétiforme (*Lyon médical*, 1871, t. II, p. 85). — Hutchinson, Case
of hydroa Probable syphilit. nature of the hydroa eruption (*Revue des sc. méd.*, t. II, p. 816).
— Gaskoin, Varioloïd S. (*Brit. méd. Journ.*. 1871, t. I, p. 457). — Paola, Ecz. syphil. (*Ann.
de derm. et syph.*, 1877-78, p. 316). — Guibout, S. herpétiforme (*Union médicale*, 1878.
p. 645). — Van Harlingen, Syphilitic Eruption of the scalp, resembling Eczema (*Arch. of
Derm.*, New-York, 1876, vol. II, p. 217). — Bastard, S. lésions cutanées (s. herpétiforme) et
médullaires (parésie); guérison (*Revue des sc. méd.*, 1879, p. 652, t. XIII). — Hutchinson,
Syphilitic Herpes (*Arch. of Derm.*, 1880, p. 307). — Shepherd, S. Eczema (*Arch. of Derm.*,
1880, p. 307).

Vidal, Cas de s. constitutionnelle grave (*Bull. de la Soc. de chir.*, 1851-52, t. II, p. 496). —
Danielssen et Bœck, Recueil d'observations sur les maladies de la peau, Christiania 1860.
Livraisons 1 à 3, in-folio avec planches coloriées. — Dubuc, Du traitement de s. malignes
précoces (*Gaz. des hôp.*, 1865, p. 58; *Gaz. hebd.*, 1864, p. 718; thèse de méd. Paris
1864, n° 59; *France médicale*, 1866, p. 50). — Hardy, S. pustulo-crustacée de la face (*Revue
des sc. méd.* t. IX, p. 441). — Gaffé. S. insolite pustuleuse et tuberculeuse à forme galopante (*Revue des sc. méd.*, t. IX, p. 825). — Mauriac, S. gom. précoces (*Ann. de derm.*,
t. VI, p. 467). — Ory, Recherches cliniques sur l'étiologie des s. précoces, thèse de Paris,
1875. — Guibout, S. maligne galopante, rupia généralisé (*Union médicale*, 1875, t. I. p. 761-
774; *Gazette des hôpitaux*, Paris, 13 décembre 1877, p. 1145. — Horteloup (Paul), De
la s. maligne (*France médicale*, 1876, p. 693, 701-709; *Progrès médical*, 1878, p. 32; *Revue des sc. méd.*, t. IX, p. 441). — Fournier, Leçons sur la s. tertiaire, recueillies par Porak,
Paris, 1876. — Dreyfous, Recherches cliniques sur l'étiologie des s. précoces (*Ann. dermat. et
syph.*, 1877-78, p. 104). — Duhring, S. ulcerosa (*Photogr. Review of medecine and Surgery*,
1870-1871). — Besnier, S. maligne (*Journ. de méd. et de chir. prat.*, 1879, p. 156; *Gaz.
des hôp.*, 1878, p. 809 et 818). — S. secondaire anormale ou maligne (*Arch. de dermat.*,
1879, p. 87). — Sturgis, Notes upon so called « galloping Syphilis » (*Arch. of Derm.*, 1880.
p. 311). — Cailleret, S. sur la peau, précoce ou tardive (*Union médicale*, 1880, t. I, p. 844,
881; *Annales de derm. et de syph.*, 1880, t. I, p. 569). — Gouguenheim, De la s. maligne
précoce (*France médicale*, 1881, t. I, p. 313). — Hardy, S. tertiaire maligne (*Gaz. des hôp.*,
1881, p. 830). — Cayla, De la s. maligne précoce (*France médicale*, 1881, t. II, p. 530). —
Polaillon, Sur un cas de s. anormale (*France médicale*, 1881, t. I, p. 445).

Carrier, Essai sur les s. pust. lent. et les s. pust. crust., thèse de doct., t. IX. — Gibert, Ecthyma
s. (*Gaz. des hôp.*, 1849, p. 500). — Vidal, Inoculation de l'ecthyma s. (discussion par Cullerier, Ricord, etc.,) (*Bull. de la Soc. de chir. de Paris*, 1851-52, t. II, p. 30, 31, 39, 47, 51,
60, 65). — Forster, S. Ecthyma (*Revue des sc. méd.*; t. II, p. 265). — Hardy, S. pustulo-
crustacée de la face (*Revue des sc. méd.*, t. IX, p. 441, *Progrès médical*, 1876, p. 577).
— Muselier, Rapports de l'ecthyma avec la s. (*Gaz. des hôp.*, 1876, p. 684; thèse de doctorat, Paris, 1876, J.-B. Baillière). — Gosselin, Syph. pustul. and tuber. (*France médicale*,
1877, p. 49). — Sylvestre. De la valeur séméiologique de l'ecthyma dans ses rapports avec la
s. (*Abeille médicale*, Montréal, 1879, t. I, p. 337, 343; *Arch. of Derm.*, 1880, p. 307).

Dubois (P.), Du pemphigus s. (*Bull. de l'Académie de méd.*, 1851, t. XVI). — Depaul, Pemphigus s. (*Gaz. des hôp.*. 1851, p. 353; *Bull. Soc. anat.*, Paris 1852, p. 8, 21, 250 et 299;
1854, p. 47). — Broca, Pemphigus s. (*Bull. Soc. anat.*, Paris 1852, p. 250), — Auspitz,
Anat. pathol. du pemphigus s. (*Mediz Jahrb.*, Band II, 1864, Wien); Ueber die Zelleninfiltra-
tion der Leberhaut bei Lupus S. und Scrofulose. — Startin, Case of acute S. Pompholix (*the
Lancet*, 1864, Jan. vol. I, p. 9). — Bianchi, Du pemphig. s. (*Gaz. méd. de Lyon*, 1866, p. 132).
— Dunn, On pemphigus syph. (*British med. Journ.*, 1866, t. I, p. 435). — Fox (T.), Tubercules s. sur le nez, grattage inconscient, pemphigus s. chez un adulte (*Revue des sc. méd.*,
t. V, p. 571). — Squire (B.), On S. pemphigus (*Med. Times*, 1868, vol II, p. 261). — Syphilitic
Pemphigus (*Lancet*, Jan. 8 th. 1870; *Journal de Henry*, 1870, p. 167, t. I). — Fox (T.), S.
Pemphigus in an adult (*the Lancet*, 1874, t. II, p. 43). — Rœser, Du pemphigus des nouveau-
nés, thèse de Paris, 1876. — Hassan Mahmoud, Du pemp., thèse de doctorat. — Parrot, Anatomie pathol. des s. bull. mac. et en plaques (*Progrès médical*, 1878, p 613). — Hutchinson,
Pemphigus s. (*Brit. med. Journ.*, 1879, t. I, p. 500). — Gajazy (de Szégzard), Pemphigus s.
(femme de 19 ans, durée de 20 mois) (*Berliner klinische Wochenschrift*, 14 juin, 1880).—
Letulle, Du pseudo-pemphigus s. (*Revue des sc. méd.*, 1881, t. XVII. p. 208). Leloir, Contribution à l'étude de la formation des pustules et des vésicules sur la peau et sur les muqueuses
(*Arch. de physiol.*, 2° série. t. VII, p. 307). — Verneuil, Pseudo-pemphigus s. Soc. anat.)

MIRPIED, Des ulcères syphilitiques du membre inférieur et en particulier de l'*ulcus elevatum tertiaire*, thèse de Paris, 1880. — WATSON (Spencer), Des ulcères s. (*Gaz. hebd.*, 1867, p. 351). — BOURNEVILLE, De la s. croûteuse en coquillages (*Revue phot. des hôp.*, t. II, p. 104). — HILLAIRET, Tubercules de la verge (*Soc. méd. hôp.*, Paris, 2ᵉ série, 1874, p. 158). — HUTCHINSON, Rupia specifica (*Arch. of Derm.*, 1876, t. III, p. 81). — TURNER (Rob.), Un rupia non syphilitique (*Mouvement médical*, 1877, p. 26). — HÉBRA et KAPOSI, Trad de Doyon, S. ulcéreuse, 1878, t. II, p. 692. — SQUIRE, Rupia S. (*Med. Times*, 1879, vol. II, p. 527). — HUTCHINSON and TAY, Serpiginous Éruption about face (syphil.) (*Med. Times*, 1879, t. I, p. 118). — YEMANS, Tubercular syphilitic Eruption of the face (*Arch. of Derm.*, 1880, p. 307). — BULKLEY, S. tuberculeuse serpigineuse de l'épaule, sans accidents s. antérieurs (*Revue des sc. méd.*, 1881, t. XIV, p. 795). — LEWIN et von LANGENBECK, Tumeurs syphilitiques tertiaires de l'avant-bras et de la paume de l'avant-bras (*Revue des sc. méd.*, 1883, t. XXI, p. 394).

AUSPITZ, Lupus. S. and Scrophulosus (*Wiener mediz. Presse*; *Arch. of Derm.*, 1878, p. 361). — KATZER, Syphil. lupus (*Arch. of Derm*. 1879, p. 89). — HUNT, Syph. diagnosis of from Lupus (*Brit. med. Journ.*, 1862, vol. I, p. 9). — KAPOSI (de Vienne), Du lupus syphil. (*Wiener mediz. Wochenschrift*, 1877, nᵒˢ 50, 51. et seq., *Gaz. méd.*, Paris 1878,, p. 345; *Arch. of Derm.*, 1878, p. 156; 1879, p 89). — MARTIN (Hermann), On a case Lupus (syphil.?) resembling epithelioma (*Arch. of Derm.*, 1878, p. 162). — HUTCHINSON, Lupus, on simulation by Syph. (*Brit. med. Journ.*, 1879, t, I, p. 500).

TUEFFERD, D'une ulcération syphilitique des orteils (*Union médicale*, 1856, p. 527). — NÉLATON, Des panaris syph. (*Gaz. des hôp.*, 1860, p. 105; *Bull. de thérap.*, t. LVIII, p. 233). — MOORE, Effect of syph. on fingers and toes (*Brit. med. Journ.*, 1862, vol. II, p. 443). — LOCKE, Dactylis syphilitica (*Journ. de Henry*, 1870, t. I, p 151; *Arch. gén. de méd.*, 1869, t. I, p. 471). — TAYLOR, De la dactylie syphilitique (*Arch. gén. de méd.*, 1871, t. II, p. 117; *Gaz. méd. Paris*, 1873, p. 476; *Journ. de Henry*, 1871, t. II, p. 1; *Brit. med. chir. Review*, 1871, t. XLVIII, p. 128, and 1875, t. LVI, p. 23). — CURTIS SMITH, O case of congenital Dactylitis syphilitica (*Journ. de Henry*, 1872, t. III, p. 55; *France médicale*, 1873, p. 621; *Ann. derm. et syph.*, 1870-1871, t. III, p. 114). — GROSS, S. Dactylitis (*Journ. de Henry*, 1873, t. IV, p. 78). — MORGAN, Specific Inflammation (Dactylitis) (*the British med*, *Journ.*, 1873, vol. I, p 630; *Revue des sc. méd.*, t. I, p. 804, t. II, p. 265). — BEAUREGARD (G.), Séméiotique des dactylolises, thèse de doctorat, Paris 1875, avec planches, J.-B. Baillière. — GALASSI, Dactylitus syph. (*Giornale italiano delle malattie veneree e della Pelle.* août 1876; *Arch of Derm.*, 1877, p. 164; *ibid.* 1879, p. 90; *Ann. derm. et syph.*, 1877-1878, p. 391; *Revue des sc. méd.*, 1878, t. II, p. 202). — FOSTER, Dactylitis S. (*Arch. of Derm.*, 1878, p. 257). — CRIPPS LAWRENCE, Dactylitis syphilitica (*Arch. of Derm.*, 1878, p. 185). — WIGGLESWORTH, Case of dactylitis syphil. (*Arch. of Derm.*, 1878, p. 24; *Journ. de Henry*, 1872, t. III, p. 142). — LEWIN, Des affections syph. des doigts (*Revue des sc. méd.*, 1880, t. XV, p. 393). — ROUTIER, De la dactylite unguéale scrofuleuse chez les enfants (*Ann. de derm. et de syph.*, 1880, t. I, p. 283). — MRACEK, De la dactylite syphil. (*Revue des sc. méd.*, 1882, t. XIX, p. 207). — BERMANN, The Fungus of Syphilis (*Archiv of medicin*, New-York, 1880. *Revue des sc. méd.*, 1881 t. XVIII, p. 197).

HUTCHINSON, Onyxis chronique souvent syphilitique (*Union médicale*, 1858, p. 528). — DOUMIC, Onyxis syphilitique, avulsion de l'ongle et destruction de sa matrice (*Union médicale*, 1858, p. 354). — DIDAY, Topique contre l'onyx syphilitique (*Abeille médicale*, 1860, p. 46; *Lyon médical*, 1872, t. II, p. 197; *Ann. derm. et syph.*, 1870-1871, t. III, p. 182; *France médicale*, 1860, p. 21). — MERIC (de), Syph. Affections of wails (*Brit. med. Journ.*, 1863, vol. I, p. 45). — ANCEL, Des ongles au point de vue anatomique, physiologique et pathologique, thèse, 1868, fig. — KOHN, Syphilitic Diseases of noils (*Journ. de Henry*, 1871, vol. II, p. 78). — HILTON FAGGE, Quelques affections des ongles (*Ann. derm. et syph.*, Paris, 1870-71, t. III, p. 305). — GUÉRIN (Alp.), Onyxis syphil. de la main (*Revue méd. phot. des hôp.*, t. VI, p. 45).

LIBERMANN, Elephantiasis syph. *Gaz. des hôp.*, 1878, p. 294; *Bull. gén. de thérap.*, 1878, t. I, p. 327; *Arch. of Derm.*, 1879, p. 90). — GOUTARD (Clovis), Du léontiasis syph.; étude sur quelques cas de s. hypertrophiques diffuses de la face en particulier, thèse de doctorat, Paris 1878, planche. — RAYNAUD, S. hypertrophique diffuse de la face (*Un. méd.*, 1878, t. I, p. 853).

BARLOW, Case of phlegmonous S. (*the Lancet*, 1876, vol. II, p. 657). — TAYLOR, On phlegmonous S. (*Arch. of Derm.*, 1876, p. 362; *Gaz. méd. de Paris*, 1877, p. 45; *Lancet*, 1877 p. 176).

7041. — IMPRIMERIE A. LAHURE

rue de Fleurus, 9, à Paris.